21世纪软件工程专业教材

软件工程导论
（微课视频版）

李洪波　主编

韩明峰　苏兆锋　副主编

清华大学出版社

北京

内 容 简 介

本书首先进行计算思维的铺垫,涉及二进制系统、存储程序运行原理、抽象、组合、递归、迭代和算法初步;接着,运用主流面向对象框架集进行软件系统的 UML 建模和构造;最后,以结构化开发方法为主线贯穿典型项目的需求分析和软件设计。

本书从工程教育专业认证的能力中心和产出导向的视角布局谋篇,总分 10 章,三大部分。第一部分(第 1～4 章)讲述软件工程概述、冯·诺依曼计算机基本原理、程序构造方法和算法。第二部分(第 5 章)讲述软件系统构造方法,以面向对象思维为起点,以运用主流面向对象框架集.NET Framework 和 J2EE SSM 软件构造两层体系架构软件和三层体系架构软件为桥梁,运用 IBM Rational Rose 进行面向对象的 UML 建模为落脚点。第三部分(第 6～10 章)介绍软件生命周期,包括软件的生命周期、可行性分析与开发计划、软件需求分析、软件设计和软件测试与维护。

本书既可作为高等院校计算机科学与技术、软件工程专业各年级本科生和研究生的软件工程类理论和实践课程的教材,又可以作为项目综合实践和毕业设计的指导书,同时又适合从事软件开发岗或产品经理岗的工程技术人员参考。

图书在版编目(CIP)数据

软件工程导论:微课视频版/李洪波主编. —北京:清华大学出版社,2024.2
21 世纪软件工程专业教材
ISBN 978-7-302-65602-9

Ⅰ.①软…　Ⅱ.①李…　Ⅲ.①软件工程－教材　Ⅳ.①TP311.5

中国国家版本馆 CIP 数据核字(2024)第 019979 号

责任编辑:张　玥
封面设计:常雪影
责任校对:徐俊伟
责任印制:杨　艳

出版发行:清华大学出版社
　　　　网　　　址:https://www.tup.com.cn,https://www.wqxuetang.com
　　　　地　　　址:北京清华大学学研大厦 A 座　　　　邮　　编:100084
　　　　社 总 机:010-83470000　　　　邮　　购:010-62786544
　　　　投稿与读者服务:010-62776969,c-service@tup.tsinghua.edu.cn
　　　　质量反馈:010-62772015,zhiliang@tup.tsinghua.edu.cn
　　　　课件下载:https://www.tup.com.cn,010-83470236
印 装 者:大厂回族自治县彩虹印刷有限公司
经　　销:全国新华书店
开　　本:185mm×260mm　　　　印　　张:21.25　　　　字　　数:518 千字
版　　次:2024 年 2 月第 1 版　　　　印　　次:2024 年 2 月第 1 次印刷
定　　价:69.80 元

产品编号:098670-01

前 言

PREFACE

　　软件工程教育的目的在于培养学生的软件开发能力,软件工程本身的核心在于如何构造满足客户期望的合格软件。软件生命周期用于把客户需求转换为客户期望的软件,旨在化解软件的复杂性和多样性,把软件划分为前后紧密衔接的阶段,每一阶段运用模型表达分析或设计结果以消除软件相关各方理解的不一致,用自动化工具进行建模、构造、测试、发布或部署以提高效率。本书围绕软件生命周期这一系统性的概念,展开第 6～10 章,分别讲述软件的生命周期、可行性分析与开发计划、软件需求分析、软件设计以及软件测试与维护。

　　软件工程涉及的链条长、概念多、技术广。如果面面俱到,无论对于高校师生亦或对于企业工程技术人员,短时间内都很难掌握软件工程的精髓和要义。结合笔者在两家企业供职 5 年的开发经历、主持 8 项企业委托软件开发的实际经验、指导 21 届普通高校本科生软件开发类毕业设计情况的全面总结,以及笔者一直对企业级软件开发教材的探索与实践[8-11]的系统性升华,本书围绕软件生命周期的瀑布模型(辅以增量模型中的构件化),紧扣结构化开发和面向对象开发两种开发方法,运用结构化需求分析得到的数据字典和 U/C 矩阵转换为面向对象的类,借此连接需求分析和面向对象的软件设计,各章节内容沿着“知识→实例→工具→运用”的路线展开,将抽象的理论知识和具体实例相结合,将具体实例和运用工具相结合,进而化抽象为具体,帮助读者理解概念的本质,提高读者知识运用和使用现代工具的能力。

　　大多数高校的软件工程课程都在第 5～7 学期开始,目前流行的大多数软件工程类教材基本上以知识为中心而组织内容。多年来,笔者一直在思考如何能编写一本能在第 1～7 学期开设的教材,让学生在大一时就打下坚实的结构化思维和面向对象的思维的基础,进而以能力为中心贯穿大学 4 年专业课理论学习和实践训练,系统性地指导本科专业实习和毕业设计。经过笔者 3 轮在第 1 学期给软件工程专业学生讲解软件工程导论课程的探索与实践,总结出本书的第 1～5 章。这 5 章分别讲述软件工程概述、冯·诺依曼计算机基本原理、程序构造方法、算法和软件系统构造方法。

　　第 5 章软件系统构造方法起承上启下之用,帮助没有项目开发经验的读者,迅速搭建典型而又简单的两层架构和三层架构的样例项目,动手把软件构造出来,领悟面向对象的思维,快捷经历典型项目的实践。第 5 章采取 5 条技术路线并行相互支撑的策略,以呼应第 1 章的软件工程技术发展,第 1 条路线是“函数→类→构件(动态链接库→ATL COM 组件)→Web 服务”,第 2 条面向对象的 UML 建模路线是“类图→顺序图→构件图→部署图”,第 3 条软件体系结构路线是“两层架构→三层架构”,第 4 条应用类型路线是“桌面应用→Web 应用”,第 5 条主流集成开发框架路线是“.NET Framework→J2EE SSM”。

　　目前,OBE 教育理念不断深入人心,全国绝大部分高校计算机类本科专业以工程教育专业认证为契机,狠抓专业建设,提高人才培养质量,向社会输出岗位胜任能力强的工程技术人才。本书秉持 OBE 教育理念,每章首先明确给出导学导教。导教给出知识目标、能力目标和思政目标。每章结尾的技术类题目、非技术类题目以及拓展研究题目紧扣专业认证的 12 条毕业要求。拓展研究题目适合非 211 院校的普通高校计算机类专业研究生。每章核心内容以产出为导向,扣住商业银行系统等典型项目案例予以系统性分析和综合设计。

本书以二维码的形式提供配套的微视频和样例项目源程序,PPT 课件、教学大纲和教学日历可从清华大学出版社官网检索下载。

本书由李洪波担任主编,韩明峰和苏兆锋担任副主编。本书在编写过程中,吸取了国内外教材的精髓,在此对这些作者的贡献表示由衷的感谢。此外,本书在编写过程中还得到了鲁东大学计算机科学与技术系张利锋和钟丽的支持和帮助,在此表示真诚的感谢。最后,本书在出版过程中,得到了清华大学出版社的大力支持,在此一并表示诚挚的感谢。

由于笔者水平有限,书中难免有不足和疏漏之处,恳请各位专家、同仁和读者不吝赐教和批评指正,并与笔者讨论。

李洪波

2023 年 6 月于烟台

目 录

CONTENTS

第1章　软件工程概述 ……………………………………………………………… 1

1.1　导学导教 ……………………………………………………………………… 1

1.1.1　内容导学 ……………………………………………………………… 1

1.1.2　教学目标 ……………………………………………………………… 1

1.2　软件工程的基本概念 ………………………………………………………… 2

1.2.1　软件的基本概念 ……………………………………………………… 2

1.2.2　软件危机 ……………………………………………………………… 3

1.2.3　软件工程的定义及内涵 ……………………………………………… 4

1.3　计算机的发展历程与分类 …………………………………………………… 6

1.3.1　计算机的发展历程 …………………………………………………… 6

1.3.2　计算机的分类 ………………………………………………………… 11

1.4　软件工程技术发展及趋势 …………………………………………………… 13

1.4.1　软件工程的发展历史 ………………………………………………… 13

1.4.2　软件工程方法的发展历程 …………………………………………… 16

1.4.3　软件工程技术的主要发展趋势 ……………………………………… 23

1.5　软件产业的发展历程 ………………………………………………………… 23

1.6　导产导研 ……………………………………………………………………… 25

1.6.1　技术能力题 …………………………………………………………… 25

1.6.2　拓展分析题 …………………………………………………………… 25

第2章　冯·诺依曼计算机基本原理 ……………………………………………… 26

2.1　导学导教 ……………………………………………………………………… 26

2.1.1　内容导学 ……………………………………………………………… 26

2.1.2　教学目标 ……………………………………………………………… 27

2.2　二进制思维符号化表达和逻辑计算 ………………………………………… 27

2.3　用0和1表示数据 …………………………………………………………… 30

2.3.1　数值性数据的表示及运算 …………………………………………… 30

2.3.2　非数值性数据 ………………………………………………………… 35

2.3.3　同一数据不同表示方法的对比 ……………………………………… 38

2.4　冯·诺依曼计算机程序的运行原理 ………………………………………… 39

2.4.1　冯·诺依曼计算机的存储程序思想 ………………………………… 39

2.4.2 冯·诺依曼计算机程序的自动运行 ·· 40

2.5 计算机程序的基本概念 ··· 42

2.6 计算机编程语言的发展 ··· 44

2.7 导产导研 ··· 46

　　2.7.1 技术能力题 ·· 46

　　2.7.2 工程与社会能力题 ·· 47

　　2.7.3 拓展学习题——量子计算机 ··· 47

第3章 程序构造方法 ··· 49

3.1 导学导教 ··· 49

　　3.1.1 内容导学 ··· 49

　　3.1.2 教学目标 ··· 49

3.2 计算系统与程序的关系 ··· 50

3.3 基于前缀表示法的运算组合式程序构造 ·· 51

3.4 迭代与递归 ··· 53

3.5 导产导研 ··· 54

　　3.5.1 技术能力题 ·· 54

　　3.5.2 拓展研究题——美丽的分形 ··· 55

第4章 算法 ··· 56

4.1 导学导教 ··· 56

　　4.1.1 内容导学 ··· 56

　　4.1.2 教学目标 ··· 56

4.2 算法定义 ··· 57

4.3 算法设计与实现 ··· 58

　　4.3.1 TSP的数学建模 ·· 58

　　4.3.2 TSP算法策略设计 ·· 59

　　4.3.3 TSP贪心算法的数据结构设计 ·· 60

　　4.3.4 TSP贪心算法的控制结构设计——算法思想的精确表达 ················ 62

　　4.3.5 TSP贪心算法的程序设计——算法实现 ································· 63

4.4 算法分析 ··· 72

　　4.4.1 算法的正确性分析 ·· 72

　　4.4.2 算法的复杂性分析 ·· 72

4.5 导产导研 ··· 74

　　4.5.1 技术能力题 ·· 74

　　4.5.2 拓展研究题——深度强化学习 ··· 75

第5章 软件系统构造方法 ··· 76

5.1 导学导教 ··· 76

　　　5.1.1　内容导学 ·· 76
　　　5.1.2　教学目标 ·· 76
　5.2　面向对象的软件构造 ·· 77
　　　5.2.1　面向对象的基本思想与方法 ······························· 77
　　　5.2.2　面向对象的程序设计语言 ··································· 80
　　　5.2.3　统一建模语言 ··· 82
　　　5.2.4　运用面向对象框架构造软件——一种可视化编程示例 ·········· 87
　　　5.2.5　用面向对象思维分析运用面向对象框架开发的应用程序 ········ 96
　5.3　基于组件/构件的软件系统构造 ····································· 97
　　　5.3.1　C 语言源程序访问标准库函数 ······························ 97
　　　5.3.2　C 语言源程序访问用户自定义的静态库函数 ·················· 100
　　　5.3.3　非 MFC 动态链接库 ·· 109
　　　5.3.4　C++ 控制台应用程序访问 ATL COM 组件 ···················· 113
　　　5.3.5　基于 VS2022 C++ 控制台应用的两层架构软件构造 ············· 121
　　　5.3.6　基于 J2EE SSM 框架的分层架构软件构造 ··················· 136
　5.4　面向 Web 服务的软件系统构造 ···································· 163
　　　5.4.1　运用 VS2022 新建 Web Service 项目 ······················· 163
　　　5.4.2　安装 Internet Information Services 8.0 ···················· 171
　　　5.4.3　IIS 8.0 下发布 ComputeService Web 服务 ·················· 173
　　　5.4.4　VS2022 C♯ 控制台应用程序访问 ComputeService 方法 ········ 179
　5.5　运用 Rational Rose 对软件进行 UML 建模示例 ···················· 185
　　　5.5.1　Rational Rose 简介 ······································· 185
　　　5.5.2　运用 Rational Rose 对基于 SSM 框架的多层软件进行建模 ······ 185
　5.6　导产导研 ··· 198
　　　5.6.1　技术能力题 ·· 198
　　　5.6.2　思政题 ·· 198
　　　5.6.3　拓展研究题 ·· 198

第 6 章　软件的生命周期 ·· 199
　6.1　导学导教 ··· 199
　　　6.1.1　内容导学 ·· 199
　　　6.1.2　教学目标 ·· 199
　6.2　软件特性及其影响 ··· 200
　6.3　软件的生命周期及基本过程 ······································· 203
　6.4　软件生命周期模型 ··· 203
　　　6.4.1　瀑布模型概述 ·· 203
　　　6.4.2　快速原型模型概述 ·· 204
　　　6.4.3　增量模型概述 ·· 205
　　　6.4.4　基于面向对象的模型 ······································ 206

　　　　6.4.5　软件开发模型的选择 ……………………………………………… 207
　　6.5　软件开发模型与方法论 ……………………………………………………… 208
　　6.6　软件工程生态环境 …………………………………………………………… 208
　　　　6.6.1　软件工程生态环境的定义 ……………………………………………… 208
　　　　6.6.2　软件本身生态环境的演化 ……………………………………………… 210
　　　　6.6.3　软件开发和运行环境示例 ……………………………………………… 213
　　　　6.6.4　软件之云环境 …………………………………………………………… 213
　　6.7　拓展研究题 …………………………………………………………………… 216

第7章　可行性分析与开发计划 ……………………………………………………… 217
　　7.1　导学导教 ……………………………………………………………………… 217
　　　　7.1.1　内容导学 ………………………………………………………………… 217
　　　　7.1.2　教学目标 ………………………………………………………………… 217
　　7.2　软件问题的调研和定义 ……………………………………………………… 218
　　　　7.2.1　开发问题的初步调研 …………………………………………………… 218
　　　　7.2.2　软件问题定义的概念 …………………………………………………… 219
　　　　7.2.3　软件问题定义的内容 …………………………………………………… 219
　　7.3　可行性分析与评审 …………………………………………………………… 221
　　　　7.3.1　可行性分析的概念及意义 ……………………………………………… 221
　　　　7.3.2　可行性分析的任务及内容 ……………………………………………… 222
　　7.4　软件立项、合同和任务书 …………………………………………………… 225
　　　　7.4.1　软件立项方法及文档 …………………………………………………… 225
　　　　7.4.2　软件项目签订合同及文档 ……………………………………………… 225
　　　　7.4.3　任务下达的方式及文档 ………………………………………………… 226
　　7.5　软件开发计划及方案 ………………………………………………………… 226
　　　　7.5.1　软件开发计划的目的及分类 …………………………………………… 226
　　　　7.5.2　软件开发计划的内容及制定 …………………………………………… 227
　　　　7.5.3　软件开发计划书及方案 ………………………………………………… 228
　　7.6　技术能力题 …………………………………………………………………… 229

第8章　软件需求分析 ………………………………………………………………… 230
　　8.1　导学导教 ……………………………………………………………………… 230
　　　　8.1.1　内容导学 ………………………………………………………………… 230
　　　　8.1.2　教学目标 ………………………………………………………………… 231
　　8.2　软件需求分析概述 …………………………………………………………… 231
　　　　8.2.1　软件需求分析的概念 …………………………………………………… 231
　　　　8.2.2　软件需求分析的目的和原则 …………………………………………… 232
　　8.3　软件需求分析的任务及过程 ………………………………………………… 233
　　　　8.3.1　软件需求分析的任务 …………………………………………………… 233

8.3.2 软件需求分析的过程 ·· 234

8.4 软件需求分析方法 ·· 234

8.4.1 软件需求分析方法的分类 ·· 234

8.4.2 软件需求分析技巧 ·· 236

8.5 结构化分析方法 ·· 236

8.5.1 结构化分析的基本概念 ·· 236

8.5.2 结构化分析建模工具 ·· 237

8.6 软件需求文档 ·· 245

8.6.1 软件需求文档概述 ·· 245

8.6.2 软件需求文档编写 ·· 245

8.7 导产导研 ·· 246

8.7.1 技术能力题 ·· 246

8.7.2 综合实践题 ·· 247

8.7.3 拓展研究题 ·· 247

第 9 章 软件设计 ·· 248

9.1 导学导教 ·· 248

9.1.1 内容导学 ·· 248

9.1.2 教学目标 ·· 249

9.2 软件设计概述 ·· 249

9.2.1 软件设计任务 ·· 249

9.2.2 软件设计方法 ·· 250

9.2.3 面向对象软件设计遵守的七大原则 ·· 251

9.2.4 软件设计满足的基本性能 ·· 261

9.2.5 软件设计工具 ·· 262

9.3 结构化总体结构设计 ·· 264

9.3.1 子系统的划分与功能结构 ·· 264

9.3.2 模块结构设计 ·· 265

9.4 结构化详细设计 ·· 270

9.4.1 详细设计概述 ·· 270

9.4.2 处理过程设计 ·· 271

9.4.3 代码设计 ·· 271

9.4.4 输出设计 ·· 274

9.4.5 输入设计 ·· 278

9.4.6 界面设计 ·· 282

9.5 商业银行的信息系统流程设计 ·· 286

9.6 商业银行的数据库设计 ·· 288

9.6.1 数据需求 ·· 289

9.6.2 概念设计 ·· 290

9.6.3　逻辑设计 ··· 293

9.6.4　物理设计 ··· 293

9.6.5　完整性设计 ·· 294

9.6.6　安全性设计 ·· 301

9.7　导产导研 ·· 306

9.7.1　技术能力题 ·· 306

9.7.2　拓展研究题 ·· 306

第10章　软件测试与维护 ··· 307

10.1　导学导教 ··· 307

10.1.1　内容导学 ··· 307

10.1.2　教学目标 ··· 308

10.2　软件测试的概念和内容 ·· 308

10.3　软件测试的特点及过程 ·· 310

10.4　软件测试阶段及任务 ··· 311

10.4.1　单元测试及任务 ·· 311

10.4.2　集成测试及任务 ·· 312

10.4.3　有效性测试及内容 ·· 313

10.4.4　系统测试及验收 ·· 314

10.5　软件测试策略及面向对象测试 ··· 315

10.5.1　软件测试策略 ··· 315

10.5.2　面向对象软件测试 ·· 316

10.6　测试方法、用例及标准 ·· 317

10.6.1　软件基本测试方法 ·· 317

10.6.2　软件测试用例设计及方法 ··· 320

10.6.3　软件测试标准和工具 ·· 321

10.6.4　软件测试文档 ··· 323

10.7　软件调试与发布 ·· 323

10.7.1　软件调试的特点及过程 ··· 324

10.7.2　软件调试的方法 ·· 324

10.7.3　软件调试的原则 ·· 324

10.7.4　软件推广及发布 ·· 325

10.8　软件维护 ··· 325

10.8.1　软件维护概述 ··· 325

10.8.2　软件维护策略及方法 ·· 325

10.8.3　软件维护过程及任务 ·· 326

10.9　技术能力与沟通交流题 ·· 326

参考文献 ·· 328

软件工程概述

1.1 导学导教

1.1.1 内容导学

本章内容导学图如图 1-1 所示。

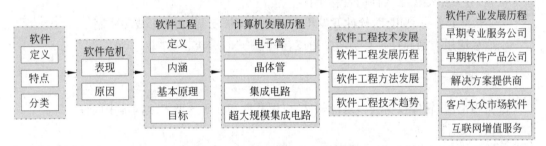

图 1-1　软件工程概述内容导学图

1.1.2 教学目标

1. 知识目标

掌握软件的基本概念,软件危机产生的原因和表现,软件工程的目标、定义、基本原理和内涵。理解软件工程技术方法和软件工程技术发展阶段间的前后演化内在联系。了解计算机发展和软件发展相辅相成的促进关系。从产业的视角,了解软件发展、提供和使用的历程。

2. 能力目标

能够根据技术实况和社会工资实际,简单分析存储程序的总成本。

3. 思政目标

深刻理解软件危机给社会带来的危害,意识到软件开发人员所交付软件产品的质量对社会的影响。

1.2 软件工程的基本概念

1.2.1 软件的基本概念

计算机程序是一系列按照特定顺序组织的计算机数据和指令的集合。其实,软件并不只是包括可以在计算机上运行的计算机程序,与这些计算机程序相关的文档一般也被认为是软件的一部分。简而言之,软件是计算机程序及文档的集合体。国标中对软件的定义为:与计算机系统操作有关的计算机程序、规程、规则以及相关的文件、文档及数据。软件的特点如下。

(1) 软件是无形的,没有物理形态,只能通过运行状况来了解其功能、特性和质量。

(2) 软件渗透了大量的脑力劳动,逻辑思维、智能活动和技术水平是软件产品的关键。

(3) 软件不会像硬件一样老化磨损,但存在缺陷维护和技术更新。

(4) 软件的开发和运行必须依赖于特定的计算机系统环境,对于硬件有依赖性。为了减少依赖,开发中提出了软件的可移植性。

(5) 软件具有可复用性,软件开发出来后很容易被复制,从而形成多个副本。

下面从应用类别和授权类别两个角度,对软件进行分类。

1. 应用类别

按应用范围,软件被划分为系统软件、应用软件和介于这两者之间的中间件。

1) 系统软件

系统软件为计算机使用提供最基本的功能,可分为操作系统和支撑软件,其中,操作系统是最基本的软件。

系统软件是负责管理计算机系统中各种独立的硬件,使得它们可以协调工作。系统软件使得计算机使用者和其他软件将计算机当作一个整体,而不需要顾及底层每个硬件是如何工作的。

操作系统是管理计算机硬件与软件资源的程序,同时也是计算机系统的内核与基石。操作系统身负诸如管理与配置内存、决定系统资源供需的优先次序、控制输入与输出设备、操作网络与管理文件系统等基本事务。操作系统也提供一个让使用者与系统交互的操作接口。

支撑软件是支撑各种软件的开发与维护的软件,又称为软件开发环境。它主要包括环境数据库、各种接口软件和一系列基本工具(如编译器、数据库管理、存储器格式化、文件系统管理、用户身份验证、驱动管理、网络连接等方面的工具)。著名的软件开发环境有 IBM 公司的 Web Sphere 和微软公司的 Visual Studio 等。

2) 应用软件

系统软件并不针对某一特定应用领域,而应用软件则相反,不同的应用软件根据用户和所服务的领域提供不同的功能。

应用软件是为了某种特定的用途而被开发出来的软件。它可以是一个特定的程序,如一个图像浏览器,也可以是一组功能联系紧密、互相协作的程序集合(如微软的 Office 软件),还可以是一个由众多独立程序组成的庞大的软件系统,如数据库管理系统。

如今智能手机得到了极大的普及,运行在手机上的应用软件简称手机软件。手机软件是可以安装在手机上的软件,可以完善原始系统的不足与创建个性化。随着科技的发展,手机功能也越来越多,越来越强大,不像过去的手机那样简单死板,目前发展到可以和掌上电脑相媲美。手机软件与计算机软件一样,下载手机软件时要考虑手机所安装系统,根据系统选择对应的软件。目前手机的主流系统有 Windows Phone、Symbian、iOS 和 Android。

2. 授权类别

不同的软件一般都有对应的软件授权,软件的用户必须在同意所使用软件的许可证的情况下才能够合法地使用软件。特定软件的许可条款不能与法律相违背。依据许可方式的不同,大致可将软件分为专属软件、自由软件、共享软件、免费软件和公共软件。

(1)专属软件通常不允许用户随意地复制、研究、修改或散布该软件。违反此类授权通常会有严重的法律责任。传统的商业软件公司会采用此类授权,例如,微软的 Windows 和办公软件。专属软件的源码通常被公司视为私有财产而予以严密的保护。

(2)自由软件正好与专属软件相反,赋予用户复制、研究、修改和散布该软件的权利,并提供源码供用户自由使用,仅给予些许的其他限制。Linux、Firefox 和 OpenOffice 是此类软件的代表。

(3)一般可免费地取得并使用共享软件的试用版,但在功能或使用期限上受到限制。开发者会鼓励用户付费以取得功能完整的商业版本。根据共享软件作者的授权,用户可以从各种渠道免费使用它的备份,也可以自由传播它。

(4)免费软件可免费取得和转载,但并不提供源码,也无法修改。

(5)公共软件是原作者已放弃权利,著作权过期,或作者已经不可考究的软件。使用上无任何限制。

1.2.2 软件危机

软件危机泛指在计算机软件的开发和维护过程中遇到的严重问题,主要表现如下。

(1)软件开发进度难以预测。

拖延工期几个月甚至几年的现象并不罕见,这种现象降低了软件开发组织的信誉。

(2)软件开发成本难以控制。

投资一再追加,令人难以置信。往往是实际成本比预算成本高出一个数量级。而为了赶进度和节约成本所采取的一些权宜之计又往往损害了软件产品的质量,从而不可避免地会引起用户的不满。

(3)用户对产品功能难以满足。

开发人员和用户之间很难沟通、很难统一意见。往往是软件开发人员不能真正了解用户的需求,而用户又不了解计算机求解问题的模式和能力,双方无法用共同熟悉的语言进行交流和描述。

在双方互不充分了解的情况下,就仓促上阵设计系统、匆忙着手编写程序,这种"闭门造车"的开发方式必然导致最终的产品不符合用户的实际需要。

(4)软件产品质量无法保证。

系统中的错误难以消除。软件是逻辑产品,质量问题很难以统一的标准度量,因而造成质量控制困难。软件产品并不是没有错误,而是盲目检测很难发现错误,而隐藏下来的错误往往是造成重大事故的隐患。

(5) 软件产品难以维护。

软件产品本质上是开发人员的代码化的逻辑思维活动,他人难以替代。除非是开发者本人,否则很难及时检测、排除系统故障。为使系统适应新的硬件环境,或根据用户的需要在原系统中增加一些新的功能,又有可能增加系统中的错误。

(6) 软件缺少适当的文档资料。

文档资料是软件必不可少的重要组成部分。实际上,软件的文档资料是开发组织和用户之间权利和义务的合同书,是系统管理者、总体设计者向开发人员下达的任务书,是系统维护人员的技术指导手册,是用户的操作说明书。缺乏必要的文档资料或者文档资料不合格,将给软件开发和维护带来许多严重的困难和问题。

软件危机的原因分析如下。

(1) 用户需求不明确。

在软件开发过程中,用户需求不明确问题主要体现在以下四个方面。

① 在软件开发出来之前,用户不清楚软件开发的具体需求。

② 用户对软件开发需求的描述不精确,可能有遗漏、有二义性、有错误。

③ 在软件开发过程中,用户还提出修改软件开发功能、界面、支撑环境等方面的要求。

④ 软件开发人员对用户需求的理解与用户最初愿望有差异。

(2) 缺乏正确的理论指导。

缺乏有力的方法学和工具方面的支持。由于软件开发不同于大多数其他工业产品,其开发过程是复杂的逻辑思维过程,其产品极大程度地依赖于开发人员高度的智力投入。由于过分地依靠程序设计人员在软件开发过程中的技巧和创造性,加剧软件开发产品的个性化,也是产生软件开发危机的一个重要原因。

(3) 软件开发规模越来越大。

随着软件开发应用范围的增广,软件开发规模愈来愈大。大型软件开发项目需要组织一定的人力共同完成,而多数管理人员缺乏开发大型软件开发系统的经验,多数软件开发人员又缺乏管理方面的经验。各类人员的信息交流不及时、不准确、有时还会产生误解。软件开发项目开发人员不能有效地、独立自主地处理大型软件开发的全部关系和各个分支,因此容易产生疏漏和错误。

(4) 软件开发复杂度越来越高。

软件开发不仅是在规模上快速地发展扩大,而且其复杂性也急剧增加。软件开发产品的特殊性和人类智力的局限性,导致人们无力处理"复杂问题"。"复杂问题"具有相对性,一旦人们采用先进的组织形式、开发方法和工具提高了软件开发效率和能力,新的、更大的、更复杂的问题又摆在人们的面前。

1.2.3 软件工程的定义及内涵

软件工程一直以来都缺乏一个统一的定义,很多学者、组织机构给出了自己的定义。

IEEE 在软件工程术语汇编中对"软件工程"的定义是:软件工程是将系统化的、严格约束的、可量化的方法应用于软件的开发、运行和维护,再将工程化应用于软件中的方法研究。

"软件工程"在《计算机科学技术百科全书》中的定义是:软件工程是应用计算机科学、数学、逻辑学及管理科学等原理,开发软件的工程。软件工程借鉴传统工程的原则、方法,以提高质量、降低成本和改进算法。其中,计算机科学、数学用于构建模型与算法,工程科学用于制定规范、设计范型、评估成本及确定权衡,管理科学用于计划、资源、质量、成本等管理。

比较认可的一种定义认为:软件工程是研究和应用如何以系统性的、规范化的、可定量的过程化方法去开发和维护软件,以及如何把经过时间考验而证明正确的管理技术和当前能够得到的最好的技术方法结合起来的学科。它涉及程序设计语言、数据库、软件开发工具、系统平台、标准、设计模式等方面。

软件工程的内涵有如下两个方面。

(1) 软件工程过程是指为获得软件产品,在软件工具的支持下由软件工程师完成的一系列软件工程活动,包括以下四个方面。

① P(Plan)——软件规格说明。规定软件的功能及其运行时的限制。

② D(DO)——软件开发。开发出满足规格说明的软件。

③ C(Check)——软件确认。确认开发的软件能够满足用户的需求。

④ A(Action)——软件演进。软件在运行过程中不断改进以满足客户的需求。

(2) 从软件开发的观点来看,它就是使用适当的资源(包括人员、软硬件资源、时间等),为开发软件而进行的一组开发活动,在活动结束时输入(用户的需求)转换为输出(最终符合用户需求的软件产品)。软件工程有三个阶段:①定义阶段,包括可行性研究初步项目计划、需求分析;②开发阶段,包括概要设计、详细设计、实现、测试;③运行和维护阶段,包括运行、维护、废弃。

软件工程的基本内容有软件工程原理、软件工程过程、软件工程方法、软件工程模型、软件工程管理、软件工程度量、软件工程环境、软件工程应用、软件工程开发使用。著名软件工程专家 B.Boehm 综合有关专家和学者的意见并总结了多年来开发软件的经验,于 1983 年提出了软件工程的七条基本原理。

(1) 用分阶段的生存周期计划进行严格的管理。

(2) 坚持进行阶段评审。

(3) 实行严格的产品控制。

(4) 采用现代程序设计技术。

(5) 软件工程结果应能清楚地审查。

(6) 开发小组的人员应该少而精。

(7) 承认不断改进软件工程实践的必要性。

软件是由计算机程序和程序设计的概念发展演化而来的,是在程序和程序设计发展到一定规模并且逐步商品化的过程中形成的。程序设计阶段的特点是无软件的概念,程序设计主要围绕硬件进行开发,规模很小,工具简单,无明确分工,程序设计追求节省空间和编程技巧,除程序清单外无文档资料,主要用于科学计算。

由于软件危机的产生,迫使人们不得不研究、改变软件开发的技术手段和管理方法,从此软件产生进入了软件工程阶段。软件工程阶段的特点是:硬件已向巨型化、微型化、网络化和智能化四个方向发展,数据库技术已成熟并广泛应用,出现了第三代、第四代语言。

软件工程阶段提出了面向对象的概念和方法。面向对象的思想包括面向对象的分析(Object Oriented Analysis,OOA)、面向对象的设计(Object Oriented Design,OOD)以及面向对象的编程实现(Object Oriented Programming,OOP)等。如同模块化的编码方式一样,面向对象编程也需要通过反复的练习加深对面向对象的理解和掌握。

在Internet平台上进一步整合资源,形成巨型的、高效的、可信的虚拟环境,使所有资源能够高效、可信地为所有用户服务,成为软件技术的研究热点之一。

软件工程领域的主要研究热点是软件复用和软件构件技术,它们被视为解决软件危机的一条现实可行的途径,是软件工业化生产的必由之路。而且软件工程会朝着可以确定行业基础框架、指导行业发展和技术融合的开放计算方向发展。

软件工程的目标是在给定成本、进度的前提下,开发出具有适用性、有效性、可修改性、可靠性、可理解性、可维护性、可重用性、可移植性、可追踪性、可互操作性和满足用户需求的软件产品。追求这些目标有助于提高软件产品的质量和开发效率,减少维护的困难。

(1) 适用性:软件在不同的系统约束条件下,使用户需求得到满足的难易程度。

(2) 有效性:软件系统能有效地利用计算机的时间和空间资源。各种软件无不把系统的时/空开销作为衡量软件质量的一项重要技术指标。很多场合,在追求时间有效性和空间有效性时会发生矛盾,这时不得不牺牲时间有效性换取空间有效性或牺牲空间有效性换取时间有效性。时/空折中是经常采用的方法。

(3) 可修改性:允许对系统进行修改而不增加原系统的复杂性。它支持软件的调试和维护,是一个难以达到的目标。

(4) 可靠性:能防止因概念、设计和结构等方面的不完善造成的软件系统失效,具有挽回因操作不当造成软件系统失效的能力。

(5) 可理解性:系统具有清晰的结构,能直接反映问题的需求。可理解性有助于控制系统软件复杂性,并支持软件的维护、移植或重用。

(6) 可维护性:软件交付使用后,能够对它进行修改,以改正潜伏的错误,改进性能和其他属性,使软件产品适应环境的变化等。软件维护费用在软件开发费用中占有很大的比重。可维护性是软件工程中一项十分重要的目标。

(7) 可重用性:把概念或功能相对独立的一个或一组相关模块定义为一个软部件。可组装在系统的任何位置,降低工作量。

(8) 可移植性:软件从一个计算机系统或环境搬到另一个计算机系统或环境的难易程度。

(9) 可追踪性:根据软件需求对软件设计、程序进行正向追踪,或根据软件设计、程序对软件需求的逆向追踪的能力。

(10) 可互操作性:多个软件元素相互通信并协同完成任务的能力。

1.3 计算机的发展历程与分类

1.3.1 计算机的发展历程

计算机经历了真空管电子计算机、晶体管计算机、集成电路计算机和超大规模集成电路计算机以及智能计算机。

1. 第一代：真空管电子计算机

如图 1-2 所示，计算机的前身为"手动机械圆轮加法器"，由法国的数学家"布莱士·帕斯卡"发明，经过不断改良后可以做加减乘除的四则运算的"差分机"。

公元 1801 年，法国人约瑟夫·杰夸德(Joseph Jacquard)发明了打孔卡(Punched cardboard card)。之后出现了被称为"计算机之父"的巴贝奇(Charles Babbage)，他做了一部功能更强的机器，称为分析机(Analytical Engine)，这部机器在观念上就与现代计算机极为相似。这些发明是用来辅助计算的工具，尚没有记忆与储存资料的功能，因此不能称为"计算机"。

直到 1946 年，美国的莫克利与艾克特发明了第一代计算机——ENIAC。ENIAC 约有两间教室大，与当下常用的计算机体积相差很多。当时的计算机运用真空管构成的集成电路实现计算，而存储器的存储介质是一种打孔卡片。

代表机型：世界上第一台通用计算机 ENIAC 于 1946 年 2 月 14 日在美国宾夕法尼亚大学诞生。发明人是美国人莫克利(John W. Mauchly)和艾克特(J. Presper Eckert)。

美国国防部用 ENIAC 来进行弹道计算，如图 1-3 所示。它是一个庞然大物，使用了 18 000 个电子管，占地 170m^2，重达 30t，耗电功率约 150kW，每秒钟可进行 5000 次运算。ENIAC 以电子管作为元器件，所以又被称为电子管计算机，是计算机的第一代。电子管计算机由于使用的电子管体积很大，耗电量大，易发热，因而工作的时间不能太长。

图 1-2 手动机械圆轮加法器   图 1-3 第一台通用计算机 ENIAC

2. 第二代：晶体管计算机

晶体管的发明，在计算机领域引来一场晶体管革命。它以尺寸小、重量轻、寿命长、效率高、发热少、功耗低等优点改变了电子管元件运行时产生的热量多、可靠性差、运算速度慢、价格贵、体积大等缺陷，从此大步跨进了第二代计算机的门槛。

1954 年，美国贝尔实验室研制成功第一台使用晶体管线路的计算机，取名为"催迪克"(TRADIC)，装有 800 个晶体管。1955 年，美国在阿塔拉斯洲际导弹上装备了以晶体管为主要元件的小型计算机。之后，在美国生产的同一型号的导弹中，由于改用集成电路元件，质量只有原来的 1/100，体积与功耗减少到原来的 1/300。

1958 年,美国的 IBM 公司制成了第一台全部使用晶体管的计算机 RCA501 型。由于第二代计算机采用晶体管逻辑元件和快速磁芯存储器,计算机速度从每秒几千次提高到几十万次,主存储器的存储量从几千提高到 10 万以上。1959 年,IBM 公司又生产出全部晶体管化的电子计算机 IBM7090。

1958—1964 年,晶体管电子计算机经历了大范围的发展过程。从印刷电路板到单元电路和随机存储器,从运算理论到程序设计语言,不断的革新使晶体管电子计算机日臻完善。其软件开始使用面向过程的程序设计语言,如 FORTRAN、Algol 等。1961 年,世界上最大的晶体管电子计算机 ATLAS 安装完毕。

1964 年,中国研制成功了第一台全晶体管电子计算机 441-B 型。

代表机型:1955 年,贝尔实验室研制出世界上第一台全晶体管计算机 TRADIC,它装有 800 个晶体管,只有 100W 功率,占地也仅有 3 立方英尺,如图 1-4 所示。

图 1-4　世界上第一台全晶体管计算机 TRADIC

TRADIC 相比上一代真空管计算机大幅降低了功耗与体积。与电子管计算机相比,晶体管计算机包含操作系统,它能够为输入、输出、内存管理、存储和其他的资源管理活动提供标准化的程序。但是,IBM 公司和其他计算机生产商早期开发的专用操作系统只能在特定的计算机上运行,它们各自有自己唯一的命令集来调用它们的程序。这意味着程序员每学一种操作系统就要重新学习一种编程,这也在一定程度上限制了它们的发展。

3. 第三代:集成电路计算机

1958 年,德州仪器的工程师 Jack Kilby 发明了集成电路(IC),将三种电子元件结合到一片小小的硅片上。更多的元件集成到单一的半导体芯片上,计算机变得更小,功耗更低,速度更快。

第三代计算机的基本电子元件是每个基片上集成几个到十几个电子元件(逻辑门)的小规模集成电路和每片上几十个元件的中规模集成电路。

这一时期的发展还包括使用了操作系统,使得计算机在中心程序的控制协调下可以同时运行许多不同的程序。多处理机、虚拟存储器系统以及面向用户的应用软件的发展,丰富了计算机软件资源。为了充分利用已有的软件,解决软件兼容问题,出现了系列化的计算机。最有影响的是 IBM 公司研制的 IBM-360 计算机系列。

这个时期的另一个特点是小型计算机的应用。DEC 公司研制的 PDP-8 机、PDP-11 系列机以及后来的 VAX-11 系列机等,都曾对计算机的推广起到了极大的作用。其特征是用晶体管代替了电子管;大量采用磁芯作内存储器,采用磁盘、磁带等作外存储器;体积缩小,功耗降低、运算速度提高到每秒几十万次基本运算,内存容量扩大到几十万字。

计算机语言发展到第三代时,就进入了"面向人类"的语言阶段。第三代语言也被人们称为"高级语言"。高级语言是一种接近于人们使用习惯的程序设计语言。它允许用英文写解题的计算程序,程序中所使用的运算符号和运算式子,都和人们日常用的数学式子差不多。高级语言容易学习,通用性强,书写出的程序比较短,便于推广和交流,是很理想的一种程序设计语言。高级语言发展于 20 世纪 50 年代中叶到 20 世纪 70 年代,有些流行的高级语言已经被大多数计算机厂家采用,固化在计算机的内存里,如 BASIC 语言。除了 BASIC 语言外,还有 FORTRAN 语言、COBOL、C 语言、DL/I 语言、PASCAC 语言、ADA 语言等 250 多种高级语言。

图 1-5　System/360

代表机型:1964 年 4 月 7 日,IBM 推出了划时代的 System/360 大型计算机,它是世界上首个指令集可兼容计算机,如图 1-5 所示。从前,计算机厂商要针对每种主机量身定做操作系统,System/360 的问世则让单一操作系统适用于整系列的计算机。

这项计划的投入规模空前,IBM 特为此招募了 6 万名新员工,建立了 5 座新工厂,当时的研发费用超过了 50 亿美元(相当于现在的 340 亿美元)。直到 1965 年首台 System/360 才开始出货,到 1966 年 IBM 每月售出超过千台。每台的价格为 250 万~300 万美元,约合现在的 2000 万美元。

IBM System/360 同时还和多项世界第一联系在一起,例如,协助美国太空总署建立阿波罗 11 号资料库,完成太空人登陆月球计划;建立银行跨行交易系统,以及航空业界最大的在线票务系统等。

IBM System/360 的开发极为复杂,被誉为 IBM 360 系统之父的 Frederick P. Brooks 曾有 *The Mythical Man-Month*(《人月神话》)一书,该书至今仍是软件领域人士的必读经典。

4. 第四代:超大规模集成电路计算机

1967 年和 1977 年分别出现了大规模和超大规模集成电路。第四代计算机是指从 1970 年以后采用大规模集成电路(LSI)和超大规模集成电路(VLSI)为主要电子器件制成的计算机。例如,80386 微处理器,在面积约为 $10\text{mm}\times10\text{mm}$ 的单个芯片上,可以集成大约 32 万个晶体管。

美国 ILLIAC-IV 计算机是第一台全面使用大规模集成电路作为逻辑元件和存储器的计算机,它标志着计算机的发展已到了第四代。1975 年,美国阿姆尔公司研制成 470V/6 型计算机,随后日本富士通公司生产出 M-190 机,是比较有代表性的第四代计算机。英国曼彻斯特大学于 1968 年开始研制第四代计算机。1974 年研制成功 ICL2900 计算机,1976 年研制成功 DAP 系列机。1973 年,德国西门子公司、法国国际信息公司与荷兰飞利浦公司联合成立了统一数据公司,共同研制出 Unidata7710 系列机。

ILLIAC 是一台采用 64 个处理单元在统一控制下进行处理的阵列机,如图 1-6 所示。为了以较低的成本得到很高的速度,ILLIAC 的中央处理装置分成了四个可以执行单独指令组的控制器,每个控制器管理数个处理单元,总共有 256 个处理单元。每个处理单元可以作为一个运算和逻辑装置,具有它自己的 2048 字(每字 64 位)存片器,并能和所有其他的处理单元发生联系。由于运算和逻辑功能分配在 256 个处理单元上,因此 ILLIAC 可以同时完成很多类型数据结构的操作。根据这种平行机理,就要求处理单元本身是一台快速计算机,存储器周期小于 300ns,64 位的浮点加法为 250ns,两个 64 位数的浮点乘法为 450ns。

Macintosh 计算机在 1984 年发布,采用了紧凑的一体化设计、创新鼠标和用户友好的图形用户界面,如图 1-7 所示。它配备 128KB 内存,采用 8MHz 处理器。

图 1-6 ILLIAC

图 1-7 Macintosh

原版 Mac 彻底改变了计算机行业,就像车轮一样,Mac 为普通人带来了方便。20 世纪 80 年代早期的大多数计算机完全通过文本命令来控制,只有少数计算机高手才知道如何使用它们。有了鼠标,配以基于模仿真实世界中"桌面"概念的用户界面,用户就能使用 Mac 自带的两个应用程序:MacWrite 和 MacPaint,处理其他竞争计算机闻所未闻的任务。"桌面"就这样诞生了。使用 Adobe Systems 公司授权的 PostScript 软件,苹果公司得以销售苹果 LaserWriter 打印机,这帮助引入了"所见即所得"的设计理念,艺术家们就能把他们在 Mac 的 9 英寸黑白显示屏上看到的作品精确地打印出来。

5. 第五代:智能计算机

第五代计算机是把信息采集、存储、处理、通信同人工智能结合在一起的智能计算机系统。它能进行数值计算或处理一般的信息,主要面向知识处理,具有形式化推理、联想、学习和解释的能力,能够帮助人们进行判断、决策、开拓未知领域和获得新的知识。人机之间可以直接通过自然语言(声音、文字)或图形图像交换信息。

1981 年,在日本东京召开了第五代计算机研讨会,随后制定出为期 10 年的"第五代计算机技术开发计划"。人工智能的应用将是未来信息处理的主流,因此,第五代计算机的发展,必将与人工智能、知识工程和专家系统等的研究紧密相连,并为其发展提供新基础。目前的电子计算机的基本工作原理是先将程序存入存储器中,然后按照程序逐次进行运算。

这种计算机是由美国物理学家诺依曼首先提出理论和设计思想的,因此又称为诺依曼机器。第五代计算机系统结构将突破传统的诺依曼机器的概念。这方面的研究课题应包括逻辑程序设计机、函数机、相关代数机、抽象数据型支援机、数据流机、关系数据库机、分布式数据库系统、分布式信息通信网络等。

1.3.2 计算机的分类

依据与标准不同,计算机有很多分类方法,例如,按照处理方式不同,可以把计算机分为模拟计算机和数字计算机;按照计算机的专用性质进行划分,可以分为通用计算机和专用计算机;还可以根据计算机的规模进行划分,如可以分为巨型计算机、大型计算机、小型计算机、微型计算机等。

本节采用按计算机常用的功能划分,分为五大类:超级计算机、网络计算机、工业控制计算机、个人计算机和嵌入式计算机。

1. 超级计算机

超级计算机并不像生活中常见的计算机,而是属于一个计算机群,用来完成普通计算机无法完成的任务。超级计算机会有成百上千的处理器通过网络联合起来,共同协作发挥作用,具有速度最快、功能最强和存储容量最大的特点。它能够模拟天气变化,进行大型科学演算,并且能够处理大数据工作。

超级计算机不容易泄密,安全系数特别高。因为超级计算机的处理器都是经过层层加密,运算速度能够达到每秒 20 亿次。并且超级计算机分析出的数据,也会更加精准,错误率几乎为零。

超级计算机的正常运行对于民生方面起着至关重要的作用。超级计算机能够运用在科学领域方面,能够促进时代的发展,让生活水平快速提高;也可以运用在生产领域方面,能够节省人力资源,也会更高效;还可以运用于医学方面、制造业以及人工智能等新兴行业中,会让国家的综合水平更高,是一个国家科技水平的象征。

2. 网络计算机

1995 年被认为是互联网络元年。1996 年,网络计算机问世。这种朴实无华的装置用的是廉价的芯片,没有硬盘,能够在互联网络上存入或提取内容,售价低于 500 美元。这种新机器代表了计算机工业界思想的根本改变。在理论上,网络计算机所有者用这种装置收发电子邮件,进行文字处理,并浏览数据库和环球网的网址。为存取电子数据表和电子游戏节目,用户会把专业性很强的应用程序从互联网络上下载下来,计算税款和玩游戏,然后再把程序送回网络。

网络计算机是一种通过远程显示协议运行多用户 Windows 2000 Server 系统的客户端设备。它的工作原理是:终端和服务器通过 TCP/IP 和标准的局域网互联,网络计算机作为客户端将其鼠标、键盘的输入传递到终端服务器处理,服务器再把处理结果传递回客户端显示。众多的客户端可以同时登录到服务器上,仿佛同时在服务器上工作一样,它们之间的工作是相互隔离的。

网络计算机适用于行业用户使用,如政府办公网络、税收征收系统、电力系统、医疗领域等。

3. 工业控制计算机

工业控制计算机(Industrial Personal Computer,IPC)简称工控机,是一种加固的增强型个人计算机,它可以作为一个工业控制器在工业环境中可靠运行。应用比较广泛的如研祥工控机和西门子工控机。

IPC 具有抗粉尘、烟雾、高/低温、潮湿、震动、腐蚀等防护等级,快速诊断功能和可维护性。IPC 对工业生产过程进行实时在线检测与控制,对工作状况的变化给予快速响应,及时进行采集和输出调节(看门狗功能是普通 PC 所不具有的),遇险可自复位,保证系统的正常运行。IPC 由于采用底板+CPU 卡结构,因而具有很强的输入输出功能,最多可扩充 20 个板卡,能与工业现场的各种外设、板卡,如通道控制器、视频监控系统、车辆检测仪等相连,以完成各种任务。IPC 能同时利用 ISA 与 PCI 及 PICMG 资源,并支持各种操作系统,多种语言汇编,多任务操作系统。

随着商用机的性能愈来愈好,很多工业现场已经开始采用成本更低廉的商用机,而商用机的市场也发生着巨大的变化,人们开始更倾向于比较人性化的触控平板电脑。因此,在工业现场,带触控功能的平板电脑将会是未来的趋势,工业触控平板电脑也是工控机的一种。

4. 个人计算机

个人计算机是一种设计用于个人使用的计算机,能够接入互联网,主要处理一些文件、收发邮件等办公或娱乐使用,不需要共享其他计算机的处理、磁盘和打印机等资源就可以独立工作。

PC (Personal Computer)一词源于 1978 年 IBM 的第一部桌上型计算机型号 PC,在此之前有 Apple II 的个人用计算机,是能独立运行、完成特定功能的个人计算机。

今天,"个人计算机"一词则泛指所有的个人计算机,如桌上型计算机、笔记本型计算机,或是兼容于 IBM 系统的个人计算机等。

在计算机的发展史上,计算机依功能与体积大小而被划分为:超级计算机、大型计算机、中型计算机、小型计算机、微型计算机。计算机在被发明后的 20 年内,一般以巨型计算机为主,程序员负责编程,而有专门的录入人员负责录入与输出。因此,微型计算机的普及与广泛应用,应归功于 Apple 的发明(苹果计算机公司的创始人乔布斯成立公司后的产品),以及 IBM 公司出品的 PC,因此,PC 与 Apple 计算机的区别在于:一个是使用 DOS 操作系统,另一个则是使用 Apple 计算机专有的操作系统。由于 Apple 计算机只是独家生产,而 IBM 公司却将其产品的各个模块组件的标准予以公布,因此,其他公司可以根据这些接口标准生产具备兼容性的计算机,从而,PC 与兼容机的概念开始流行。因此,PC 与 Apple 计算机分别代表两种类型的机器。同时,也产生了兼容机的概念。兼容机是指兼容 IBM PC 的计算机。由上述可见,PC 与 Apple 计算机同属于微型计算机。

5. 嵌入式计算机

嵌入式计算机是针对某个领域特定的应用而设计的计算机,如针对网络、通信、音频、视频、工业控制等。从学术的角度,嵌入式计算机是以应用为中心,以计算机技术为基础,并且软硬件可裁剪,适用于应用系统对功能、可靠性、成本、体积、功耗有严格要求的专用计算机系统,它一般由嵌入式微处理器、外围硬件设备、嵌入式操作系统以及用户的应用程序四个部分组成。

嵌入式计算机可以灵活地应用在对温度及使用空间等苛刻的环境中,包括车载、零售、监控、电子广告牌、工厂控制等有低功耗系统需求的应用市场。

1.4 软件工程技术发展及趋势

1.4.1 软件工程的发展历史

软件是由计算机程序和程序设计的概念发展演化而来的,是在程序和程序设计发展到一定规模并且逐步商品化的过程中形成的。软件开发经历了程序设计阶段、软件设计阶段和软件工程阶段的演变过程。

1. 无"软件"概念阶段(1946—1955 年)

此阶段的特点是尚无软件的概念,程序设计主要围绕硬件进行开发,规模很小,工具简单,无明确分工,程序设计追求节省空间和编程技巧,除程序清单外无文档资料,主要用于科学计算。

2. "意大利面"阶段(1956—1970 年)

此阶段的特点是硬件环境相对稳定,出现了"软件作坊"。开始广泛使用产品软件(可购买),从而建立了软件的概念。但程序员编码随意,整个软件看起来就像是一碗意大利面一样杂乱无章,随着软件系统的规模越来越庞大,软件产品的质量越来越差,生产效率越来越低,从而导致了"软件危机"的产生。

3. 软件工程阶段(1970 年至今)

强调用工程化的思想解决软件的开发问题,软件工程大体上经历了瀑布模型、迭代模型和敏捷开发三个阶段。

4. 面向对象的构件化方法和 Web 服务(1990 年至今)

面向对象的思想包括面向对象的分析、面向对象的设计以及面向对象的编程实现等。如同模块化的编码方式一样,面向对象编程也需要通过反复的练习加深对面向对象的理解和掌握。

1) 构件化方法

构件是面向软件体系架构的可复用软件模块,可被用来构造其他软件。它可以是被封装的对象类、类树、一些功能模块、软件框架、软件构架、文档、分析件、设计模式等。1995年,Ian Graham 给出的构件定义如下。

构件(Component)是指一个对象、接口规范或二进制代码,它被用于复用,接口被明确定义。日历、工作流构件、订单构件、用户界面控制等都可以是构件。构件是作为一个逻辑紧密的程序代码包的形式出现的,有着良好的接口。如 Ada 的 Package、Smalltalk-80 和 C++ 的 class 和数据类型都可属于构件范畴。但是操作集合、过程、函数即使可以复用也不能成为一个构件。开发者可以通过组装已有的构件来开发新的应用系统,从而达到软件复用的目的。软件构件技术是软件复用的关键因素,也是软件复用技术研究的重点。

软件构件应具备以下属性。

(1) 有用性(Usefulness):构件必须提供有用的功能。

(2) 可用性(Usability):构件必须易于理解和使用。

(3) 质量(Quality):构件及其变形必须能正确工作。

(4) 适应性(Adaptability):构件应该易于通过参数化等方式在不同语境中进行配置。

(5) 可移植性(Portability):构件应能在不同的硬件运行平台和软件环境中工作。

基于构件的软件开发(Component-Based Software Development,CBSD),有时也称为基于构件的软件工程(CBSE),是一种基于分布的对象技术,强调通过可复用构件设计与构造软件系统的软件复用途径。基于构件的软件系统中的构件既可以是商业成品软件(Commercial-Off-The-Shelf,COTS)构件,也可以是通过其他途径获得的构件(如自行开发)。CBSD 体现了“购买而不是重新构造”的哲学,将软件开发的重点从程序编写转移到了基于已有构件的组装,以更快地构造系统,减轻用来支持和升级大型系统所需要的维护负担,从而降低软件开发的费用。

开发基于构件的软件系统受到以下四个方面因素的影响。

(1) COTS 构件质量的提高和种类的增加。

(2) 要求降低系统开发和维护成本的经济压力。

(3) 构件集成技术的出现。

(4) 软件开发组织内可以用于新系统开发的已有软件制品的数量增加。

CBSD 整个过程从需求开始,由开发团队使用传统的需求获取技术建立系统的需求规约。在完成体系结构设计后,并不立即开始详细设计,而是确定哪些部分可由构件组装而成。此时开发人员面临的设计决策包括“是否存在满足某种需求的 COTS 构件”“是否存在满足某种需求的内部开发的可复用构件”“这些可用构件的接口与体系结构的设计是否匹配”等。对于那些无法通过已有构件满足的需求,就只能采用传统的或面向对象的软件工程方法开发新构件。

对于那些满足需求的可用构件,开发人员通常需要进行构件的鉴定、适配、组装和更新四项活动。

(1) 构件鉴定。

通过接口以及其他约束判断 COTS 构件是否可在新系统中复用。构件鉴定分为发现和评估两个阶段。发现阶段需要确定 COTS 构件的各种属性,如构件接口的功能性(构件能够提供什么服务)及其附加属性(如是否遵循某种标准)、构件的质量属性(如可靠性)等。构件发现难度较大,因为构件的属性往往难以获取、无法量化。评估阶段根据 COTS 构件属性以及新系统的需求判断构件是否可在系统中复用。评估方法常常涉及分析构件文档、与构件已有用户交流经验甚至开发系统原型。构件鉴定有时还需要考虑非技术因素,如构件提供商的市场占有率、构件开发商的过程成熟度等级等。

（2）构件适配。

独立开发的可复用构件满足不同的应用需求，并对运行上下文做出了某些假设。系统的软件体系结构定义了系统中所有构件的设计规则、连接模式和交互模式。如果被复用的构件不符合目标系统的软件体系结构，就可能导致该构件无法正常工作，甚至影响整个系统的运行，这种情形称为失配。调整构件使之满足体系结构要求的行为就是构件适配。构件适配可通过白盒、灰盒或黑盒的方式对构件进行修改或配置。白盒方式允许直接修改构件源代码；灰盒方式不允许直接修改构件源代码，但提供了可修改构件行为的扩展语言或编程接口；黑盒方式是指调整那些只有可执行代码且没有任何扩展机制的构件。如果构件无法适配，就不得不寻找其他适合的构件。

（3）构件组装。

构件必须通过某些良好定义的基础设施才能组装成目标系统。体系风格决定了构件之间连接或协调的机制，是构件组装成功与否的关键因素之一。典型的体系风格包括黑板、消息总线、对象请求代理等。

（4）构件更新。

基于构件的系统演化往往表现为构件的替换或增加，其关键在于如何充分测试新构件以保证其正确工作且不对其他构件的运行产生负面影响，对于由 COTS 构件组装而成的系统，其更新的工作往往由提供 COTS 构件的第三方完成。

由于构件技术是由基于面向对象技术发展起来的，所以与面向对象的设计中的对象相类似，它们都是针对软件复用，都是被封装的代码，但它们之间仍存在很大差异。

（1）在纯面向对象的设计中，对象（类）、封装和继承三者缺一不可，但对构件可以没有继承性，只要实现封装即可。

（2）从构件和对象的生成方式上，对象生成属于实例化的过程，比较单一，而生成构件的方式较多。

（3）构件是设计的概念，与具体编程语言无关，而对象属于编程中的概念，对象依赖于编程语言。

（4）在对构件操作时不允许直接操作构件中的数据，数据真正被封装了。而对象的操作通过公共接口部分，这样数据是可能被访问操作的。

（5）对象对软件复用是通过继承实现的，构件对软件复用不仅可以通过继承，还可以通过组装时的引用来实现。

因此，构件不是对象，只是与对象类似。

2）Web Service

Web Service 是一个平台独立的、低耦合的、自包含的、基于可编程的 Web 应用程序，可使用开放的 XML（标准通用标记语言下的一个子集）标准来描述、发布、发现、协调和配置这些应用程序，用于开发分布式的交互操作的应用程序。

Web Service 技术能使得运行在不同机器上的不同应用无须借助附加的、专门的第三方软件或硬件，就可相互交换数据或集成。无论所使用的语言、平台或内部协议是什么，依据 Web Service 规范实施的应用之间都可以相互交换数据。Web Service 是自描述、自包含的可用网络模块，可以执行具体的业务功能。Web Service 也很容易部署，因为它们基于一些常规的产业标准以及已有的一些技术，如标准通用标记语言下的子集 XML、HTTP。Web Service 减少了应用接口的花费，为整个企业，甚至多个组织之间的业务流程的集成提供了一个通用机制。

Web Service 适用于跨越防火墙、应用程序集成、B2B 集成和软件重用,不适用于单机应用程序和局域网上的同构应用程序。

(1) Web Service 蕴含的四个趋势。

① 内容更加动态。一个 Web Service 必须能合并多个不同来源的内容,可以包括股票、天气、新闻等。而在传统环境中的内容,如存货水平、购物订单或者目录信息等都从后端系统而来。

② 带宽更加便宜。Web Service 可以分发各种类型的内容(如音频、视频流等)。

③ 存储更加便宜。Web Service 必须能处理大量数据,意味着要使用数据库、LDAP 目录、缓冲和负载平衡等技术保持可扩展能力。

④ 普遍式计算更重要。Web Service 不能要求客户使用某一版本的 Windows 的传统浏览器,必须支持各种设备、平台、浏览器类型和各种内容类型。

(2) Web Service 使用的两种主要技术。

① XML。XML 是在 Web 上传送结构化数据的方式。Web Services 要以一种可靠的自动的方式操作数据,HTML(标准通用标记语言下的一个应用)不能满足要求,而 XML 可以使 Web Services 十分方便地处理数据,它使得内容与表示相分离。

② SOAP。SOAP 使用 XML 消息调用远程方法,这样 Web Service 可以通过 HTTP 的 post 和 get 方法与远程机器交互,而且 SOAP 更加健壮和灵活易用。

其他的 UDDI 和 WSDL 技术与 XML 和 SOAP 技术紧密结合可用于服务发现。

1.4.2　软件工程方法的发展历程

软件工程方法有结构化方法、面向对象的方法、构件化方法和 Web 服务、面向服务的 SOA 方法。

1. 结构化方法(19 世纪六七十年代)

结构化方法利用图形表达用户需求,使用的手段主要有数据流程图、数据字典、结构化语言、判定表以及判定树等。它给出一组帮助需求分析人员产生功能规约的原理与技术,强调开发方法的结构合理性以及所开发软件的结构合理性,其分析步骤如下。

(1) 分析当前的情况,作出反映当前物理模型的数据流程图。

(2) 推导出等价的逻辑模型的数据流程图。

(3) 设计新的逻辑系统,生成数据字典和基元描述。

(4) 建立人机接口,提出可供选择的目标系统物理模型的数据流程图。

(5) 确定各种方案的成本和风险等级,据此对各种方案进行分析。

(6) 选择一种方案。

(7) 建立完整的需求规约。

结构化方法面向用户,基于模块化思想,遵循分解原则,自顶向下进行分析与设计,自底向上展开系统实施,严格划分工作阶段,明确各阶段的界限及任务,其工作成果规范,能够及早地发现系统开发过程中的错误,提高系统的成功率。

结构化方法存在的问题有:开发周期较长,难以适应环境的变化;开发过程严格,无法适应需求的变化;难以应付非结构化问题;用户很难尽早建立系统预期的概念结构。由于结构化要对一个整体问题不断分解,当处理的条件和信息越来越多时,会给开发人员编程时造成麻烦和困扰,这使得结构化方法能处理的复杂问题难度有一定的限制,不利于维护和处理复杂工程问题。

2. 面向对象的方法(19 世纪 80 年代)

面向对象的方法认为客观世界是由对象组成的,对象由属性和操作组成,对象可按其属性进行分类,对象之间的联系通过传递消息来实现,对象具有封装性、继承性和多态性。面向对象的方法以用例驱动、以体系结构为中心、不断迭代和渐增式地进行开发,主要包括需求分析、系统分析、系统设计和系统实现四个阶段,但是各个阶段的划分不像结构化开发方法那样清晰,而是在各个阶段之间迭代进行,其开发步骤如下。

(1) 分析确定在问题空间和解空间出现的全部对象及其属性。

(2) 确定应施加于每个对象的操作,即对象固有的处理能力。

(3) 分析对象间的联系,确定对象彼此间传递的消息。

(4) 设计对象的消息模式,消息模式和处理能力共同构成对象的外部特性。

(5) 分析各个对象的外部特性,将具有相同外部特性的对象归为一类,从而确定所需要的类。

(6) 确定类间的继承关系,将各对象的公共性质放在较上层的类中描述,通过继承来共享对公共性质的描述。

(7) 设计每个类关于对象外部特性的描述。

(8) 设计每个类的内部实现(数据结构和方法)。

(9) 创建所需的对象(类的实例),实现对象间应有的联系(发消息)。

面向对象的方法运用面向对象思想,将系统中要处理的问题看作对象,复杂对象由简单对象组成。具有相同属性和操作的对象抽象成一个类,类之间有类似于结构化的层次,可以有子类,且可以继承父类的全部属性并具有自己的属性和操作。类具有封装性,将内部属性和操作隐藏。面向对象的思想强调抽象、继承和封装。

面向对象的方法的优点在于其开发软件的思维与人类思维方法一致,更易于理解。由于面向对象的封装性,局部的改变不会影响整体系统的功能,调试与维护很方便,可靠性更高。进一步,面向对象方法也使用模块化的思想,将复杂问题分解成独立的子问题,降低了难度和成本,处理复杂工程问题的能力比结构化方法有很大的提高。

面向对象虽然对于用户使用起来很方便,但对于开发人员抽象对象的能力有很高的要求。不但要求对象的建立准确,还要全面,并且符合模块的要求。若整体模块划分不合理,对功能会有很大的影响。

3. 面向服务的 SOA 方法(21 世纪 00 年代)

面向服务架构 SOA 方法以其独特的优势越来越受到企业的重视,它可以根据需求通过网络对松散耦合的粗粒度应用组件进行分布式部署、组合和使用。服务层是 SOA 的基础,可以直接被应用调用,从而有效控制系统中与软件代理交互的人为依赖性。SOA 的开发方法一般主要有开源的 Dubbo、Dubbox、WSO2、CXF 以及付费的 Oracle SOA、IBM

SOA 等。

1) 什么是 SOA

SOA 是一种粗粒度、松耦合服务架构,服务之间通过简单、精确定义的接口进行通信,不涉及底层编程接口和通信模型。SOA 可以看作 B/S 模型、XML(标准通用标记语言的子集)/Web Service 技术之后的自然延伸。

SOA 能够帮助软件工程师们站在一个新的高度理解企业级架构中的各种组件的开发、部署形式,它将帮助企业系统架构者更迅速、更可靠、更具重用性地架构整个业务系统。较之以往,SOA 架构的系统能够更加从容地面对业务的急剧变化。

2) SOA 的实施具有的鲜明的基本特征

实施 SOA 的关键目标是实现企业 IT 资产的最大化作用。实施 SOA 体现这一目标的特征如下。

(1) 可从企业外部访问。

(2) 随时可用。

(3) 粗粒度的服务接口分级。

(4) 松散耦合。

(5) 可重用的服务。

(6) 服务接口设计管理。

(7) 标准化的服务接口。

(8) 支持各种消息模式。

(9) 精确定义的服务契约。

SOA 服务具有平台独立的自我描述 XML 文档。Web 服务描述语言(Web Services Description Language,WSDL)是用于描述服务的标准语言。SOA 服务用消息进行通信,该消息通常使用 XML Schema 来定义(也叫作 XSD,即 XML Schema Definition)。消费者和提供者或消费者和服务之间的通信多见于不知道提供者的环境中。服务间的通信也可以看作企业内部处理的关键商业文档。

在一个企业内部,SOA 服务通过一个扮演目录列表(Directory Listing)角色的登记处(Registry)来进行维护。应用程序在登记处(Registry)寻找并调用某项服务。统一描述、定义和集成(Universal Description,Definition and Integration,UDDI)是服务登记的标准。

每项 SOA 服务都有一个与之相关的服务品质(Quality of Service,QoS)。QoS 的一些关键元素有安全需求(例如认证和授权)、可靠通信(可靠消息是指确保消息“仅且仅仅”发送一次,从而过滤重复信息),以及谁能调用服务的策略。

随着全球信息化的浪潮,信息化产业不断发展、延伸,已经深入众多的企业及个人,SOA 系统架构的出现,将给信息化带来一场新的革命。

纵观信息化建设与应用的历程,尽管出现过 XML(标准通用标记语言的子集)、Unicode、UML 等众多信息标准,但是许多异构系统之间的数据源仍然使用各自独立的数据格式、元数据以及元模型,这是信息产品提供商一直以来形成的习惯。各个相对独立的源数据集成在一起,往往通过构建一定的数据获取与计算程序来实现,这样的做法需要花费大量工作。信息孤岛大量存在的事实,使信息化建设的 ROI(投资回报率)大大降低,ETL 成为集中这些异构数据的有效工具。ETL 常用于从源系统中提取数据,将数据转换为与目标系统相兼容的格式,然后将其装载到目标系统中。数据经过获取、转换、装载后,要产生应用价值,还需另外的数据展现工具予以实现,如此复杂的数据应用过程,必定产生高昂的应用成本。

2000年Web Service出现后,SOA被誉为下一代Web服务的基础框架,已经成为计算机信息领域的一个新的发展方向。SOA的出现给传统的信息化产业带来新的概念,不再是各自独立的架构形式,能够轻松地互相联系组合共享信息。

基于SOA的协同软件提供了应用集成功能,能够将ERP、CRM、HR等异构系统的数据集成。

SOA协同软件采用松散耦合方式,只要充分了解业务的进程,就可以不用编写一行代码,通过流程图实现一套自己的软件系统。就像已经给你准备好了砖瓦和水泥,只需要想好盖什么样的房子就可以轻松地盖起来。这样加快了开发速度,并且减少了开发和维护的费用。软件将所有的管理提炼成表单和流程,以记录管理的内容,指定过程的流转方向。

信息集成功能可以将散落在广域网和局域网上的文档、目录、网页轻松集成,加强了信息的协同相关性。同时,复杂、成本高昂的数据集成,也变成了可以简单且低成本实现的参数设定。

在具体的功能实现上看,SOA协同软件所实现的功能包括知识管理、流程管理、人事管理、客户管理、项目管理、应用集成等;从部门角度上看,SOA协同软件涉及行政、后勤、营销、物流、生产等;从应用思想上看,SOA协同软件中的信息管理功能,全面兼顾了贯穿整个企业组织的信息化软硬件投入。尽管各种IT技术可以用于不同的用途,但是信息管理并没有任意地将信息分为结构化或者非结构化的部分,因此ERP等结构化管理系统并不是信息化建设的全部。同时,信息管理也没有将信息化解决方案划分为部门的视图,因此仅仅以部分为界限去构建软件应用功能的思想未必是不可撼动的。基于SOA的协同软件与ERP、CRM等传统应用软件相比,关键的不同在于它可以在合适的时间、合适的地点并且有正当理由向需要它提供服务的任何用户提供服务。

3) 使用SOA架构开发的优点

(1) 更易维护。

业务服务提供者和业务服务使用者的松散耦合关系及对开放标准的采用确保了该特性的实现。建立在以SOA基础上的软件系统,当需求发生变化的时候,不需要修改提供业务服务的接口,只需要调整业务服务流程或者修改操作即可,整个应用系统也更容易被维护。

(2) 更高的可用性。

该特点是在于服务提供者和服务使用者的松散耦合关系上得以发挥与体现。使用者无须了解提供者的具体实现细节。

(3) 更好的伸缩性。

依靠业务服务设计、开发和部署等所采用的架构模型实现伸缩性,服务提供者可以互相彼此独立地进行调整,以满足新的服务需求。

4) SOA的主要开发方法和工具

(1) Dubbo。

Dubbo是淘宝公司的一个分布式服务框架,致力于提供高性能和透明化的RPC远程服务调用方案,以及SOA服务治理方案。淘宝公司的许多应用就是采用Dubbo,运行稳定成功。现在，不少企业采用 Dubbo 开发应用系统。Dubbo 是简单有效的 SOA 架构，值得采用。

建议使用 dubbo-2.3.3 以上版本的 ZooKeeper 注册中心客户端。ZooKeeper 是 Apache Hadoop 的子项目，强度相对较好，建议生产环境使用该注册中心。Dubbo 未对 ZooKeeper 服务器端做任何侵入修改，只需安装原生的 ZooKeeper 服务器即可，所有注册中心逻辑适配都在调用 ZooKeeper 客户端时完成。

Dubbo 开源网址：http://cn.dubbo.apache.org/zhocm。

ZooKeeper 下载地址：http://zookeeper.apache.org/releases.html。

ZooKeeper 注册中心安装：http://alibaba.github.io/dubbo-doc-static/Zookeeper + Registry + Installation-zh.htm。

（2）Mule。

Mule 是一个以 Java 为核心的轻量级的消息框架和整合平台，基于 EIP（Enterprise Integration Patterns）而实现。Mule 的核心组件是 UMO（Universal Message Objects，从 Mule 2.0 开始 UMO 这一概念已经被组件 Component 所代替），UMO 实现整合逻辑。UMO 可以是 POJO、JavaBean 等。它支持 30 多种传输协议（如 File、FTP、UDP、TCP、E-mail、HTTP、SOAP、JMS 等），并整合了许多流行的开源项目，如 Spring、ActiveMQ、CXF、Axis、Drools 等。

Mule Studio 是一个功能强大、用户界面友好的基于 Eclipse 的开发工具。使用者不需要深入了解 Mule 的 XML 配置语法，就可以在几分钟内轻松地创建、编辑、测试 Mule ESB 流程。Mule Studio 基于 Eclipse 技术，包含三个主要部件：项目结构树、工具箱和画布。项目结构树包含整个项目的目录结构。

Mule 是一个企业服务总线（ESB）消息框架，主要特性如下。

① 基于 J2EE 1.4 的企业消息总线（ESB）和消息代理。

② 可插入的连接性，如 JMS、JDBC、TCP、UDP、Multicast、HTTP、Servlet、SMTP、POP3、File、XMPP 等。

③ 支持任何传输之上的异步、同步和请求响应事件处理机制。

④ 支持 Axis 或者 Glue 的 Web Service。

⑤ 灵活的部署结构，包括 Client/Server、P2P、ESB 和 Enterprise Service Network。

⑥ 与 Spring 框架集成，可用作 ESB 容器，也可以很容易地嵌入到 Spring 应用中。

⑦ 使用基于 SEDA 处理模型的高度可伸缩的企业服务器。

⑧ 强大的基于 EIP 模式的事件路由机制等。

（3）WSO2。

WSO2 ESB 是一种根据 Apache 2.0 许可证发布的快速、轻量级和灵活的企业服务总线产品。使用 ESB 在 HTTP、HTTPS、JMS、Mail 等协议基础上通过业务系统过滤、转换、路由和处理 SOAP、二进制、纯 XML 和文本消息。

WSO2 ESB 是一个为企业准备的完全成熟的 ESB，建立在 Apache Synapse 项目基础上。Apache Synapse 是使用 Apache Axis2 创建的。应用程序发送消息到 ESB，该消息由 ESB Transport 识别。Transport 通过消息管道发送消息。ESB 可以有如下两种操作。

① 消息中介：使用单管道。

② 代理服务：使用独立的管道运输到不同的代理服务。

WSO2 ESB 支持所有广泛使用的传输协议，包括 HTTP/s、JMS、VFS 和特定领域的传输如 FIX。一个新的传输协议使用 Axis2 传输框架轻松地被添加和插入到 ESB 中。不同的传输工具为 ESB 带来各种消息内容/负载。

WSO2 ESB 允许系统管理员和 SOA 架构师更简单地进行消息路由、虚拟化、中介、转换、日志记录、任务调度、负载平衡等，并予以轻松配置。WSO2 ESB 运行时被设计为完全异步，基于 Apache Synapse 进行处理。WSO2 ESB 4.0.2 是可定制的解决方案，可以满足现有的需求。

WSO2 ESB 的下载地址：http://wso2.org/downloads/esb。

（4）CXF。

Apache CXF 是一个开源的 Services 框架，CXF 帮助软件开发人员像 JAX-WS 一样利用 Frontend 编程 API 来构建和开发 Services。这些 Services 可以支持多种协议，如 SOAP、XML/HTTP、RESTful HTTP 或者 CORBA，并且可以在多种传输协议上运行，如 HTTP、JMS 或者 JBI。CXF 大大简化了 Services 的创建，同时它继承了 XFire 传统，可以天然地和 Spring 进行无缝集成。CXF 框架是一种基于 Servlet 技术的 SOA 应用开发框架，要正常运行基于 CXF 应用框架开发的企业应用。除了 CXF 框架本身之外，还需要 JDK 和 Servlet 容器的支持。

CXF 包含大量的功能特性，但是主要集中在以下四个方面。

① 支持 Web Services 标准。CXF 支持多种 Web Services 标准，包含 SOAP、BasicProfile、WS-Addressing、WS-Policy、WS-ReliableMessaging 和 WS-Security。

② 支持 Frontends。CXF 支持多种 Frontend 编程模型。CXF 实现了 JAX-WS API（遵循 JAX-WS 2.0 TCK 版本），也包含一个 simplefrontend 允许客户端和 EndPoint 的创建，而不需要 Annotation 注解。CXF 既支持 WSDL 优先开发，也支持从 Java 的代码优先开发模式。

③ 容易使用。CXF 设计得更加直观与容易使用。有大量简单的 API 用来快速地构建代码优先的 Services，各种 Maven 的插件也使集成更加容易，支持 JAX-WS API，支持 Spring 2.0 更加简化的 XML 配置方式等。

④ 支持二进制和遗留协议。CXF 的设计是一种可插拔的架构，既可以支持 XML，也可以支持非 XML 的类型绑定，如 JSON 和 CORBA。

ApacheCXF 官方网站的项目目标概要如下。

① 高性能可扩展，简单且容易使用多种标准。支持 JAX-WS、JAX-RS、JSR-181 和 SAAJ；支持 SOAP 1.1/1.2、WS-IBasicProfile、WS-Security、WS-Addressing、WS-RM 和 WS-Policy；支持 WSDL 1.1、2.0；支持 MTOM。

② 多种传输方式、多种 Bindings、多种 DataBindings 和多种 Format。传输方式支持 HTTP、Servlet、JMS 和 Jabber。Bindings 支持 SOAP、REST/HTTP。DataBndings 目前支持 JAXB 2.0、Aegis 两种，默认是 JAXB 2.0。XMLBeans、Castor 和 JiBX 数据绑定方式将在 CXF 2.1 版本中得到支持。Format 支持 XML、JSON。此外，可扩展的 API 允许为 CXF 增加其他的 Bindings，以能够支持其他的消息格式，如 CSV 和固定记录长度。

ApacheCXF 的特点如下。

① 灵活部署。可在 Tomcat 或基于 Spring 的轻量级容器中部署 Services；可以在如 ServiceMix、OpenESB 或 Petals 等的 JBI 容器中将它部署为一个服务引擎；可以部署在如 Tuscany 之类的 SCA 容器中；可以在 J2EE 应用服务器中部署 Services，如 Geronimo、JOnAS、JBoss、WebSphereApplication Server 和 WebLogic Application Server 以及 Jetty 和 Tomcat；独立的 Java 客户端/服务器端。

② 支持多种编程语言。全面支持 JAX-WS 2.0 客户端/服务器编程模型；支持 JAX-WS 2.0 synchronous、asynchronous 和 one-way API's；支持 JAX-WS 2.0 Dynamic Invocation Interface(DII) API；支持 wrapped and non-wrapped 风格；支持 XML messaging API；支持 JavaScript 和 ECMAScript 4 XML (E4X)，客户端与服务器端均支持；通过 Yoko 支持 CORBA；通过 Tuscany 支持 SCA；通过 ServiceMix 支持 JBI。

③ 代码生成。支持 Java to WSDL、WSDL to Java、XSD to WSDL、WSDL to XML、WSDL to SOAP 和 WSDL to Service。

(5) Dubbox。

当当网根据自身的需求，为 Dubbo 实现了一些新的功能，并将其命名为 Dubbox(即 DubboeXtensions)，主要的新功能如下。

① 支持 REST 风格的 HTTP ＋ JSON/XML 远程调用。基于非常成熟的 JBoss RestEasy 框架，在 Dubbo 中实现了 REST 风格的 HTTP ＋ JSON/XML 远程调用，以显著 简化了企业内部的跨语言交互，同时显著简化了企业对外的 Open API、无线 API，甚至 AJAX 服务器端等的开发。事实上，这个 REST 调用也使得 Dubbo 可以对当今特别流行的 "微服务"架构提供基础性支持。另外，REST 调用也达到了比较高的性能，在基准测试下，HTTP＋JSON 与 Dubbo 2.x 默认的 RPC 协议(即 TCP＋Hessian2 二进制序列化)之间只 有 1.5 倍左右的差距。

② 支持基于 Kryo 和 FST 的 Java 高效序列化实现。基于当今比较知名的 Kryo 和 FST 高性能序列化库，为 Dubbo 默认的 RPC 协议添加新的序列化实现，并优化调整了其序 列化体系，比较显著地提高了 Dubbo RPC 的性能。

③ 支持基于嵌入式 Tomcat 的 HTTP Remoting 体系。基于嵌入式 Tomcat 实现 Dubbo 的 HTTP Remoting 体系(即 Dubbo-Remoting-HTTP)，用以逐步取代 Dubbo 中旧 版本的嵌入式 Jetty，可以显著地提高 REST 等的远程调用性能，并将 Servlet API 的支持从 2.5 升级到 3.1。

④ 升级 Spring。将 Dubbo 中 Spring 由 2.x 升级到目前常用的 3.x 版本，减少了项目中 版本冲突带来的麻烦。

⑤ 升级 ZooKeeper 客户端。将 Dubbo 中的 ZooKeeper 客户端升级到最新的版本，以 修正老版本中包含的 Bug。

总之，SOA 架构具有松耦合、高复用、开发、维护灵活方便、支持多平台多系统、对原系 统良好支持、消除信息孤岛等许多优点，以 Dubbo 为代表的开发方法有一百多种，以上 5 种 方法值得借鉴采用。

1.4.3 软件工程技术的主要发展趋势

1. 新型软件体系结构及开发方法

新型软件体系结构及开发方法主要包括基于云计算平台的软件体系结构、模型驱动的开发方法(MDA)、敏捷软件开发方法和软件集成开发环境和工具。

2. 软件构件化

软件构件化是一种理想的软件开发理念,它主张软件产品的开发应当像制造工业产品那样,首先通过专业化分工生产出不同功能的"零部件",然后再将这些"零部件"合理地组装起来,形成所需的产品。

3. 软件服务化

软件服务化涉及的新兴技术有 Web Service、面向服务的体系结构(SOA)、软件即服务(云计算的三层技术架构之一)、软件服务工程。

4. 软件需求工程

软件需求工程向着基于知识的软件需求分析和需求分析自动化方向发展。

5. 中间件技术

中间件是存在于操作系统和用户软件之间的一些中间层软件。它将操作系统提供的接口重新封装,并添加一些实用功能,以提供给用户软件更好的服务。中间件用来管理不同软件之间的数据交互,这使得开发者不用去关心底层的通信,不同软件单元之间的"墙"变得透明。

基于中间件的软件集成技术、面向不同行业不同领域的中间件平台、企业服务总线 ESB 和网络构件是中间件技术的发展趋势。

6. 软件质量保障

软件质量保障技术发展涉及软件质量评测与度量、软件可靠性技术和软件工程改进模型。

1.5 软件产业的发展历程

"软件"作为术语首次被使用是在 1959 年,而软件类业务从 1949 年就已起步。"软件"初期的发展几乎都是在美国完成的。到目前为止,全球软件产业的发展已经经历了比较完整的 5 代。

1. 第一代:早期专业的服务公司(1949—1959 年)

第一批独立于卖主的软件公司是为客户开发定制解决方案的专业软件服务公司。在美国,这个发展过程是由几个大软件项目推进的,这些项目先是由美国政府出面,后来被几家美国大公司认购。这些巨型项目为第一批独立的美国软件公司提供了重要的学习机会,并使美国在软件产业中成为早期的主角。例如,开发于 1949—1962 年间的 SAGE 系统,是第一个极大的计算机项目。在欧洲,几家软件承包商也在 20 世纪 50 年代和 60 年代开始发展起来,但总体上,比美国的进展晚了几年。

典型的早期专业服务公司有 CSC、规划研究公司、加州分析中心和管理美国科学公司,其特点如下。

(1) 每次为一个客户提供一个定制的软件,包括技术咨询、软件编程和软件维护。

(2) 软件销售是一次性的,不可复制。

2. 第二代:早期软件产品公司(1959—1969 年)

第一批软件产品出现在第一批独立软件服务公司成立 10 年后。这些初级的软件产品被专门开发出来重复销售给一个以上的客户。一种新型的软件公司诞生了,这是一种要求不同管理和技术的公司。第一个真正的软件产品诞生于 1964 年。它是由 ADR 公司接受 RCA 委托开发的一个可以形象地代表设备逻辑流程图的程序。在这个时期,软件开发者设立了今天仍然存在的基础。这些基础包括软件产品的基本概念、定价、维护,以及法律保护手段。

第二代软件产品公司不是出售一个独立的产品,而是将一个软件多次销售,主要公司有 ADR、Informatics。

3. 第三代:强大的企业解决方案提供商的出现(1969—1981 年)

在第二代后期的岁月里,越来越多的独立软件公司破土而出。与第二代软件不同的是,规模化的企业提供的新产品已经超越了硬件厂商所提供的产品。最终,客户开始从硬件公司以外的卖主手里寻找他们所需的软件并为其付钱。20 世纪 70 年代早期的数据库市场最为活跃,原因之一是独立数据库公司的出现。数据库系统在技术上很复杂,而且几乎所有行业都需要它。但从由计算机生产商提供的系统被认为不够完善以来,独立的提供商进入了这个市场,使其成为 20 世纪 70 年代最活跃的市场之一。

欧洲同样进入了这个市场。1969 年,在德国法兰克福南边的一个中等城市达姆斯塔特的应用信息处理研究所的 6 位成员,创立了 Software AG,至 1972 年它进入了美国市场,而且此后不久,就在全世界销售它的主打产品。其他在这个市场扮演重要角色的公司有 Cincom 系统公司(1968 年)、计算机联合(CA)公司(1976 年)和 Sybase(1984 年)。20 世纪 80 年代和 90 年代,许多企业解决方案提供商从大型计算机专有的操作系统平台转向诸如 UNIX(1973 年)、IBMOS/2 和微软 NT 等新的平台。

至此,软件企业开始以企业解决方案供应商的面目出现,主要企业有 SAP、Oracle、PeopleSoft。

4. 第四代:客户大众市场软件(1981—1994 年)

个人计算机(Personal Computer,PC)的出现建立了一种全新的软件:基于个人计算机的大众市场套装软件。同样,PC 市场的出现影响了以前的营销方式。第一批个人计算机于 1975 年诞生于美国 MITS 的 Altair8800,同样还有苹果Ⅱ型计算机于 1977 年上市。但是这两个平台都未能成为持久的个人计算机标准平台。直到 1981 年 IBM 推出了 IBM PC,一个新的软件时代开始了。这个时期的软件才真正以独立的软件产业诞生,同样也是收缩-覆盖的套装软件引入的开端。微软(Microsoft)是这个时代最成功和最有影响力的代表软件公司。这个时期其他成功的代表公司还有 Adobe、Autodesk、Corel、Intuit 和 Novell。

总之,20 世纪 80 年代软件产业以每年 20% 的增长率发展。美国软件产业的年收入在 1982 年增长到 100 亿美元,在 1985 年则为 250 亿美元,这比 1979 年的数字高 10 倍。基于个人计算机的大众市场软件的典型企业有微软、Intuit 和 Lotus。

5. 第五代:互联网增值服务(1994 年至今)

由于 Internet 的介入,软件产业发展开创了一个全新的时代。高速发展的互联网给软件产业带来了革命性的意义,给软件发展提供了一个崭新的舞台。当计算机开始普及时,软件建立在计算机平台上。而互联网出现后,网络逐渐成为软件产品新平台,大量基于网络的软件不断涌现,大大繁荣了软件产业的发展。此时,软件公司不再通过销售软件获得收入,而是通过应用互联网公司提供的服务而获得增值收入,主要企业有 Yahoo、Google、腾讯等。

1.6　导产导研

1.6.1　技术能力题

针对下面三个软件危机案例,分析软件危机的具体表现、产生原因,并给出规避危机的措施。

(1) IBM 公司的 OS/360,共约 100 万条指令,花费了 5000 个人力资源,经费达数亿美元,而结果却令人沮丧,错误多达 2000 个以上,系统根本无法正常运行。OS/360 系统的负责人 Brooks 这样描述开发过程的困难和混乱:"……像巨兽在泥潭中做垂死挣扎,挣扎得越猛,泥浆就沾得越多,最后没有一个野兽能够逃脱淹没在泥潭中的命运……"

(2) 1963 年美国飞往火星的火箭爆炸,造成 1000 万美元的损失。其原因是 FORTRAN 程序中"DO 5 I=1,3"误写为"DO 5 I=1.3"。

(3) 1967 年苏联"联盟一号"载人宇宙飞船在返航时,由于软件忽略了一个小数点,在进入大气层时因打不开降落伞而烧毁。

1.6.2　拓展分析题

(1) 在 GitHub、Gitee 上下载开源软件的源码(如 MySQL、Android、Hadoop 等),运行和使用该软件,从正确性、可靠性、可维护性和安全性等方面分析和评估其质量情况。

(2) 在 GitHub 上搜索自己感兴趣的工具类开源软件,找到该软件的相关代码、文档和数据,说明三者之间的关联性。

冯·诺依曼计算机基本原理

冯·诺依曼计算机模型仍是当今计算机的主流模型,其核心思想是存储程序和二进制,其基本组成为总线连接五大核心部件:输入、输出、内存、控制器和运算器,其关键是存储程序的自动执行。

2.1 导学导教

2.1.1 内容导学

本章内容导学图如图 2-1 所示。

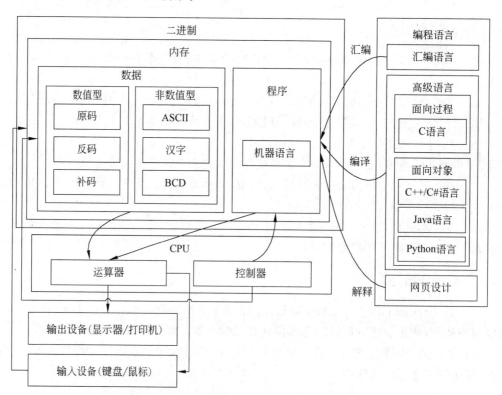

图 2-1 冯·诺依曼计算机基本原理内容导学图

2.1.2　教学目标

1. 知识目标

掌握将十进制数转换成原码、反码和补码的方法,掌握西文 ASCII 字符编码和中文汉字编码方法的区别,掌握汉字点阵字库的编码方法。掌握冯·诺依曼计算机的存储程序思想和程序自动运行过程。理解程序的概念、调试、错误类型和不同类型编程语言的区别。

2. 能力目标

能够把十进制数表示成补码,能够基于补码进行加减运算,能够利用一位加法器逻辑电路设计 8 位、16 位和 32 位加法器,能够在自行设计的加法器对于给定 2 的补码诸位标识出输入状态、进位状态、求和状态,能够针对中文给出机内存储和文件存储,能够设计简单汉字的 8 位字库编码。

3. 思政目标

从工程与社会的角度,定量分析计算机和编程语言的发展对企业人力开发成本的影响。

2.2　二进制思维符号化表达和逻辑计算

1. 0 和 1 的逻辑

逻辑的基本表现形式是命题与推理。命题由语句表达,即内容为真或假的一个判断语句。推理即依据有简单命题的判断推导得出复杂命题的判断结论的过程。

逻辑运算用来判断命题是"对"的还是"错"的,或者说是"成立"还是"不成立",判断的结果是二值的,即没有"可能是"或者"可能不是",这个"可能"的用法是一个模糊概念,在计算机里面进行的是二进制运算。

参与逻辑运算的变量叫作逻辑变量,用字母 A,B,…表示。每个变量的取值非 0 即 1。0 和 1 不表示数的大小,而是代表两种不同的逻辑状态。可以把 1 和 0 理解为逻辑上真与假或者电路的开与关等,只要是完全对立的事物即可。

如果一个命题由 X、Y 和 Z 等表示,其值可能为"真"或"假",则两个命题 X、Y 和 Z 之间可以进行逻辑运算。

(1)"与"运算(AND):当 X 和 Y 都为真时,X AND Y 也为真;其他情况 X AND Y 均为假。

(2)"或"运算(OR):当 X 或 Y 为真时,X OR Y 为真;其他情况 X OR Y 为假。

(3)"非"运算(NOT):当 X 为真时,NOT X 为假;当 X 为假时,NOT X 为真。

(4)"异或"运算(XOR):当 X 和 Y 都为真或都为假时,X XOR Y 为假;否则,X XOR Y 为真。

如果 1 表示真,0 表示假,则用 0 和 1 表示的运算规则如下。

"与"运算 AND
有0为0,全1为1。

$$\frac{0 \text{ AND } 0}{0} \qquad \frac{0 \text{ AND } 1}{0} \qquad \frac{1 \text{ AND } 0}{0} \qquad \frac{1 \text{ AND } 1}{1}$$

"或"运算 OR
有1为1,全0为0。

$$\frac{0 \text{ OR } 0}{0} \qquad \frac{0 \text{ OR } 1}{1} \qquad \frac{1 \text{ OR } 0}{1} \qquad \frac{1 \text{ OR } 1}{1}$$

"非"运算 NOT
非0为1,非1为0。

$$\frac{\text{NOT } 0}{1} \qquad \frac{\text{NOT } 1}{0}$$

"异或"运算 XOR
相同为0,不同为1。

$$\frac{0 \text{ XOR } 0}{0} \qquad \frac{0 \text{ XOR } 1}{1} \qquad \frac{1 \text{ XOR } 0}{1} \qquad \frac{1 \text{ XOR } 1}{0}$$

如果读者欲进一步研究逻辑,可深入学习如下内容。

(1) 古希腊哲学家Aristotle(公元前384—322)的形式逻辑,其典型概念有命题、推理和三段论。

(2) 德国数学家Leibnitz(1646—1816年)的数理逻辑,其典型概念有谓词和谓词逻辑。

(3) 英国数学家Boole(1815—1864年)的布尔代数,其典型概念有布尔量、布尔值、布尔运算和布尔操作。

(4) 其他的还有时序逻辑、模态逻辑、归纳逻辑、模糊逻辑、粗糙逻辑和非单调逻辑。

2. 运用0和1的电子技术实现与门、或门、非门和异或门电路

如果数字信号1由高电平表示,而0由低电平表示,则0和1可用电子技术实现。进一步,电子技术能够实现逻辑运算"与""或""非"和"异或"。下面以逻辑运算"与"和"或"为例说明电子技术实现。

如图2-2(a)所示为由二极管组成的与门电路,A、B为输入端,F为输出端。图2-2(b)是它的逻辑符号,与门电路的原理如下。

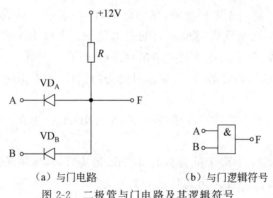

(a) 与门电路　　　　　　(b) 与门逻辑符号

图2-2　二极管与门电路及其逻辑符号

当输入端A、B都处于高电平1(3V)时,VD_A、VD_B都处于反向偏置而截止状态,输出端F为高电平1(3V)。反之,当输入端A、B都处于低电平0(0V)时,VD_A、VD_B也都正向导通,输出端F为低电平0(0V)。

当输入端一端为低电平,而另一端为高电平时,例如,A端为0V,B端为3V,此时VD_A

管优先导通,输出端 F 输出低电平 0(0V)。

由上述可知,在与门电路的输入端中,只要有一端为低电平,输出端 F 就是低电平,只有输入端全为高电平时,输出端 F 才高低电平,即具有"与"逻辑关系。

如图 2-3(a)所示为由二极管组成的或门电路,A、B 为输入端,F 为输出端。图 2-3(b)是它的逻辑符号,或门电路的原理如下。

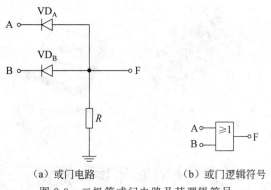

(a) 或门电路　　　　　　(b) 或门逻辑符号

图 2-3　二极管或门电路及其逻辑符号

当输入端 A、B 都处于高电平 1(3V)时,VD_A、VD_B 都处于正向导通状态,输出端 F 为高电平 1(3V)。反之,当输入端 A、B 都处于低电平 0(0V)时,VD_A、VD_B 也都正向导通,输出端 F 为低电平 0(0V)。

当输入端一端为高电平,而另一端为低电平时,例如,A 端为 3V,B 端为 0V,此时 VD_A 管优先导通,输出端 F 被钳制在 3V,使输出端 F 为高电平,同时 VD_B 管受反向偏置而截止。

由上述可知,在或门电路的输入端中,只要有一端为高电平,输出端 F 就是高电平,只有输入端全为低电平时,输出端 F 才为低电平,即具有"或"逻辑关系。

3. 运用与、或、非和异或门电路分层构造实现复杂计算

运用两个异或门和三个与非门实现 1 位加法器的电路图和逻辑符号分别如图 2-4(a)和图 2-4(b)所示,其中,A_i、B_i、C_i、C_{i+1} 和 S_i 分别为加数、被加数、低位进位、高位进位以及和。

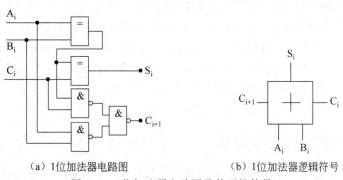

(a) 1 位加法器电路图　　　　　　(b) 1 位加法器逻辑符号

图 2-4　1 位加法器电路图及其逻辑符号

1 位加法器可构造 8 位、16 位、32 位加法器。减法可转换为加法,乘除法可转换为加减法,移位运算可转换成乘除法。这样不断地集成,可组合封装成具有复杂功能的芯片和主板。

微处理器芯片是复杂组合逻辑集成在一块板上并封装而成的电路。Intel 4004 是英特

尔推出的第一款微处理器,也是全球第一款商用微处理器。Intel 4004 处理器于 1971 年推出,尺寸为 3cm×4cm,外层有 16 只针脚,内里有 2250 个晶体管,它采用 $10\mu m$ 制程。4004 的最高频率有 740kHz,能执行 4 位运算,支持 8 位指令集及 12 位地址集。而 Pentium 4 处理器采用 $0.18\mu m$ 的电路集成了 4200 万颗晶体管,再到英特尔的 45nm Core 2 至尊/至强 4 核处理器装载了 8.2 亿颗晶体管。Intel 4004 和 Intel Pentium 4 芯片如图 2-5 所示。

　　(a) Intel 4004陶瓷芯片　　　　(b) Intel Pentium 4芯片

图 2-5　Intel 4004 陶瓷芯片和 Intel Pentium 4 芯片

2.3　用 0 和 1 表示数据

　　二进制数据是用 0 和 1 两个数码来表示的数。它的基数为 2,进位规则是"逢二进一",借位规则是"借一当二",由 18 世纪德国数理哲学大师莱布尼茨发现。

　　当前的计算机系统使用的基本上都是二进制系统。二进位记数制的四则运算规则十分简单。而且四则运算最后都可归结为加法运算和移位。此外,算术运算和逻辑运算能共享一个存储器,这样,电子计算机中的运算器线路也变得简单。不仅如此,线路简化后,运算速度也随之提高。这是十进制数所不能相比的。

　　在电子计算机中采用二进制表示数据可以节省设备。可以从理论上证明,用三进制最省设备,其次是二进制。但由于二进制仅由数码 0 和 1 构成,现实世界有可靠、简单、成本低廉的物理器件,这是包括三进制在内的其他进制所没有的优点,所以大多数电子计算机采用二进制。

　　计算机处理信息的最小单位——位(bit),就相当于二进制中的一位。位的英文 bit 是 binary digit(二进制数位)的缩写。二进制数的位数一般是 8 位、16 位、32 位、……,即 8 的倍数,这是因为计算机所处理的信息的基本单位是 8 位的二进制数。8 位二进制数称为 1 字节。字节是最基本的信息计量单位。位是最小单位,字节是基本单位。内存和磁盘都使用字节来存储和读写数据,使用位单位则无法读写数据。因此,字节是信息的基本单位。程序中,即使是用十进制数和文字等记录的信息,在编译后也会转换成二进制数的值,所以,程序运行时计算机内部所有信息都是用二进制表示的。

2.3.1　数值性数据的表示及运算

　　数值性数据分为定点整数、定点小数和浮点数三类,可用原码、反码或补码来表示。

1. 定点数

1) 定点整数的表示

对于一个 w 位的整数 x,它的二进制写成 $\pm[x_{w-1}x_{w-2}\cdots x_0]_2$,其中,$x_i(0\leqslant i\leqslant w-1)$

取值 0 或 1，则二进制 x 对应的十进制数为 $\sum_{i=0}^{w-1} x_i \times 2^i$。

十进制整数的数值部分转换成二进制的转换规则是连续地除 2 求余数，直至商为 0 停止计算。第一次除 2 的余数为二进制的最低位，每除 2 一次位数顺增一次，商为 0 时所得余数为二进制的最高位。

例 1　把 $+[123]_{10}$ 转换成二进制数。

解答：$123 \div 2 = 61$，余数为 1（最低位）；$61 \div 2 = 30$，余数为 1；$30 \div 2 = 15$，余数为 0；$15 \div 2 = 7$，余数为 1；$7 \div 2 = 3$，余数为 1；$3 \div 2 = 1$，余数为 1；$0 \div 2 = 0$，余数为 1（最高位）。

综上，$+[123]_{10} = +[1111011]_2$。

计算机用二进制表示数据，正负号也不例外，用最高位作为符号位，0 表示正数，1 表示负数，约定小数点隐含在最低数值位（2^0）之后，因此称为定点整数。

例 2　假设计算机的字长为 8 位，把 $-[123]_{10}$ 转换成二进制数。

解答：在例 1 的基础上，负号用 1 表示，作为最高位，即 $[11111011]_2$，符号位或位权的说明如下。

负号	2^6	2^5	2^4	2^3	2^2	2^1	2^0
1	1	1	1	1	0	1	1

注意，当数值位数连同符号位不足计算机字长时，符号位不变，其他高位均补 0，如例 3 所示。

例 3　假设计算机的字长为 8 位，把 $\times[5]_{10}$ 转换成二进制数。

解答：$5 \div 2 = 2$，余数为 1（最低位）；$2 \div 2 = 1$，余数为 0；$1 \div 2 = 0$，余数为 1（最高位），综合符号位和补 0 后的结果如下。

正号	2^6	2^5	2^4	2^3	2^2	2^1	2^0
0	0	0	0	0	1	0	1
		高位补 0					

2）定点小数的表示

对于一个 w 位的整数 x，它的二进制写成 $\pm[0.x_1 x_2 \cdots x_w]_2$，其中，$x_i (1 \leqslant i \leqslant w)$ 取值 0 或 1，则二进制 x 对应的十进制数为 $\sum_{i=1}^{w} x_i \times 2^{-i}$。

同样地，用最高位作为符号位，0 表示正数，1 表示负数，约定小数点隐含在符号位和最高数值位（2^{-1}）之间，因此称为定点小数。

十进制定点小数的数值部分转换成二进制的转换规则是小数部分连续地乘 2 并减掉整数，直至位数达到最高精度或减掉整数后的小数为 0 则停止，第一次乘 2 后被减掉整数为二进制的最高位，每乘 2 一次位数向后顺延一次，最后一次乘 2 被减掉的整数作为最低位。

例 4　把 $-[0.875]_{10}$ 转换成二进制数。

解答：

$0.875 \times 2 = 1.75$，整数部分为 1，减掉整数后的小数为 0.75。

$0.75×2＝1.5$,整数部分为1,减掉整数后的小数为0.5。

$0.5×2＝1$,整数部分为1,减掉整数后的小数为0。

停止计算。

注意,当数值位数连同符号位不足计算机字长时,低位均补0。

综上,结果如下。

负号	2^{-1}	2^{-2}	2^{-3}	2^{-4}	2^{-5}	2^{-6}	2^{-7}
1	1	1	1	0	0	0	0
			低位补0				

2. 浮点数

定点数只能表示小数点固定的数值,表示数据的精度、有效性和范围都受限,所以需要用浮点数。所谓浮点数就是小数点在逻辑上是不固定的。

如图2-6所示,假设一个浮点数a由两个数m和e来表示:$a＝m×2^e$。m是定点小数,称为尾数。e是整数,称为阶码。如果m的第一位是非0整数,则称m是规格化的。尾数由尾符和尾数值构成,阶码分阶值和阶符两部分。

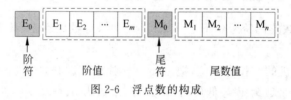

图2-6 浮点数的构成

浮点数由阶码和尾数两部分组成,属于有理数中某特定子集的数的数字表示,在计算机中用以近似表示任意某个实数。具体地说,这个实数由一个整数或定点小数(即尾数)乘以2的整数次幂得到,这种表示方法类似于基数为10的科学记数法。

例5 假设计算机字长为16位,阶值和和尾数值分别占4位和10位,阶符和尾符各1位,把$+[0.0000101]_2$表示成规格化后的浮点数。

解答:$0.0000101＝0.1010000000×2^{-4}$,$-[4]_{10}＝-[0100]_2$,因此浮点数的表示如下。

1	0	1	0	0	0	1	0	1	0	0	0	0	0	0	0

3. 原码、反码与补码

根据冯·诺依曼提出的经典计算机体系结构框架,一台计算机由运算器、控制器、存储器、输入和输出设备组成。其中,运算器只有加法运算器,没有减法运算器,所以计算机中不直接做减法,减法通过加法实现。现实世界中所有的减法也可以当成加法,减去一个数可以看作加上这个数的相反数,但前提是要先有负数的概念,这就是为什么不得不引入一个符号位。

而且从硬件的角度上看,只有正数加负数才算减法,正数与正数相加、负数与负数相加,其实都可以通过加法器直接相加。

原码、反码、补码的产生过程是为了解决计算机做减法和引入符号位的问题。

1)原码

前述的定点整数、定点小数和浮点数的表示均采用了原码。原码是最简单的机器数表示法,用最高位表示符号位,其他位存放该数的二进制的绝对值。以带符号位的四位二进制数 1010 为例,最高位 1 表示负数,其他三位 010,即 $0\times2^2+1\times2^1+0\times2^0=2$,所以 1010 表示十进制数 -2。

原码的表示法很简单,虽然得出现了 $+0$ 和 -0,但是直观易懂,原码的特点如下。

(1)原码表示直观、易懂,与真值转换容易。

(2)原码中 0 有两种不同的表示形式,给使用带来了不便。通常 0 的原码用 $+0$ 表示,若在计算过程中出现了 -0,则需要用硬件将 -0 变成 $+0$。

(3)用原码表示加减运算复杂。

利用原码进行两数相加运算时,首先要判别两数的符号,若同号则做加法,若异号则做减法。在利用原码进行两数相减运算时,不仅要判别两数的符号,使得同号相减,异号相加;还要判别两数绝对值的大小,用绝对值大的数减去绝对值小的数,取绝对值大的数的符号为结果的符号。可见,原码表示不便于实现加减运算。

2)反码

原码最大的问题在于一个数加上它的相反数不等于 0,于是反码的设计思想就是要解决这一点,既然一个负数是一个正数的相反数,那干脆用一个正数按位取反来表示负数。因此,正数的反码仍等于原码,而负数的反码是它的原码除符号位外按位取反。

以带符号位的四位二进制数为例:3 是正数,反码与原码相同,则可以表示为 0011;-3 的原码是 1011,符号位保持不变,低三位按位取反,所以 -3 的反码为 1100。

试着用反码解决原码的问题:$0001+1110=1111$,即 $1+(-1)=-0$;$1110+1100=1010$,即 $(-1)+(-3)=-5$。

互为相反数相加等于 0,虽然得到的结果是 1111 也就是 -0,但是两个负数相加出错了。

反码的特点如下。

(1)在反码表示中,用符号位表示数值的正负,形式与原码表示相同,即 0 为正,1 为负。

(2)在反码表示中,数值 0 有两种表示方法。

(3)反码的表示范围与原码的表示范围相同。

(4)反码表示在计算机中往往作为数码变换的中间环节。

3)补码

正数的补码等于它的原码,负数的补码等于反码 $+1$。其实负数的补码等于反码 $+1$ 只是补码的求法,而不是补码的定义,很多人以为求补码就要先求反码,其实并不是,那些计算机学家并不会心血来潮地把反码 $+1$ 就定义为补码,只不过补码正好就等于反码 $+1$ 而已。

如果有兴趣了解补码的严格说法,建议看一下《计算机组成原理》,它会用"模"和"同余"的概念,严谨地解释补码。

补码的思想其实就是来自于生活,如时钟、经纬度、《易经》里的八卦等。对于时钟,如果说时针现在停在 10 点钟,那么什么时候会停在 8 点钟呢?简单,过去隔 2 个小时的时候是 8 点钟,未来过 10 个小时的时候也是 8 点钟。也就是说,时间倒拨 2 小时,或正拨 10 小时都是 8 点钟。也就是 $10-2=8$,而且 $10+10=8$。这个时候满 12,说明时针在走第二圈,又走了 8 小时,所以时针正好又停在 8 点钟。

所以 12 在时钟运算中,称为模,超过了 12 就会重新从 1 开始算了。也就是说,$10-2$ 和 $10+10$ 从另一个角度来看是等效的,它都使时针指向了 8 点钟。

既然是等效的,那么在时钟运算中减去一个数,其实就相当于加上另外一个数(这个数与减数相加正好等于 12,也称为同余数),这就是补码所谓运算思想的生活例子。

再次强调原码、反码、补码的引入是为了解决减法的问题。在原码和反码表示中,把减法转换为加法的思维是减去一个数等于加上这个数的相反数,结果发现引入符号位,却因为符号位造成了各种意想不到的问题。

但是从上面的例子中可以看到,其实减去一个数,对于数值有限制、有溢出的运算(模运算)来说,其实也相当于加上这个数的同余数。也就是说,不引入负数的概念,就可以把减法当成加法来算。

接下来就做一做四位二进制数的减法(先不引入符号位)。

$0110-0010$,$6-2=4$,但是由于计算机中没有减法器,没法计算。

这时候,想想时钟运算中,减去一个数,可以等同于加上另外一个正数(同余数),这个数与减数相加正好等于模。也就是四位二进制数最大容量是多少? 其实就是 $2^4=16(10000)$。

那么 -2 的同余数,就等于 $10000-0010=1110$,即 $16-2=14$。

既然如此,$0110-0010=0110+1110=10100$,$6-2=6+14=20$。

按照这种算法得出的结果是 10100,但是对于 4 位二进制数最大只能存放 4 位,如果低 4 位正好是 0100,正好是想要的结果,至于最高位的 1,计算机会把它放入 PSW 寄存器进位中,8 位机会放在 CY 中,x86 会放在 CF 中,这里不做讨论。

这个时候,再想想在 4 位二进制数中,减去 2 就相当于加上它的同余数(至于它们为什么同余,还是建议读者看《计算机组成原理》)。

但是减去 2,从另一个角度来说,也是加上 -2,即加上 -2 和加上 14 得到的二进制结果除了进位位,结果是一样的。如果把 1110 的最高位看作符号位后就是 -2 的补码,这可能也是为什么负数的符号位是 1,而不是 0。

至此,补码已基本解决了原码和反码存在的问题。而且,在补码中也不存在 -0,因为 1000 表示 -8。补码的特点如下。

(1) 在补码表示中,用符号位表示数值的正负,形式与原码的表示相同,即 0 为正,1 为负。但补码的符号可以看作数值的一部分参加运算。

(2) 在补码表示中,数值 0 只有一种表示方法。

(3) 负数补码的表示范围比负数原码的表示范围略宽。定点小数的补码可以表示到 -1,定点整数的补码可以表示到 -2^n。

由于补码表示中的符号位可以与数值位一起参加运算,并且可以将减法转换为加法进行运算,简化了运算过程,因此计算机中均采用补码进行加减运算。

因为负数的反码加上这个负数的绝对值正好等于 1111,再加 1 就是 10000,也就是 4 位二进制数的模,而负数的补码是它的绝对值的同余数,可以通过模减去负数的绝对值得到它的补码,所以负数的补码就是它的反码 $+1$。

4.8 位加法器的逻辑设计与验证

二进制加减法运算规则是逢二进一或借一抵二,具体为:$1+1=10$、$1+0=1$、$0+1=1$以及 $0+0=0$,基于补码减法运算转换为加法运算。

1)补码运用 1 位加法器设计一个 8 位加法器

利用图 2-4 的 1 位加法器,设计的 8 位加法器如图 2-7 所示。在图 2-7 中,C_0 通过接地的方式永久置为 0,其余的 C_i($1 \leqslant i \leqslant 7$)顺次相连,$C_8$ 为溢出位,$S_7 S_6 S_5 S_4 S_3 S_2 S_1 S_0$ 为求和结果(S_7 为符号位),$A_7 A_6 A_5 A_4 A_3 A_2 A_1 A_0$ 为加数(A_7 为符号位),$B_7 B_6 B_5 B_4 B_3 B_2 B_1 B_0$ 为被加数(B_7 为符号位)。

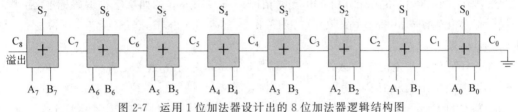

图 2-7 运用 1 位加法器设计出的 8 位加法器逻辑结构图

2)基于补码对 8 位加法器进行验证

例 6 对于 $105-87$,用补码进行减法运算,将加数、被加数和进位位标注在图 2-7 的 8 位加法器上,最后将补码运算结果转换成十进制数。

解答:$105_{10}=64+32+8+1=01101001_补$,$-87_{10}=-(64+16+4+2+1)=11010111_原=10101000_反=10101001_补$。将两个补码、进位位和运算结果逐位进行标注,如图 2-8 所示。

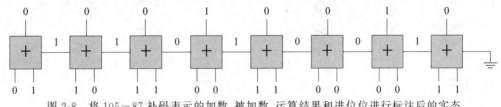

图 2-8 将 $105-87$ 补码表示的加数、被加数、运算结果和进位位进行标注后的实态

在图 2-8 中,00010010 为补码表示的计算结果,因为符号位为 0 表示正数,正数的原码和补码相同,因此运算结果转换为十进制:$2^4+2^1=18$。

2.3.2 非数值性数据

非数值性数据用编码表示,编码是以若干位数码或符号的不同组合来表示非数值性数据的方法,它是人为地将若干位数码或者符号的每一种组合指定一种唯一的含义,示例如下。

0—男,1—女;000—星期一,001—星期二,010—星期三,011—星期四,100—星期五,101—星期六,110—星期日;等等。

编码的三个主要特征如下。

(1)唯一性:每一种组合都有唯一确定的含义。

(2)公共性:所有相关者都认同、遵守和使用这种编码。

(3)易于记忆/便于识认:有规律。

1. ASCII 编码

计算机中的所有数据都使用二进制数进行存储和运算，例如，52 个大小写英文字母以及 0~9 数字和一些常用的符号（＊、♯、@ 等）在计算机中存储时同样使用二进制数来表示，而具体用哪些二进制数字表示哪个符号，当然每个人都可以约定自己的一套编码方案，但这样给互相通信造成混乱，因此必须使用相同的编码规则，于是美国有关的标准化组织就出台了 ASCII 编码，统一规定了上述常用符号用哪些二进制数来表示。

美国信息交换标准代码是由美国国家标准学会（American National Standard Institute，ANSI）制定的，是一种标准的单字节字符编码方案，用于基于文本的数据。它最初是美国国家标准，供不同计算机在相互通信时用作共同遵守的西文字符编码标准，后来它被国际标准化组织（International Organization for Standardization，ISO）定为国际标准，称为 ISO 646 标准。

ASCII 码使用指定的 7 位或 8 位二进制数组合来表示 128 或 256 种可能的字符。标准 ASCII 码也叫基础 ASCII 码，使用 7 位二进制数（约定二进制最高位为 0）来表示所有的大写和小写字母，数字 0~9、标点符号，以及在美式英语中使用的特殊控制字符，分为不可显示的控制字符或通信专用字符和可显示字符两类。

（1）不可显示的控制字符或通信专用字符。

ASCII 整数值 0~31 及 127（共 33 个）是控制字符或通信专用字符（如控制符：LF（换行）、CR（回车）、FF（换页）、DEL（删除）、BS（退格）、BEL（响铃）等；通信专用字符：SOH（文头）、EOT（文尾）、ACK（确认））等；ASCII 整数值 8、9、10 和 13 分别转换为退格、制表、换行和回车字符。它们并没有特定的图形显示，但会依不同的应用程序，而对文本显示有不同的影响。

（2）可显示字符。

32~126（共 95 个）是字符（32 是空格），其中 48~57 为 0~9 十个阿拉伯数字。

65~90 为 26 个大写英文字母，97~122 为 26 个小写英文字母，其余为一些标点符号、运算符号等。

常用的 ASCII 编码及字符如表 2-1 所示，运用 ASCII 编码表示信息的实例如表 2-2 所示。

表 2-1 常用的 ASCII 编码及字符

编码	字符	说　明
0	NULL	多用于字符串结束标志
13	CR	Enter 键
48	0	字符 0~9 的编码依次是 48~57
65	A	大写字母，A~Z 的编码依次是 65~90
97	a	小写字母，a~z 的编码依次是 97~122

此外需要注意，在标准 ASCII 中，其最高位（b7）用作奇偶校验位。奇偶校验，是指在代码传送过程中用来检验是否出现错误的一种方法，一般分为奇校验和偶校验两种。奇校验规定：正确的代码一个字节中 1 的个数必须是奇数，若非奇数，则在最高位 b7 添 1。偶校验

规定：正确的代码一个字节中 1 的个数必须是偶数，若非偶数，则在最高位 b7 添 1。

表 2-2　运用 ASCII 编码表示信息的实例

信 息	二进制存储					解 析 规 则
We are students	01010111	01100101	00100000	01100001	01110010	0/1 串按 8 位分隔为一个字符，查找 ASCII 码映射成相应的符号
	01100101	00100000	01110011	01110100	01110101	
	01100100	01100101	01101110	01110100	01110011	

后 128 个称为扩展 ASCII 码。许多基于 x86 的系统都支持使用扩展 ASCII。扩展 ASCII 码允许将每个字符的第 8 位用于确定附加的 128 个特殊符号字符、外来语字母和图形符号。

2. BCD 编码

BCD 码(Binary-Coded Decimal)用 4 位二进制数来表示 1 位十进制数中的 0～9 这 10 个数码，是一种二进制的数字编码形式，用二进制编码的十进制代码。BCD 码这种编码形式利用了四个位元来存储一个十进制的数码，使二进制和十进制之间的转换得以快捷地进行。这种编码技巧最常用于会计系统的设计里，因为会计制度经常需要对很长的数字串做准确的计算。相对于一般的浮点式记数法，采用 BCD 码，既可保存数值的精确度，又可免去使计算机作浮点运算时所耗费的时间。此外，对于其他需要高精确度的计算，BCD 编码也很常用。

BCD 码也称为二进码十进数，可分为有权码和无权码两类。其中，常见的有权 BCD 码有 8421 码、2421 码、5421 码，无权 BCD 码有余 3 码、余 3 循环码、格雷码。

8421 码是最基本和最常用的 BCD 码，它和四位自然二进制码相似，各位的权值为 8、4、2、1，故称为有权 BCD 码。和四位自然二进制码不同的是，它只选用了四位二进制码中前 10 组代码，即用 0000～1001 分别代表它所对应的十进制数，余下的 6 组代码不用。

3. 汉字编码

汉字有输入编码、汉字机内码、字模码三个方面，这三个方面分别是计算机中用于输入、内部处理、输出三种不同用途的编码。

1）汉字的输入编码

为了能直接使用西文标准键盘把汉字输入到计算机，就必须为汉字设计相应的输入编码方法。当前采用的方法主要有以下三类：数字编码、拼音码和字形编码。

(1) 数字编码。

汉字的表示采用国家标准的汉字字符集 GB 2312—1980，GB 2312—1980 对收录字符进行分区管理，用区位码数字串代表一个汉字输入。区位码将国家标准局公布的 6763 个汉字分为两级：区和位，即 94 个区，每个区分为 94 位，实际上把汉字表示成二维数组，每个汉字在数组中的下标就是区位码。区码和位码各两位十进制数字，由区位码即可获取汉字在字库中的地址。

数字编码输入的优点是无重码，且输入码与内部编码的转换比较方便，缺点是代码难以记忆。

（2）拼音码。

拼音码是以汉字拼音为基础的输入方法。其特点是使用简单方便,但汉字同音字多,输入重码率很高,同音字选择影响了输入速度。

（3）字形编码。

字形编码是用汉字的形状来进行编码。把汉字的笔画部件用字母或数字进行编码,按笔画的顺序依次输入,就能表示一个汉字。

为了加快输入速度,在上述方法基础上,发展了词组输入/联想输入等多种快速输入方法。但是都利用了键盘进行"手动"输入。理想的输入方式是利用语音或图像识别技术"自动"将拼音或文本输入到计算机内,使计算机能认识汉字、听懂汉语并将其自动转换为机内代码表示。目前这种理想已经成为现实。

2）汉字机内码

汉字机内码是用于汉字信息的存储、交换、检索等操作的机内代码,一般采用两个字节表示。英文字符的机内代码是 7 位的 ASCII 码,当用一个字节表示时,最高位为"0"。为了与英文字符能相互区别,汉字机内码中两个字节的最高位均规定为"1"。机内码是汉字最基本的编码,不管使用什么汉字系统和汉字输入方法,输入的汉字外码到机器内部都要转换成机内码,才能被存储和进行各种处理。

一般区位码习惯用十进制编码,而国标码和机内码用十六进制编码。GB 2312 的机内码范围为 A1A1~FEFE,其中,汉字的编码范围是 B0A1~F7FE,第一个字节 0xB0~0xF7 对应区号 16~87,第二个字节 0xA1~0xFE 对应位号 01~94。

国标码和区位码的关系:国标码=区位码+2020H。

汉字机内码和国标码的关系:机内码=国标码+8080H。

因此,机内码=区位码+A0A0H,2020H、8080H 和 A0A0H 中的 H 表示十六进制数。

例如,"啊"是 GB2312 中的第一个汉字,区位码是 1601,国标码是 3021H,汉字机内码则是 B0A1H。

3）汉字字模码

汉字是象形文字,其输出与英文不同,需要设计字模。字模码是用点阵表示的汉字字形代码,它是汉字的输出形式。根据汉字输出的要求不同,点阵的多少也不同。字模点阵的信息量很大,所占存储空间也很大。因此字模点阵只能用来构成汉字库,而不能用于机内存储。字库中存储了每个汉字的点阵代码,当显示输出或打印输出时才检索字库,输出字模点阵,得到字形。

汉字一般为 16×16 点阵形式。每个点用一个二进制位表示,存储"1"的点可以在屏幕上显示一个亮点,存储"0"的点则不显示,汉字的 16×16 点阵信息在显示器上显示,即可出现对应的汉字,如图 2-9 所示。

2.3.3 同一数据不同表示方法的对比

二进制是计算技术中广泛采用的一种数制。二进制数据是用 0 和 1 两个数码来表示的数。它的基数为 2,进位规则是"逢二进一",借位规则是"借一当二"。当前的计算机系统使用的基本上是二进制系统,数据在计算机中主要是以补码的形式存储的。计算机中的二进制则是一个非常微小的开关,用"开"来表示 1,用"关"来表示 0。

0	0	0	0	0	0	0	0	0	0	0	0	0	0	0	0
0	0	0	0	1	1	1	1	0	1	1	1	1	1	1	0
0	0	0	0	1	0	1	0	0	0	0	0	0	1	0	0
0	0	0	0	1	1	0	0	0	0	0	0	0	1	0	0
0	0	0	0	1	0	1	0	0	1	1	1	0	1	0	0
1	1	1	0	1	0	1	0	0	1	0	1	0	1	0	0
1	0	1	0	1	0	0	1	0	1	0	1	0	1	0	0
1	0	1	0	1	0	1	0	0	1	0	1	0	1	0	0
1	1	1	0	1	0	1	0	0	0	0	0	0	0	0	0
0	0	0	0	1	0	0	0	0	0	0	0	0	1	0	0
0	0	0	0	1	0	0	0	0	0	0	0	0	1	0	0
0	0	0	0	1	0	0	0	0	0	0	1	0	1	0	0
0	0	0	0	1	0	0	0	0	0	0	0	1	1	0	0
0	0	0	0	1	0	0	0	0	0	0	0	0	1	0	0
0	0	0	0	0	0	0	0	0	0	0	0	0	0	0	0

图 2-9　"啊"的 16×16 点阵

十六进制(Hexadecimal)是计算机中数据的一种表示方法。同日常生活中的表示法不一样。它由 0～9、A～F 组成,字母不区分大小写。与十进制的对应关系是:0～9 对应 0～9,A～F 对应 10～15。可以用四位数的二进制数来代表一个十六进制,如 3A 转换为二进制为:3 为 0011,A 为 1010,合并起来为 00111010。可以将最左边的 0 去掉得 111010,若要将二进制转换为十六进制,只需将二进制的位数由右向左每四位一个单位分隔,将各单位对照出十六进制的值即可。

BCD 是对十进制数字的二进制编码,不同于直接把十进制转换成二进制,BCD 是把十进制中的每一个数字找一个对应的二进制进行替换。

ASCII 码是字符编码,因为计算机里都是二进制数值,所以制定了字符交换协议,说明哪些数值表示哪些字符。

例 7　请把十进制 245 转换成二进制、十六进制、BCD 码和 ASCII 码。

解答:245 的二进制为 11110101,十六进制为 F5,BCD 码为 0010 0100 0101,ASCII 码为 00110010 00110100 00110101。

2.4　冯·诺依曼计算机程序的运行原理

2.4.1　冯·诺依曼计算机的存储程序思想

存储程序原理由冯·诺依曼于 1946 年提出:"将程序像数据一样存储到计算机内部存储器中。程序存入存储器后,计算机便可自动地从一条指令转到执行另一条指令。"现代电子计算机均按此原理设计,程序自动运行原理分为读入程序和数据以及执行程序两步。

(1)把二进制程序和数据通过输入/输出设备送入内存。

一般的内存都是划分为很多存储单元,每个存储单元都有地址编号,这样按一定顺序把程序和数据存起来,而且还把内存分为若干个区域,例如,有专门存放程序区和专门存放数据的数据区。冯·诺依曼计算机将数据和程序都以二进制形式存储在存储器中,其程序由能控制计算机操作的一组数量有限的指令组成。

(2)执行二进制程序,从第一条指令开始逐条执行。

一般情况下,按存放地址号的顺序,由小到大依次执行,当遇到条件转移指令时,才改变执行的顺序。每执行一条指令,都要经过如下三个步骤。

第一步,取指:把指令从内存中送往译码器。

第二步,译码:译码器把指令分解成操作码和操作数,产生相应的各种控制信号送往各电气部件。

第三步,执行:执行相应的操作。

整个过程是由电子路线来自动控制,从而实现连续工作。用于自动控制的电子路线称为控制器。执行指令的部件为算术逻辑单元(ALU)。

20世纪80年代以来,ALU和控制单元逐渐被整合到一块集成电路上,称作微处理器(CPU)。在时钟周期的作用下,计算机先从存储器中获取指令和数据,然后执行指令,存储数据,再获取下一条指令。这个过程被反复执行,直至得到一个终止指令。

由运算器执行的指令集是一个精心定义的数目十分有限的简单指令集合。一般可以分为以下几类。

① 数据传送:将一个数值从存储单元 A 复制到存储单元 B。

② 数逻运算:执行算术运算或逻辑运算。

③ 条件验证:例如,满足条件或不满足条件时,程序不再按顺序执行,跳转到指定的存储单元 F。

④ 修改 PC:修改下一条指令地址为存储单元 F。

⑤ 输入/输出:将内存的数据写到外设,或从外设读入数据到内存。

指令如同数据一样在计算机内部是以二进制来表示的。例如,10110000 就是一条 Intel x86 系列微处理器的复制指令代码。某一个计算机所支持的指令集就是该计算机的机器语言。因此,使用流行的机器语言将会使既成软件在一台新计算机上运行得更加容易。所以对于那些机型商业化软件开发的人来说,它们通常只会关注一种或几种不同的机器语言。

一条指令通常由操作码和地址码两个部分组成。操作码指明该指令要完成的操作的类型或性质,如取数、做加法或输出数据等。地址码指明操作对象的内容或所在的存储单元地址。

2.4.2 冯·诺依曼计算机程序的自动运行

冯·诺依曼型计算机有运算器、控制器、存储器、输入设备和输出设备五大部分,五大部分由总线连接成计算机硬件系统,如图 2-10 所示。以运算器为中心,机器指令构成的程序存放在存储器中,在控制器的控制下从内存取出程序和数据交给运算器进行运算。指令和数据以同等地位存储于存储器,可按照地址寻访。指令和数据用二进制数表示。指令用操作码和地址码组成。

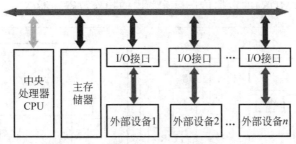

图 2-10　计算机硬件系统五大部件连接图

（1）冯·诺依曼型计算机的五大组成部分的功能。

① 运算器。运算器是计算机中执行各种算术和逻辑运算操作的部件。运算器的基本操作有算术运算和逻辑运算以及移位、比较和传送等操作。算术运算包括加、减、乘、除，逻辑运算有与、或、非、异或等操作。运算器又被称为算术逻辑单元（ALU）。

② 控制器。控制器由程序计数器、指令寄存器、指令译码器、时序产生器和操作控制器组成，它是发布命令的"决策机构"，即完成协调和指挥整个计算机系统的操作。运算器和控制器统称为中央处理器，也叫作 CPU。中央处理器是计算机的心脏。

③ 存储器。存储器分为内存和外存。内存是计算机的记忆部件，用于存放计算机运行中的原始数据、中间结果以及指示计算机工作的程序。外存就像笔记本一样，用来存放一些需要长期保存的程序或数据，断电后也不会丢失，容量比较大，但存取速度慢。当计算机要执行外存里的程序，处理外存中的数据时，需要先把外存里的数据读入内存，然后中央处理器才能进行处理。外存储器包括硬盘、光盘和优盘。

④ 输入设备。输入设备是向计算机输入数据和信息的设备，是计算机与用户或其他设备通信的桥梁，是用户和计算机系统之间进行信息交换的主要装置之一，包括键盘、鼠标、摄像头、扫描仪、光笔等。

⑤ 输出设备。输出设备是计算机硬件系统的终端设备，用于接收计算机数据的输出显示、打印、声音、控制外围设备操作等，是把各种计算结果数据或信息以数字、字符、图像、声音等形式表现出来。常见的输出设备有显示器、打印机等。

（2）冯·诺依曼型计算机的指令的执行过程。

图 2-11 给出了取指令、分析指令和取数据的执行过程。取指令的执行过程具体如下。

① 从程序计数器（PC）里面取出欲执行的指令的地址传入地址寄存器（MAR）。

② 根据地址寄存器（MAR）中存放的地址，去存储体中找到这条指令对应的存储单元。

③ 把从存储体中取到的数据存放到数据寄存器（MDR）中，这个数据就是指令。

④ 地址寄存器（MDR）把得到的指令传到指令寄存器（IR），指令寄存器（IR）得到指令，取指令结束。

分析指令的执行过程具体如下。

① 指令寄存器（IR）分析指令，将操作码传到控制单元（CU），控制单元（CU）分析指令，然后发出各种微操作的命令序列，分析指令结束。

② 指令寄存器（IR）分析指令，将地址码传到地址寄存器（MAR）。

③ 根据地址寄存器（MAR）中的数据，去存储体中找到对应的操作数，然后存储体将操

作数传入数据寄存器(MDR)。

④ 数据寄存器(MDR)的数据传送运算器内的操作数寄存器 X。

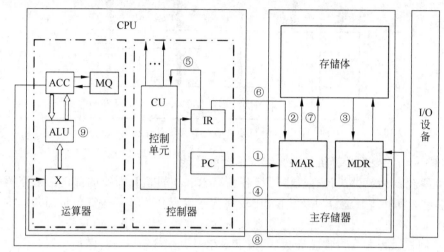

图 2-11 指令的执行过程

执行指令的执行过程具体如下。

运算器执行指令操作,将 x 操作数寄存器的数据和 ACC 中的进行运算,将结果存入累加器 ACC。

(3) 冯·诺依曼型计算机硬件的主要技术指标。

① 机器字长:CPU 一次能处理数据的位数,与 CPU 中的寄存器位数有关。

② 主频:描述计算机运算速度最重要的一个指标。通常所说的计算机运算速度是指计算机在每秒钟所能执行的指令条数,即中央处理器在单位时间内平均"运行"的次数,其速度单位为 MHz 或 GHz。

③ 内存容量:CPU 可以直接访问的存储器,需要执行的程序与需要处理的数据存放在内存中。内存的性能指标主要包括存储容量和存取速度。

④ 外存储器:通常指硬盘容量。外存储器容量越大,可存储的信息就越多,可安装的应用软件就越丰富。

2.5 计算机程序的基本概念

程序告诉计算机如何完成一个计算任务,计算任务可以是数学运算,如解方程,也可以是符号运算,如查找和替换文档中的某个单词。从根本上说,计算机是由数字电路组成的运算机器,只能对数字做运算,程序之所以能做符号运算,是因为符号在计算机内部也是用数字表示的。此外,程序还可以处理声音和图像,声音和图像在计算机内部必然也是用数字表示的,这些数字经过专门的硬件设备转换成人可以听到、看到的声音和图像。

程序是由一系列指令(Instruction)组成,指令是指示计算机做某种动作的命令,通常包括以下几类。

(1) 输入(Input):从键盘、文件或者其他设备获取数据。

（2）输出（Output）：把数据显示到屏幕或者存入一个文件，或者发送到其他设备。

（3）基本运算：执行最基本的数学运算（加减乘除）和数据存储。

（4）测试和分支：测试某个条件，然后根据不同的测试结果执行不同的后续命令。

（5）循环：重复执行一系列操作。

编写程序可以说是这样一个过程：把复杂的任务分解成子任务，把子任务再分解成更简单的任务，层层分解，直到最后简单地可以用以上指令来完成。

编程语言（Programming Language）分为低级语言（Low-level Language）和高级语言（High-level Language）。机器语言（Machine Language）和汇编语言（Assembly Language）属于低级语言，直接用计算机指令编写程序。而 C、C++、Java、Python 等属于高级语言，用语句（Statement）编写程序，语句是计算机指令的抽象表示。高级语言与低级语言表达形式的直观比较如表 2-3 所示。

表 2-3　高级语言与低级语言表达形式的直观比较

编程语言	类型	表达形式
C 语言	高级语言	a＝b＋1;

汇编语言	低级语言	mov 0x804a01c,%eax
		add $ 0x1,%eax
		mov %eax,0x804a018

机器语言	低级语言	a1 1c a0 04 08 83 c0 01 a3 18 a0 04 08

汇编语言把机器语言中一组一组的数字用助记符（Mnemonic）表示，直接用这些助记符写出汇编程序，然后让汇编器（Assembler）去查表把助记符替换成数字，把汇编语言翻译成机器语言。

C 语言的语句要翻译成三条汇编或机器指令，这个过程称为编译（Compile），由编译器（Compiler）来完成，显然编译器的功能比汇编器要复杂得多。C 语言是可移植的（Portable）或者称为平台无关的（Platform Independent）。平台这个词有很多解释，可以指计算机体系结构（Architecture），也可以指操作系统（Operating System），也可以指两者的组合。不同的计算机体系结构有不同的指令集（Instruction Set），可以识别的机器指令格式是不同的，直接用某种体系结构的汇编或机器指令写出来的程序只能在这种体系结构的计算机上执行，然而各种体系结构的计算机都有各自的 C 编译器，可以把 C 程序编译成各种不同体系结构中的机器指令，这意味着 C 语言写出来的程序只需稍加修改甚至不用修改就可以在不同的计算机上编译运行。

各种高级语言都具有 C 语言的这些优点，所以绝大部分程序是用高级语言编写的，只有和硬件关系密切的少数程序（例如驱动程序）才会用到低级语言。编译执行首先用文本编辑器写一个 C 程序，然后保存成一个文件，如 program.c（通常 C 程序的文件名后缀是.c），这称为源代码（Source Code）或源文件，最后运行编译器对源文件进行编译，编译并不执行程序，而是把源代码全部翻译成机器指令，再加上一些描述信息，生成一个新的可执行的文件，可执行文件可以被操作系统加载运行。

C、C++、Java 语言源程序经过编译生成可执行程序,还有一些高级语言是边解释边执行,如 JavaScript、Shell 脚本程序属于解释性程序。解释执行的过程和 C 语言执行的过程很不一样。例如,编写一个 Shell 脚本 script.sh,用 Shell 程序/bin/sh 解释执行这个脚本:/bin/sh script.sh。这里的/bin/sh 称为解释器(Interpreter),它把脚本中的每一行命令解释执行,而不需要生成包含机器指令的可执行文件再执行。

1. 程序的调试

编程是一件复杂细致的工作,人做的事情难免不出错,程序出错需要调试。有时候调试是一件非常复杂的工作,要求程序员概念明确、逻辑清晰、性格沉稳、定位准确。调试的技能在后续课程学习中会慢慢得到培养,但首要的是分清错误的类型。

2. 程序错误类型

1) 编译时错误

编译时只能翻译语法正确的程序,否则将导致编译失败,无法生成可执行文件。对于自然语言来说,一点语法错误不是很严重的问题,因为我们仍然可以读懂句子。而编译器就没那么宽容了,只要有哪怕一个很小的语法错误,编译器就会输出一条错误提示信息然后罢工,就得不到想要的结果。虽然大部分情况下编译器给出的错误提示信息就是出错的代码行,但也有个别时候编译器给出的错误提示信息帮助不大,甚至会误导用户。在开始学习编程的前几周,可能会花大量的事件来纠正语法错误。等到经验更丰富之后就会觉得,语法错误是最简单最低级的错误。编译器的错误提示也就那么几种,即使错误提示是有误导的也能够立刻找出真正的错误原因是什么。相比下面两种错误,语法错误解决起来要容易得多。

2) 运行时错误

编译器检查不出运行时错误,运行时错误是可执行文件在运行时会出错而导致程序崩溃。在调试或者学习高级程序设计语言的很多语法时,要区分编译时和运行时(Run-time)两个概念。

3) 逻辑错误和语义错误

第三类错误是逻辑错误和语义错误。如果程序里有逻辑错误,编译和运行都会很顺利,看上去也不产生任何错误信息,但是程序没有干它该干的事情,而是干了别的事情。当然不管怎么样,计算机只会按你写的程序去做,问题在于你写的程序不是你真正想要的,这意味着成簇的意思(即语义)是错的。找到逻辑错误在哪里需要十分清醒的头脑,要通过观察程序的输出回过头来判断它到底在做什么。

2.6　计算机编程语言的发展

编程语言(Programming Language)指人与计算机进行交互的一种语言,如学习外语一样是一种形式工具,将人类自己的思想以计算机能识别的语言赋予计算机,进而形成程序。

而实现人类思想需要向计算机发送一系列问题解决方案的指令序列,对于通信双方而言,指令的格式、组成字符、数字数据与语法等一系列的标准需要约定,从而将人类自己的思想赋予计算机,让计算机智能化与自动化地为人类服务。随着这一思想的不断演化发展,就逐步形成了一种新的语言,即计算机编程语言。

莫克利(John W. Mauchly)和艾克特(J. Presper Eckert)于 1946 年在宾夕法尼亚大学发明了世界上第一台通用计算机 ENIAC。那时程序员必须手动控制计算机,当时唯一想到利用程序设计语言来解决问题的人是德国工程师楚泽(Konrad Zuse)。

计算机是一系列电子部件构成的能完成强大功能的一个系统,它唯一仅识别 0 和 1,所以最初的计算机交互语言是二进制的机器语言,由于太难理解与记忆,人们就定义了一系列的助记符帮助理解与记忆,于是逐渐产生了汇编语言,但是汇编语言还是不好理解与记忆,就逐渐发展出高级语言。随着 C、FORTRAN 等结构化高级语言的诞生,程序员可以离开机器层次,通过更加抽象的层次来表达自己的思想,同时也诞生了 3 种重要的控制结构,即顺序结构、选择结构、循环结构,以及一些基本数据类型,都能够很好地让程序员以接近问题本质的方式去抽象和描述问题。但随着需要处理的问题规模的不断扩大,一般的程序设计模型无法克服错误,随着代码的扩大,错误也级数般地扩大,这个时候就出现了一种新的思考程序设计方式和程序设计模型,即面向对象程序设计,同时也诞生了一批支持这种设计模型的计算机语言,如 C++、Java、Python 等。

简而言之,计算机语言从最初的二进制机器语言,发展到使用助记符的汇编语言,再到更易理解的高级语言,包括 C、C++、Java、C♯、Python 等。计算机程序的设计模型从结构化的编程,再到面向对象的编程。当然计算机只能识别二进制语言,很明显,在其他计算机语言与机器语言之间就有着一个桥梁,起着翻译一样的功能,使得通信双方能够交流,而这个翻译官就是编译器。而由于编译的原理不一样,我们将计算机语言分为编译性语言(如 C、C++)和解释性语言(如 Shell、Python)。

1. 第一代计算机编程语言——机器语言

机器语言是第一代编程语言。计算机的硬件作为一种电路元件,它的输出和输入只能是有电或者没电,也就是高电平和低电平,所以计算机传递的数据是由"0"和"1"组成的二进制数,所以说二进制的语言是计算机语言的本质。计算机发明之初,人们为了控制计算机完成自己的任务或者项目,只能去编写"0""1"这样的二进制数字串去控制计算机,其实就是控制计算机硬件的高低电平或通路开路,这种语言就是机器语言。直观上看,机器语言十分晦涩难懂,其中的含义往往要通过查表或者手册才能理解,使用的时候非常麻烦,尤其当需要修改已经完成的程序时,这种看起来无序的机器语言会让人无从下手,也很难找到程序的错误。而且,不同计算机的运行环境不同,指令方式,操作方式也不尽相同,所以这种机器语言就有了特定性,只能在特定的计算机上执行,而一旦换了机器就需要重新编程,这极大地降低了程序的使用和推广效率。但由于机器语言具有特定性,完美适配特定型号的计算机,故而运行效率远远高过其他语言。

2. 第二代计算机编程语言——汇编语言

不难看出机器语言作为一种编程语言,灵活性较差,可阅读性也很差,为了减轻机器语言带给软件工程师的不适应,人们对机器语言进行了升级和改进:用一些容易理解和记忆的字母、单词来代替一个特定的指令。通过这种方法,人们很容易去阅读已经完成的程序或者理解程序正在执行的功能,对现有程序的 bug 修复以及运营维护都变得更加简单方便,这种语言是汇编语言,即第二代计算机编程语言。

比起机器语言,汇编语言具有更高的机器相关性,更加便于记忆和书写,但又同时保留了机器语言高速度和高效率的特点。汇编语言仍是面向机器的语言,很难从其代码上理解程序设计意图,设计出来的程序不易被移植,故不像其他大多数的高级计算机语言一样被广泛应用。所以在高级语言高度发展的今天,它通常被用在底层,通常是程序优化或硬件操作的场合。

3. 第三代计算机编程语言——高级语言

在编程语言经历了机器语言、汇编语言等更新之后,人们发现了限制程序推广的关键因素——程序的可移植性。因而需要设计一个能够不依赖于计算机硬件,能够在不同机器上运行的程序。这样可以免去很多编程的重复过程,提高效率,同时这种语言又要接近于数学语言或人的自然语言。在计算机还很稀缺的 20 世纪 50 年代,诞生了第一个面向过程的高级编程语言 FORTRAN。当时计算机的造价不菲,但是每天的计算量又有限,如何有效地利用计算机有限的计算能力成为当时人们面对的问题。同时,因为资源的稀缺,计算机的运行效率也成为那个年代工程师追寻的目标。为了更高效地使用计算机,人们设计出了高级编程语言,来满足人们对于高效简洁的编程语言的追求。

在面向过程语言中,最经典、最重要的是 C 语言。现在 FORTRAN、BASIC 和 Pascal 三个面向过程的高级语言基本上已经很少有人使用。因为 C 语言是计算机领域最重要的一门语言,其在 Linux 编程和嵌入式编程方面有极高的地位,所以 C 语言一直在用。但是 C 语言具有不便于开发大型复杂程序的缺陷,这又限制了 C 语言的进一步应用。

故而从 20 世纪 80 年代开始又产生了另外一种"以面向对象"为思想的语言,其中最重要、最复杂的语言是 C++。C++ 从易用性和安全性两个方面对 C 语言进行了升级。C++ 是一种较复杂、难学的语言,一旦学会了则非常有用。因为 C++ 太复杂,所以后来就对 C++ 进行了改造,产生了两种语言,一个是 Java,另一个是 C♯。Java 语言是现在最流行的语言之一。C♯ 则是微软公司看 Java 很流行而写的一个与 Java 语法相似的语言。因为 Java 和 C♯ 几乎是一模一样的,所以只需要学习其中的一种语言就可以。

同时,随着近年来的人工智能和云计算的火热发展,Python 语言和 Scala 语言成为人工智能和云计算 Hadoop 框架的重要编程语言,逐渐成为时代的主流编程语言。在计算机的领域里,还有一些专用的计算机编程语言,如网页设计的三要素 HTML、CSS 和 JavaScript 是专用于开发网页的计算机编程语言。

2.7 导产导研

2.7.1 技术能力题

(1) 给出计算十进制数 569.875 转换成二进制数的求解过程,先求整数部分,再求小数部分,最后给出合成的结果。

(2) 对于 −123 和 87 这两个十进制数,完成如下题目。

① 分别表示成补码。

② 给出运用补码对两个数求和的过程。

③ 把补码求和结果转换成十进制数(给出转换过程)。

(3) 假定 1 位二进制加法运算器输入为 A_i、B_i、C_i,输出为 S_i 和 C_{i+1},A_i、B_i、C_i、S_i 和 C_{i+1} 的含义分别为加数、被加数、低位传来的进位、和以及向高位产生的进位,据此完成以下题目。

① 设计一个 8 位加法器(C_0 接地)。

② 对于 105-87,用补码表示在自行设计的 8 位加法器上各位的结果和最后的运算结果。

(4) 假设机器字长为 16 位,阶符 1 位、阶码 3 位,尾数 11 位,数符 1 位,把-7.125 转换成补码表示的浮点数。

(5) 给出汉字"三"的 8×8 点阵字库编码。

(6) 假定汉字"大"的区位码为 2083,给出其机内码表示。

2.7.2　工程与社会能力题

根据历史数据做如下的假设。

对计算机存储容量的需求逐年增加的趋势公式为:$M = 4080 \times e^{0.28 \times (y-1960)}$(字)。

存储器价格逐年下降的趋势公式为:$P_1 = 0.3 \times 0.72^{y-1974}$(美分/位)。

如果计算机字长为 16 位,则存储器价格下降的趋势公式为:$P_2 = 0.048 \times 0.72^{y-1974}$(美元/字)。

上述假设 y 代表年份,M 是存储容量字数,P_1 和 P_2 代表价格。

基于上述假设对存储器成本和程序开发成本进行分析。

(1) 假设 1985 年计算机的字长为 16 位,其价格是多少?

(2) 假设 1985 年一个程序员每天编写 10 条指令的程序,每条指令恰好为 1 个字长,程序员平均每月工资为 4000 美元,在存储器装满程序的前提下计算其软件开发成本。

(3) 假设 1995 年计算机字长为 32 位,由于编程工具使用了高级程序设计语言,每天编写的高级语言程序编译后至少为 30 条机器指令程序,如果程序员的平均工资为 6000 美元,计算存储器价格和存储器装满程序的人力开发成本。

(4) 对 1985 年和 1995 年存储器总成本进行比较分析。

2.7.3　拓展学习题——量子计算机

量子计算机是一种新型的计算机,它使用量子物理学原理来实现计算。它利用量子位(qubit)来模拟和存储信息,量子位可以同时处于多重状态,这使得量子计算机可以在一次操作中同时处理大量的信息,实现高速的计算。量子计算机可以解决传统计算机不能解决的复杂问题,如非线性优化问题、统计物理量子化学计算等,并可以大幅提高计算效率。

1. 量子计算机具有的能力

(1) 超快速的信息处理。量子计算机可以在几纳秒的时间内完成大量的数学计算,传统计算机则需要几秒钟的时间。

(2) 高级算法。量子计算机可以使用更复杂的算法,从而更准确地预测和解决问题。

(3) 大规模并行处理。量子计算机可以同时处理大量的数据,比传统计算机更有效率。

(4) 可扩展性。量子计算机可以动态地扩展,以适应不断变化的应用需求。

2. 量子计算机与普通计算机的区别

量子计算机和普通计算机的最大区别在于它们的计算方式不同。普通计算机使用二进制系统进行计算,只能处理一个结果,也就是 0 和 1,而量子计算机则可以同时处理多个结果。它利用量子力学的原理,能够同时处理多个状态,也就是量子比特,它们可以同时存储 0、1 和其他状态,而不受物理状态的限制。这样一来,量子计算机可以比普通计算机更快地进行计算,对于复杂的计算任务,量子计算机可以比普通计算机更快地完成。量子计算机的应用在于复杂的优化问题和安全性问题,而普通计算机的应用主要集中在数据处理、逻辑运算等方面。

请读者调研量子计算机成本、编程语言、编程工具、应用领域和产业化前景。

程序构造方法

程序构造的最基本手段为抽象和组合。抽象指将物理的与、或、非门抽象为与、或、非操作。与、或、非操作被组合为算术运算、逻辑运算和关系运算这样的计算机基本指令。完成某一任务的指令序列组合为程序。组合中的自相似性定义为递归,组合中的非自相似重复定义为迭代,为实现某一逻辑功能的组合打包定义为函数(前缀表达式的新运算符)。

3.1 导学导教

3.1.1 内容导学

本章内容导学图如图 3-1 所示。

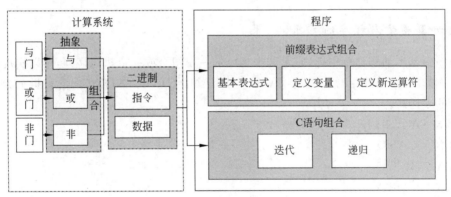

图 3-1　程序构造方法内容导学图

3.1.2 教学目标

1. 知识目标

理解运用组合与抽象构造计算系统的基本思想,掌握运用前缀表达式构造语法和计算过程,掌握运用前缀表达式定义过程和引用过程构造前缀程序的思想和语法,掌握迭代与递归的应用场景和区别。

2. 能力目标

能够运用前缀表达式的基本运算、定义变量和定义过程构造前缀表达式程序,能够基于

C 语言运用迭代和递归构造函数。

3. 思政目标

树立质量意识,针对自己构造的迭代和递归函数,能够精心挑选典型的、苛刻的数据进行测试和验证。

3.2　计算系统与程序的关系

程序是实现计算系统复杂功能的一种重要手段,其本质是抽象、组合与构造,构造的基本手段是迭代和递归。递归是一种表达相似性对象及动作的重复的重要方式。各种编程语言仅仅是对程序思想表达规范化,以便计算机能够识别与执行。

1. 计算系统的设计与实现

首先,设计并实现系统可以执行的基本动作,这些基本动作可由现实物理世界的电子元器件稳定、可靠、低成本地实现,如 2.2 节所述的“与”“或”“非”以及“异或”四个基本动作。其次,算术运算加减乘除可由加减运算来实现,减法运算能转换为加法运算实现。最后,加法运算又可以转换为逻辑运算“与”“或”“非”以及“异或”四个基本动作来实现。

计算系统需要提供复杂的动作。复杂的动作不但千变万化,而且随使用目的的不同而变化。

2. 计算系统与程序的关系

程序由基本动作命令构造,它是若干指令的一个组合或一个执行序列,用以实现复杂的动作。例如,复杂动作组合表达式((A AND B) AND C) OR (NOT C),它被拆解为如下顺序执行的表达式。

① X＝A AND B
② X＝X AND C
③ Y＝NOT C
④ X＝X OR Y

上面 4 个顺序执行的表达式对应的计算系统指令为“与”“与”“非”“或”,4 个命令实际仅需三个基本动作“与”“或”“非”实现。指令是控制基本动作执行的命令。这 4 个顺序执行的表达式由程序执行机构自动解释其中的各种组合,并按照先后顺序调用指令予以执行。

简而言之,计算系统包含程序与执行机构两个方面。程序是一个复杂动作,是基本动作的各种方式的组合,其指令序列在程序执行机构的控制下分解为一个个基本动作由计算机执行。

3. 运用抽象和组合构造程序

人们基于算术运算和逻辑运算编写应用程序,更符合日常认知习惯。而“与”“或”“非”“异或”4 个基本动作和 AND、OR、NOT、XOR 4 个基本指令属于较低抽象层次,因而需要对较低抽象层次的动作和指令进一步组合后被命名成高层次的算术运算加减乘除。例如,复杂动作(V1+V2)×(V3÷V4)÷V5,它被拆解为如下顺序执行的表达式。

① X＝V3÷V4

② Y＝V1+V2

③ X＝X×Y

④ X＝X÷V5

上面 4 个顺序执行的表达式对应的高层次计算系统指令为：÷、+、×、÷,这 4 个指令实际仅需三个高层次基本动作(即+、÷和×)实现。这 4 个顺序执行的表达式由程序执行机构自动解释其中的各种组合并转换成低层次的 AND、OR、NOT、XOR 指令,然后按照先后顺序调用指令予以执行。

3.3　基于前缀表示法的运算组合式程序构造

前缀表示法用运算符(即前述的指令)将两个数值组合起来,运算符在前面,将运算符表示的操作应用于后面的一组数值上,求出计算结果,通式为：(运算符 操作数 1 操作数 2)。其中,圆括号给出了组合式的边界,它是运算组合式的一部分,一组括号内只能有一个运算符,运算符是+、-、×、÷ 等,操作数可以有多个,运算符与操作数以及操作数与操作数之间用空格分开,示例如下。

一个运算符连加表示为(+100 205 300 400 51 304),一个运算符连减表示为(-500 205 50 100 10 20)。

1. 运算组合式的组合构造

可以将一个运算组合式作为参数代入另一个运算组合式中,通式如下。

① (运算符 1 操作数 1 操作数 2)

② (运算符 2 操作数 a 操作数 b)

③ (运算符 1(运算符 2 操作数 a 操作数 b) 操作数 2)

上面三个通式中,①中的操作数 1 被代入②后,得到了③,具体示例如例 1 所示。

例 1　用前缀运算组合式组合构造算术表达式 $\dfrac{149+\dfrac{15+3}{82-8\times8}}{200-10\times5}$。

解答：(/ 操作数 1 操作数 2)

(/(+149 操作数 a2)(-200 操作数 a4))

(/(+149(/操作数 b1 操作数 b2))(-200(×10 5)))

(/(+149(/(+15 3)(-82 操作数 c1)))(-200(×10 5)))

(/(+149(/(+15 3)(-82(×8 8))))(-200(×10 5)))

前缀运算组合构造式的计算过程遵从四则运算规则：当一级运算(加减)和二级运算(乘除)同时出现在一个式子中时,它们的运算顺序是先乘除,后加减,如果有括号就先算括号内后算括号外,同一级运算顺序是从左到右。

例 2　在例 1 的基础上,给出前缀运算组合构造式(/(+149(/(+15 3)(-82(×8 8))))(-200(×10 5)))的求值过程。

解答：(/(＋149(/(＋15 3)(－82(×8 8))))(－200(×10 5)))

(/(＋149(/(＋15 3)(－82 64)))(－200 50)))

(/(＋149(/18 18))150))

(/(＋149 1)150))

(/150 150))

1

2. 对运算组合式命名以简化运算组合式的构造

前缀运算组合式中的数据不便理解,而且长前缀运算组合式也不便编写。为便于理解和编写,可对计算对象进行命名,起到见名知意和拆解长前缀运算组合式的作用。

1) 命名计算对象

define 名字 操作数 2

define 为基本运算符,其作用为定义名字与操作数 2 关联,即操作数 2 用名字来表示,示例如下。

(define length 10)——定义 length 为 10。

(define width 5)——定义 width 为 5。

(define pi 3.1415926)——定义 pi 为 3.1415926。

(define radius 10)——定义 radius 为 10。

注意,不同类型的对象可以有不同的定义方法,这里统一用 define 来表示,在具体的程序设计语言中用不同的方法来定义。

2) 使用名字

(＊ length width)——使用 length 和 width 表达长方形的面积。

(＊ pi (＊ radius radius))——使用 pi 和 radius 表达圆的面积。

(define circumference (＊ 2 pi radius))——利用 pi 和 radius 定义周长的名字 circumference。

(＊ circumference 20)——对 circumference 乘以 20。

3) 执行计算

求值时用计算对象替换名字,直至具体数值时停止替换,开始运算,示例如下。

(＊ length width)
(＊ 10 5)
50
(＊ circumference 20)
(＊ (＊ 2 pi radius) 20)
(＊ (＊ 2 3.1415926 10) 20)
(＊ 62.831852 20)
1256.63704

3. 定义和使用新运算符构造组合式

1) 定义新运算符

将运算组合式 P,定义为以新运算符和形式参数引导的新运算符组合式,格式如下。

```
(define (新运算符 形参 1 形参 2 … 形参 n) (含有形参 1 到形参 n 的运算组合式 P))
```

示例：

```
(define (square x) (* x x))
```

上例定义名字 square 为新的运算，x 为形式参数，当运用新运算符进行计算时以实际值代替 x，最后执行过程或函数体，此处过程仅为 x * x。

2）使用新运算符

新运算符的使用，类似于程序设计语言的函数调用，调用格式：（新运算符 实参 1 实参 2 … 实参 n），示例如下。

```
(square 10)
(square (+ 2 8))
(square (square 3))
(define (SumOfSquare x y)(+ (square x) (square y)))
(SumOfSquare 3 4)
```

3）执行新运算符

执行新运算符时以过程替换新运算符，直至具体数值时停止替换，开始执行计算，示例如下。

```
(SumOfSquare 3 4)
(+ (square 3) (square 4))
(+ (* 3 3) (* 4 4))
(+ 9 16)
25
```

3.4　迭代与递归

递归常被用来描述以自相似方法重复事物的过程，在数学和计算机科学中，指在函数定义中使用函数自身的方法，即 A 函数调用 A 函数。它把一个大型的复杂的问题转换为一个与原问题相似的规模较小的问题来解决，在每次调用自身时会减少一次任务量。递归是一个树结构，从字面可以其理解为重复"递推"和"回归"的过程，当"递推"到达底部时就会开始"回归"，其过程相当于树的深度优先遍历。计算理论证明递归的作用可以完全取代循环，因此在很多函数编程语言中习惯用递归来实现循环。递归能够解决的问题如下。

（1）问题是用递归定义，如 Fibonacci 函数。

（2）问题是用递归算法求解，如 Hanoi 问题。

（3）数据结构是递归形式，如二叉树、广义表等。

迭代是重复反馈过程的活动，每一次迭代的结果会作为下一次迭代的初始值，每迭代一次都将剩余的任务减少，即 A 函数调用 B 函数。

递归是迭代的一个特例，从理论上讲，任何递归都可以转换成迭代。递归中一定有迭代，但是迭代中不一定有递归，大部分情况下可以相互转换。在实际应用中，能用迭代的不用递归，因为递归有函数调用的开销，而且递归太深会带来堆栈溢出，递归比迭代效率要低。

递归性能不如迭代,但递归思路简单清晰,并且有时必须用递归求解,而迭代无法解决问题。例如,在实际开发过程中,有一张描述了实体之间的层次关系的表,要遍历所有实体之间存在的层次关系,即 $n:m$ 的关系,且事先不知道每个实体间的数量,用迭代无法实现,必须借助递归进行深层次递归求解。

下面以 Fibonacci 函数为例,说明递归与迭代的执行过程。

$$F(n) = \begin{cases} 1, & n=0 \\ 1, & n=1 \\ F(n-1)+F(n-2), & n>0 \end{cases}$$

假设 $n=5$,迭代计算过程如下。

$$F(0) = 1$$
$$F(1) = 1$$
$$F(2) = F(0)+F(1) = 2$$
$$F(3) = F(2)+F(1) = 3$$
$$F(4) = F(3)+F(2) = 5$$
$$F(5) = F(4)+F(3) = 8$$

同样地,对于 $n=5$,递归则分为递推与回归两个阶段,递归函数调用过程如图 3-2 所示。

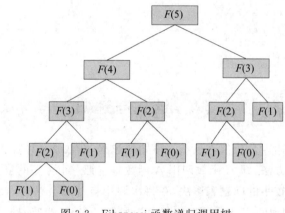

图 3-2 Fibonacci 函数递归调用树

图 3-2 是一个递归函数调用树,执行顺序为从左向右、自顶向下地递推,遇到叶子停止递推,开始自底向上地回归。

3.5 导产导研

3.5.1 技术能力题

(1) 给出 $29\times(17-5)-35/7$ 的前缀表达式表示与求值过程。

(2) 先用前缀表示法定义一个实现求解梯形面积 $\dfrac{(a+b)\times n}{2}$ 的前缀表达式,并利用该表达式求解 $a=4$、$b=6$、$h=5$ 梯形的面积。

（3）假定函数 int Sum(int n)用于计算 $\sum_{i=1}^{n} i$，在具有健壮性的前提下，分别设计递推（迭代）和递归函数予以求和。

3.5.2　拓展研究题——美丽的分形

分形是指一个图像具有无穷自相似性。在自然和人工现象中，自相似性指整体的结构被反映在其中的每一部分中，如图 3-3 和图 3-4 所示的 Koch 雪花曲线和 Sierpinski 三角形就具有自相似性。

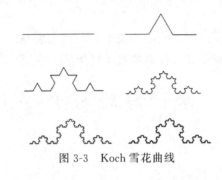

图 3-3　Koch 雪花曲线

图 3-4　Sierpinski 三角形

1. Koch 雪花曲线

如图 3-3 所示，设 E_0 为单位直线段，三等分后，中间一段用与其组成等边三角形的另两边代替，得到 E_1，对 E_1 的 4 条线段的每一条重复以上做法，得到 E_2，以此方法重复，可得 E_n。当 n 趋于无穷，得到的极限曲线就是 Koch 雪花曲线。

2. Sierpinski 三角形

如图 3-4 所示，Sierpinski 三角形是等边三角形四等分去中间小三角形所得极限图形。

请读者设计实验方案，使用可视化图形编程工具，如 MFC，运用递归绘制 Koch 雪花曲线和 Sierpinski 三角形，基于不同内存空间和不同频率的 CPU，观察、记录并分析递归深度和所需时间的关系。

算　法

算法是程序的灵魂,计算机解决问题的关键是设计与实现高效可行的算法。除了正确之外,算法的时间复杂度是衡量算法优劣的最关键指标。

4.1　导 学 导 教

4.1.1　内容导学

本章内容导学图如图 4-1 所示。

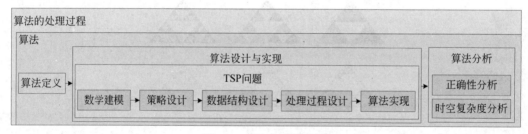

图 4-1　算法内容导学图

4.1.2　教学目标

1. 知识目标

掌握算法的定义和设计过程和算法流程图的绘制方案,掌握算法时间空间复杂度判定依据。

2. 能力目标

针对给定的问题,能够建立恰当的数学建模、选择合适的设计策略进行高效的数据结构设计和处理过程设计,能够选用高级程序设计语言和编程工具编程实现、检验和分析算法。

3. 思政目标

能够从工程实际出发,设计可读性强、便于实现的高效算法。

4.2 算法定义

算法是程序的灵魂,编写程序进行问题求解的关键是发现、构造和设计求解问题的算法。程序包含算法,一个需要实现特定功能的程序,实现它的算法有很多种,算法的优劣决定着程序的好坏。"是否会编程"首先是"能否想出求解问题的算法"。程序员掌握程序设计语言后进行程序设计和软件开发,关键是设计好的算法和软件工程理论与技术。

算法是解决问题的一种方法或一个过程,是若干指令的有穷序列,满足如下 5 条性质。

(1) 输入:由外部提供的量作为算法的输入。

(2) 输出:算法产生至少一个量作为输出结果,即与输入有某个特定关系的量。

(3) 确定性:组成算法的每条指令是清晰、确定和无歧义的。

(4) 有穷性:算法执行有穷命令后必须结束。

(5) 能行性:算法中有待执行的运算和操作必须是相当基本的(可以由机器自动完成),并能在有限时间内完成。

程序是算法用某种程序设计语言的具体实现。程序可以不满足算法的性质。例如,操作系统是一个在无限循环中执行的程序,因而不是一个算法。操作系统的各种任务可看成单独的问题,每一个问题由操作系统中的一个子程序通过特定的算法来实现。该子程序得到输出结果后便终止。

算法是解决问题的步骤,而程序是算法的代码实现。算法要依靠程序来完成具体的功能,而程序需要算法作为灵魂。程序是结果,算法是手段。同样编写一个功能的程序,使用不同的算法可以让程序的体积、效率相差很多。所以,算法是编程的精华所在。算法+数据结构=应用程序。算法是程序设计的核心,算法的好坏很大程度上决定了一个程序的效率。一个好的算法可以降低程序运行的时间复杂度和空间复杂度。先选出一个好的算法,再配合一种适宜的数据结构,这样程序的效率会大大提高。

一个典型的计算算法示例:寻找两个正整数的最大公约数的欧几里得算法。

输入:正整数 M 和正整数 N,约定 $M>N$。

输出:M 和 N 的最大公约数。

步骤:

Step 1:M 除以 N,余数记为 R。

Step 2:如果 R 不是 0,将 N 的值赋给 M,将 R 的值赋给 N,返回 Step 1 迭代执行。否则,最大公约数是 N,输出 N,算法结束。

假设 M 和 N 分别为 32 和 24 以及 31 和 11,其迭代过程如表 4-1 所示。

表 4-1 运用欧几里得算法求解两个正整数的最大公约数的迭代过程

	M	N	余数	最大公约数
具体问题	32	24		
迭代次数				
1	32	24	8	
2	24	8	0	8

续表

	M	N	余数	最大公约数
具体问题	31	11		
迭代次数				
1	31	11	9	
2	11	9	2	
3	9	2	1	
4	2	1	0	1

4.3 算法设计与实现

针对 TSP,图 4-2 给出了运用算法求解问题的过程和相关课程。

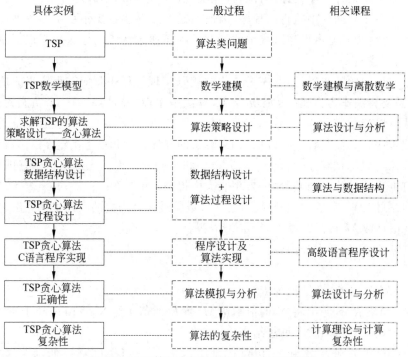

图 4-2 运用算法求解问题的过程和相关课程

4.3.1 TSP 的数学建模

旅行商问题,即 TSP(Traveling Salesman Problem),又译为旅行推销员问题、货郎担问题,是数学领域中的著名问题之一。假设有一个旅行商人要拜访 n 个城市,每个城市只能拜访一次,最后要回到原来出发的城市。路径的选择目标是要求得的路径路程为所有路径之中的最小值。

TSP 是一个组合优化问题,具有 NPC 计算复杂性,在半导体制造、物流运输等行业具有广泛的应用。因此,任何能使该问题的求解得以简化的方法,都将受到高度的评价和关注。

1. 图的定义

图 G 是一组对象结构的抽象描述,其中某些对象在某种意义上是"相关的"。这些对象被抽象成顶点/结点,并且顶点的相关性被抽象为边。进一步,假设 $G=(V,E)$,其中,V 称为顶集($V=\{V_1,V_2,\cdots,V_n\}$),E 称为边集($E=\{E_1,E_2,\cdots,E_m\}$),E 与 V 不相交。

2. TSP 的数学建模

TSP 是图论中最著名的问题之一。把城市看成一个点,把城市之间的相连看成边,边上的距离视为权,即"已给一个 n 个点的完全图,每条边都有一个长度,求总长度最短的经过每个顶点正好一次的封闭回路"。依据"图",可发现 TSP 蕴含的连通、可达、有向/无向、回路等性质。

连通:两个结点间由路径相连接。

可达:从一个结点出发能够到达另一个结点。

回路:从一个结点出发最后又回到该结点。

网:边相关的量,对 TSP 为城市间的距离。

综上,TSP 的数学模型描述如下。

输入:n 个城市,记为 $V=\{V_1,V_2,\cdots,V_n\}$,任意两个城市 V_i、$V_j \in V$ 之间的距离 $d_{v_iv_j}$。

输出:所有城市的一个访问序列 $T=\{t_1,t_2,\cdots,t_n\}$,其中,$t_i \in V$,$t_{n+1}=t_1$,使得 $\min \sum\limits_{i=1}^{n} d_{t_it_{i+1}}$。

问题求解的基本思想:在所有可能的访问序列 T 构成的状态空间 Ω 上搜索使得 $\sum\limits_{i=1}^{n} d_{t_it_{i+1}}$ 最小的访问序列 T_{opt}。

4.3.2 TSP 算法策略设计

TSP 的算法设计策略有遍历搜索算法、分治算法、贪心算法、动态规划算法、遗传算法等,不同的算法设计策略有不同的时空开销甚至得到不同的解。不同的解有最优解和可行解两种。对于如图 4-3 所示的四个城市间的距离,假定从 A 出发,则得到的所有遍历序列如图 4-4 所示,其中,最优解路径为 ABCDA 或者 ADCBA,其总距离为 13,可行解路径为 ABDCA 或者 ACDBA,其总距离为 14。

就贪心策略而言,其基本思想是"今朝有酒今朝醉",一定要做当前最好的选择,否则将来可能会后悔,故名"贪心"。从某一个城市出发,每次选择当前最短距离的城市,直至所有城市被走完。对于图 4-3,路径选择过程如图 4-5 所示。

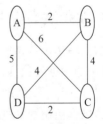

图 4-3　四个城市间的距离

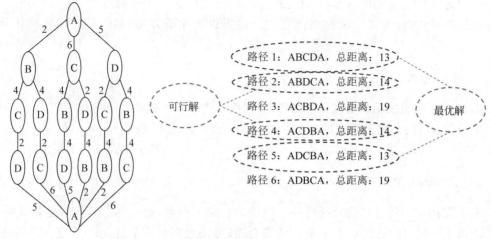

图 4-4 四个城市间 TSP 的最优解和可行解示意图

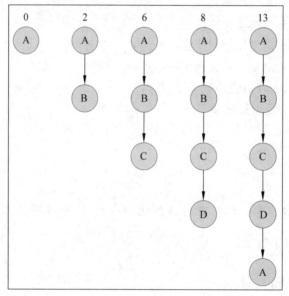

图 4-5 运用贪心策略选择 TSP 路径的过程

4.3.3 TSP 贪心算法的数据结构设计

数据结构是数据的逻辑结构、存储结构(物理结构)及其操作的总称,它提供了问题求解/算法的数据转换为计算机可以处理的数据的高效机制。逻辑结构反映了数据逻辑语义关系,为便于计算系统处理,需要把逻辑结构转换成计算机系统能处理的存储结构,对存储结构的操作控制着数据的变化。

针对求解 TSP 的贪心算法,涉及的数据结构有向量/数组以及矩阵/表。

1. 向量/数组

向量/数组是有序数据的集合型变量,向量中的每一个元素都属于同一个数据类型,用一个统一的向量名和下标来唯一地确定向量中的元素。向量名通常表示该向量的起始存储地址,程序运行时由操作系统确定起始存储地址。向量下标表示所指向元素相对于起始地址的偏移位置。向量/数组的逻辑地址和物理地址间的关系示例如表 4-2 所示。

表 4-2　向量/数组的逻辑地址和物理地址间的关系示例

值(语义为成绩)	下标(逻辑地址)	存储地址(物理地址)
82	0	0x12345670
98	1	0x12345672
100	2	0x12345674
60	3	0x12345676
80	4	0x12345678

向量名和下标构成了向量/数组的逻辑地址,编写程序时使用逻辑地址。假设表 4-2 的数组名为 mark,编写求平均值的 C 语言程序段如下。

```
int n=5,Sum=0,Avg;
for(int i=0;i<n;i++) Sum+=mark[i];
Avg=Sum/n;
```

上例中,通过下标 i++ 的操作,遍历了 mark 向量中的每一个元素,并将其累加到 Sum 中。

2. 矩阵/表

矩阵/表是按行按列组织数据的集合型二维变量。对于 2 行 3 列的矩阵 M,可表示为 $M[2][3]$ 的形式,即用矩阵名加两个下标唯一确定表中的一个元素,前一个下标为行序号,后一个下标为列序号。有些语言的下标从 0 开始,有些语言的下标从 1 开始,假定下标从 0 开始的矩阵/表元素示例如图 4-6 所示。图 4-6 中的行表示 4 个学生,分别为张宇、岳和、盛利和吴彤,对应的行下标分别为 0、1、2 和 3;列分别为语文、数学、英语

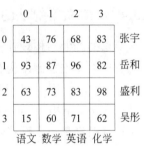

图 4-6　矩阵示例

和化学成绩,对应的列下标分别为 0、1、2 和 3。图 4-6 的表名假设为 Student,则 Student[0][0] 表示张宇的语文成绩为 43。

矩阵/表逻辑上是二维的,操作时按行和列下标来读写一个元素,但物理上仍旧是按一维的方式来存储的:元素 $[i][j]$ 的存储地址=表起始地址+(行下标 i ×列数+列下标)×一个元素的存储单元数目(下标从 0 开始)。

矩阵/表的操作是表名加上行下标和列下标,统计图 4-6 中的不及格人数的示例程序如下。

```
int n=4,Count=0;
for(int i=0;i<n;i++)
    for(int j=0;j<n;j++)
        if(Student[i][j]<60){
```

```
        Count++;
        break;
    }
```

数据结构设计是针对选定的算法策略,设计其相应的数据结构及其操作规则。不同的算法可能有不同的数据结构及其操作规则。对于图 4-3 的实例,TSP 的贪心算法数据结构设计如下。

(1) 城市映射为下标序号,A、B、C 和 D 分别映射为 0、1、2、3。

(2) 城市间距离抽象为矩阵 D,$D[i][j]$($0 \leqslant i \leqslant 3$,$0 \leqslant j \leqslant 3$)表示 i 和 j 映射的城市间的距离,如图 4-7 所示。

(3) 访问路径设计为一维数组 S,用 $S[j]$ 来确定每一个城市映射的下标。

图 4-8 表示的路径为 ADCBA。

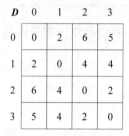

图 4-7　城市间矩阵 D

图 4-8　访问路径 S

4.3.4　TSP 贪心算法的控制结构设计——算法思想的精确表达

算法的控制结构设计算法的计算规则或计算步骤,以便能按规则逐步计算出结果。算法与程序的基本控制结构有顺序结构、分支结构和循环结构。

(1) 顺序结构:"执行规则 A 后,接着执行规则 B"是按顺序逐条执行规则的一种结构。

(2) 分支结构:"如果 Q 成立,则执行规则 A,否则执行规则 B",Q 是某些逻辑条件,即按条件判断结果决定哪些规则的一种结构。

(3) 循环结构:控制指令或规则多次执行的一种结构——迭代,分为有界循环结构和条件循环结构。

① 有界循环:"执行 A 指令 N 次",其中,N 是一个整数。

② 条件循环:"重复执行 A 直到 Q 成立"或者"当 Q 成立时反复执行 A",其中,Q 是条件。

1. 基于类自然语言步骤描述法的算法控制结构表达

引例:$\text{sum} = \sum_{1}^{n} i$ 求和问题的算法描述。

算法开始

(1) 输入 n 的值,设 $i=1$、$\text{sum}=0$。

(2) 如果 $i \leqslant n$,则执行步骤(3),否则转到步骤(6)执行。

(3) 计算 $\text{sum} = \text{sum} + i$。

（4）计算 $i=i+1$。

（5）返回到步骤（2）继续执行。

（6）输出 sum 的结果。

算法结束

类自然语言表示的算法容易出现二义性和不确定性等问题。

求解 TSP 的贪心算法描述。

算法开始

（1）$S[0]=0,\text{Sum}=0,i=1$。

（2）初始化距离矩阵 $D[N][N]$。

（3）从所有不在 $S[N]$ 数组（被访问过的城市）中查找距离 $S[i-1]$ 最近的城市 j，$\text{DTemp}=D[i-1][j]$。

（4）$S[i]=j,\text{Sum}=\text{Sum}+\text{DTemp},i=i+1$。

（5）如果 $i<N$，转到步骤（3），否则转到步骤（6）。

（6）$\text{Sum}=\text{Sum}+D[0][S[N-1]]$。

（7）逐个输出 $S[N]$ 中的全部元素，输出 Sum。

算法结束

2. 基于流程图的算法控制结构表达

表 4-3 给出了算法流程图所用的基本符号。

表 4-3　算法流程图所用的基本符号

图　　符	名　　称	含　　义
▭	矩形框	表示一组顺序执行的规则或者程序语句
⬡ 或 ◇	菱形框	表示条件判断,并根据判断结果执行不同的分支
⬭ 或 ◯	圆形框	表示算法或者程序的开始或结束
⟶ 或 ↓ 或 ⟵	箭头线	表示算法或程序的走向

求解两个正整数 m 和 n 的最大公约数的算法流程如图 4-9 所示,求解 TSP 的贪心算法流程如图 4-10 所示。

4.3.5　TSP 贪心算法的程序设计——算法实现

1. 程序设计的过程

程序是算法的一种机器相容的表示,是利用计算机程序设计语言对算法进行描述的结果,是可以在计算机上执行的算法。程序设计的过程为:编辑源程序→编译→链接→执行。集成程序所有设计过程的环境称为一体化程序设计平台,其功能如图 4-11 所示。

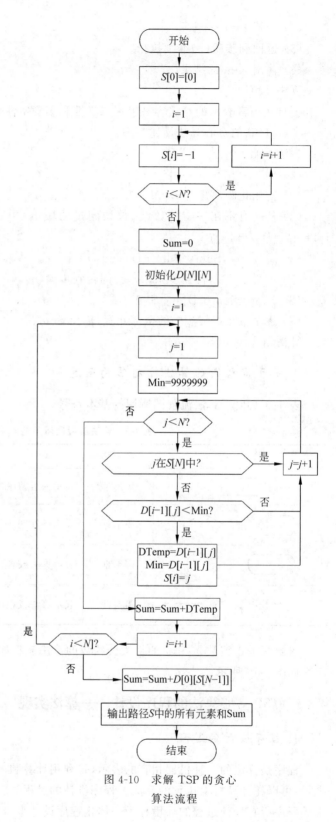

图 4-10 求解 TSP 的贪心
算法流程

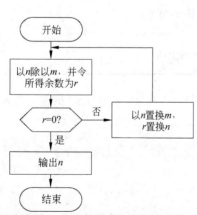

图 4-9 求解两个数的最大公约数
的算法流程

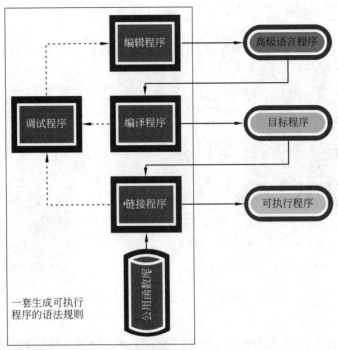

图 4-11 一体化程序设计平台

编辑源程序把在计算机中新建或把已有的源程序显示在屏幕上,然后根据需要进行增加、删除、替换和链接等操作。编译程序(也称为编译器)能把用高级程序设计语言书写的源程序翻译成等价的机器语言格式目标程序。它以高级程序设计语言书写的源程序作为输入,而以汇编语言或机器语言表示的目标程序作为输出。编译是针对一个源文件的,有多少个源文件就需要编译多少次,就会生成多少个目标文件。

有些语言的源程序经过编译后没有生成最终的可执行文件,而是生成了叫作目标文件的中间文件。目标文件也是二进制形式的,它和可执行文件的格式是一样的。对于 Visual C++,目标文件的扩展名是.obj;对于 GCC,目标文件的扩展名是.o。目标文件经过链接(Link)以后才能变成可执行文件。因为编译只是将程序员编写的源程序变成了二进制形式的目标文件,它还需要和程序运行所必需的系统组件(如标准库、动态链接库等)结合起来。链接是一个"打包"的过程,它将所有二进制形式的目标文件和系统组件组合成一个可执行文件。完成链接的过程也需要一个特殊的软件,叫作链接程序或者链接器(Linker)。

此外,随着学习的深入和软件工程复杂性的增加,程序员编写的源程序越来越多,需要将它们分散到多个源文件中,编译器每次只能编译一个源文件,生成一个目标文件,此时链接器除了将目标文件和系统组件组合起来,还需要将编译器生成的多个目标文件组合起来。

2. Visual Studio 2022 中文社区版的安装与启动

进入 Visual Studio 系列官网 https://visualstudio.microsoft.com/zh-hant/后,会出现如图 4-12 所示的界面。在如图 4-12 所示的界面中,展开"下载 Visual Studio"下拉选项,单击 Community 2022,此时 Visual Studio Setup.exe 安装程序会自动下载到桌面,其应用安装程序图标如图 4-13 所示。在桌面单击如图 4-13 所示的安装程序图标,启动安装,稍后会出现如图 4-14 所示窗口。

图 4-12　Visual Studio 2022 下载界面　　　　图 4-13　Visual Studio Setup.exe 图标

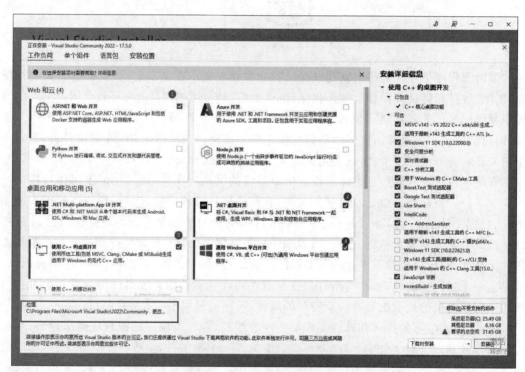

图 4-14　Visual Studio Community 2022 安装包选择

在图 4-14 的安装包选择窗口中依次选择"ASP.NET 和 Web 开发"".NET 桌面开发"
"使用 C++ 的桌面开发"和"通用 Windows 平台开发"4 个安装包,如 C 盘的空闲空间大于
25.49GB,可用当前的默认安装路径即可,否则需要更改位置或者腾出 C 盘直到其空闲空间
满足安装要求为止。

安装成功后,"开始"菜单会出现如图 4-15 所示的 Visual Studio 2022 Current 启动图

标,单击该启动图标,进入 Visual Studio 2022 的启动界面,如图 4-16 所示。启动界面消失后,出现如图 4-17 所示的开始使用界面。单击如图 4-17 所示的"创建新项目"选项,在项目类型选择界面中选择 C++ 语言,出现如图 4-18 所示的与 C++ 相关的项目类型(兼容 C 语言),表明 Visual Studio 2022 的 C++ 桌面开发包安装成功。

图 4-15 "开始"菜单的 Visual Studio 2022 启动图标

图 4-16 Visual Studio 2022 启动界面

图 4-17 Visual Studio 2022 的开始使用界面

3. 创建 TSP 贪心算法的控制台应用项目

在如图 4-18 所示的新项目模板中,选择"控制台应用",单击"下一步"按钮,出现如图 4-19 所示的"配置新项目"窗口。配置控制台应用新项目时,首先输入项目名称"TSPGreedy",接着选择项目位置,确认无误后单击"创建"按钮,出现"正在创建项目"提示条,如图 4-20 所示。项目创建完成后,提示条消失,进入如图 4-21 所示的项目集成开发主界面。在如图 4-21 所示的主界面中,关闭登录 Visual Studio 悬浮对话框后,进入编辑源文件界面,如图 4-22 所示。

在图 4-22 中,按快捷键 F5 开始调试程序,编译和链接无误后,集成开发环境状态信息输出窗口中显示加载的应用程序和动态链接库信息(如图 4-23 所示),成功生成应用程序后直接运行,运行结果如图 4-24 所示。在如图 4-24 所示的控制台中,屏幕输出:Hello World,表明控制台应用项目运行成功。

图 4-18　Visual Studio 2022 与 C++ 相关的项目类型

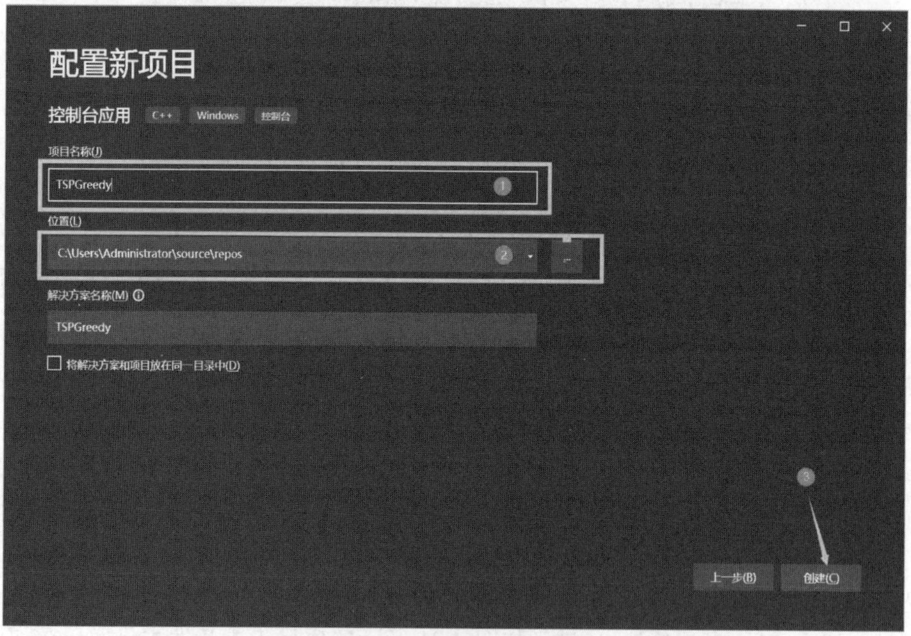

图 4-19　"配置新项目"窗口

Microsoft Visual Studio

正在创建项目...

取消

图 4-20　"正在创建项目"提示条

图 4-21 项目集成开发主界面

图 4-22 编辑源文件界面

图 4-23 成功生成应用程序后加载可执行文件的输出窗口信息

图 4-24 F5 键调试运行程序后控制台输出信息

4. 查看 TSP 贪心算法控制台应用项目属性

如图 4-25 所示,选择主菜单中的"项目"→"TSPGreedy 属性"选项,弹出如图 4-26 所示的属性页。在 TSPGreedy 属性页中,展开"配置属性"后选择"常规"选项,可以看到 Visual Studio C++ 桌面控制台项目,能够兼容 C 语言标准。

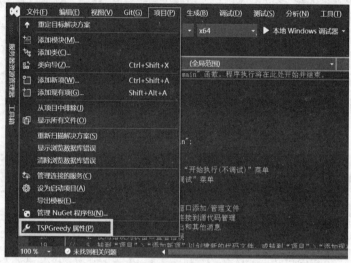

图 4-25　TSPGreedy 项目属性选项

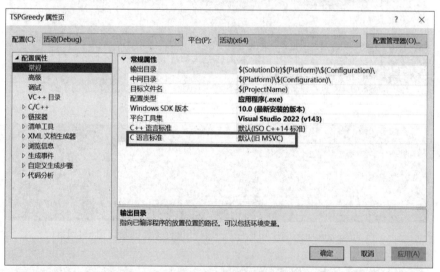

图 4-26　TSPGreedy 项目的常规属性

5. TSP 贪心算法的 C 语言应用程序实现

TSPGreedy 控制台项目用户自定义的源文件只有一个文件 TSPGreedy.cpp,文件内容如下。

```
//TSPGreedy.cpp: 此文件包含 main 函数。程序执行将在此处开始并结束
```

```cpp
# include <iostream>
using namespace std;
int main()
{
    char Path[4] = { 'A','B','C','D' };
    int D[4][4] = { {0,2,6,5}, {2,0,4,4} ,{6,4,0,2}, {5,4,2,0} };
    int S[4] = { 0,-1,-1,-1 };
    int Sum = 0;
    int DTemp, i=1,N=4, min,j,k;
    for (;i < N;i++) {
        min = 999999;
        for (j = 1;j < N;j++) {
            for (k = 1;k < N;k++) {
                if (j != S[k]) continue;
                else break;
            }
            if (k == N) {
                if (D[i - 1][j] != 0 && D[i - 1][j] < min) {
                    DTemp = D[i - 1][j];
                    min = D[i - 1][j];
                    S[i] = j;
                }
            }
        }
        Sum = Sum + DTemp;
    }
    Sum = Sum + D[0][S[N - 1]];
    printf("The path=");
    for (i = 0;i < N;i++) printf("% c", Path[S[i]]);
    printf("% c\n The minimum value=% d", Path[S[0]],Sum);
}
//运行程序：Ctrl + F5 或"调试"→"开始执行(不调试)"菜单
//调试程序：F5 或"调试"→"开始调试"菜单
//入门使用技巧：
//1. 使用解决方案资源管理器窗口添加/管理文件
//2. 使用团队资源管理器窗口连接到源代码管理
//3. 使用输出窗口查看生成输出和其他消息
//4. 使用错误列表窗口查看错误
//5. 转到"项目"→"添加新项"以创建新的代码文件，或转到"项目"→"添加现有项"以将现有代码文件添加到项目
//6. 将来，若要再次打开此项目，请转到"文件"→"打开"→"项目"并选择 .sln 文件
```

编辑 TSPGreedy.cpp 文件完毕后，按快捷键 F5 开始调试程序。如果编译和链接无误，则成功生成的应用程序会直接运行，运行结果如图 4-27 所示。

图 4-27　基于示例数据 TSPGreedy 算法的运行结果

4.4 算法分析

4.4.1 算法的正确性分析

20 世纪 60 年代,美国一架发往金星的航天飞机由于控制程序出错而永久丢失在太空中,从而引发了人们对算法正确性的质疑:问题求解的过程和方法——算法是正确的吗?算法的输出是问题解吗?算法的输出是最优解还是可行解?如果是可行解,与最优解的偏差有多大?这些问题需要对算法进行评价,有两种评价方法。

(1)证明方法:利用数学方法证明。

(2)仿真分析:产生或选取大量的具有代表性的问题实例,利用该算法对这些问题实例进行求解,并对算法产生的结果进行统计分析。

4.4.2 算法的复杂性分析

对于任意给定的一个问题,设计出复杂性最低的算法是在设计算法时追求的重要目标之一;而当给定的问题存在多种算法时,选择其中复杂性最低的算法是选用算法时遵循的重要准则。因此,算法的复杂性分析对算法的设计或选用具有重要的指导意义和实用价值。

算法的复杂性分析主要是针对运行该算法所需要的计算机时间资源和空间资源的多少。当算法所需要的资源越多,该算法的复杂性越高;反之,当算法所需要的资源越少,算法的复杂性越低。

1. 时间复杂度

通常,对于一个算法的复杂性分析主要是对算法效率的分析,包括衡量其运行速度的时间效率及衡量其运行时所需要占用空间大小的空间效率。对于早期的计算机来说,时间与空间都是极其珍贵的资源。由于硬件技术的发展大大提高了计算机的存储容量,使得存储容量的局限性对于算法的影响大大降低。但是时间效率并没有得到相应程度的提高。因此,算法的时间效率或算法时间复杂度是算法分析中的关键所在。

对于算法的时间效率的计算,通常是抛开与计算机硬件、软件有关的因素,仅考虑实现该算法的高级语言程序。一般而言,对程序执行的时间复杂度的分析是分块进行的,先分析程序中的语句,再分析各程序段,最后分析整个程序的执行复杂度。通常以渐进式的大 O 形式来表示算法的时间复杂度。渐进式的大 O 形式表示时间复杂度的主要运算规则有如下两种。

(1)求和规则:$O(f(n))+O(g(n))=O(\max\{f(n),g(n)\})$

其中,$f(n)$ 和 $g(n)$ 表示与 n 有关的一个函数。

(2)乘法规则:$O(f(n))\cdot O(g(n))=O(f(n)\cdot g(n))$

$O(c\cdot f(n))=O(f(n))$,c 是一个正数。假设 $T(n)$ 是问题规模(整数)的函数,算法的时间复杂度可以定义为:$O(f(n))$,记作:$T(n)=O(f(n))$。

由于随着问题规模 n 的增长,算法执行时间的增长率和 $f(n)$ 的增长率相同,因此 $T(n)$ 也被称为算法的时间复杂度。

基于时间复杂度分析算法的性能,$O(1)$所花费时间最少(与问题规模无关),$O(n!)$时间最长(计算机无法实现),时间复杂度花费时间排序:$O(1)<O(\log(n))<O(n)<O(n\log(n))<O(n^b)<O(b^n)<O(n!)$。例如,一个问题规模为 n,有 3 个不同算法的时间复杂度分别为 $O(n^3)$、$O(n!)$和 $O(3^n)$,假设 $n=60$,3 个算法的差别比较如表 4-4 所示。

表 4-4　当 $n=60$ 时 $O(n^3)$、$O(n!)$和 $O(3^n)$所花费时间比较

时间复杂度	计 算 量	时间(每秒百万次)
$O(n^3)$	$60^3=2.16\times10^4$	约 0.2s
$O(n!)$	$60!\approx1.8778\times10^{78}$	无法执行
$O(3^n)$	$3^{60}\approx4.2391\times10^{28}$	约 4.2391×10^{22} s $\approx(4.2391\times10^{22})/(3.1536\times10^7)\approx1.344\times10^{15}$ 年,相当于 1 亿台计算机运行一百万年

当算法的时间复杂度的表示函数是一个多项式时,如 $O(n^2)$ 时,则对于大规模问题,计算机能够执行该算法,即计算机可以执行时间复杂度为 $O(1)$、$O(\log(n))$、$O(n)$、$O(n\log(n))$ 或 $O(n^b)$ 的算法。而算法的时间复杂度的表示函数是一个指数函数时,如 $O(b^n)$ 或 $O(n!)$ 阶乘时,当 n 很大时计算机无法执行。

为了便于比较同一问题的不同算法的效率问题,通常的做法是从算法中选取一种对于所研究问题来说是基本运算的原子操作,以该基本操作重复执行的次数作为算法的时间度量单位,示例如下。

```
Sum=0;//------------------------------------------1次
for(i=1;i<=n;i++);//------------------------------n次
{
    for(j=1;j<=n;j++)//--------------------------n²次
        Sum++;//--------------------------------n²次
}
```

解答:主要关注点是循环的层数,$T(n)=2n^2+n+1=O(n^2)$。

对于 TSP,精确解的求解算法只能是遍历,列出每一条可供选择的路线,计算出每条路线的总里程,最后从中选出一条最短的路线,路径组合数为 $(n-1)!$,其时间复杂度为 $O((n-1)!)$。而对于 TSP 的贪心算法,虽然不一定求出最优解(或精确解),但能求出可行解(或近似解),其时间复杂度为 $O(n^2)$,即多项式时间。

2. 空间复杂度

一般情况下,一个算法所占用的存储空间包括算法自身、算法的输入、输出及实现程序在运行时所占用空间的总和。

由于算法的输入和输出所占用的空间基本上是一个确定的值,它们不会随着算法的不同而不同。而算法自身所占用的空间与实现算法的语言和所使用的语句密切相关。例如,程序越短,它所占用的空间就越少。一个算法在运行过程中所占用的空间,特别是算法临时开辟的存储空间单元则是由算法策略及该算法所处理的数据量决定的。因此,对于一个算法的空间复杂度的衡量主要考虑的是算法在运行过程中所需要的存储空间的大小。

假设 $S(n)$ 是问题规模 n(整数)的函数,可以定义算法的空间复杂度为 $O(f(n))$,记作

$S(n)=O(f(n))$。与时间复杂度 $T(n)$ 一样,$S(n)$ 也被称为算法的空间复杂度。

对于 TSP 问题的遍历算法和贪心算法,其空间复杂度均为 $O(n^2)$。

4.5 导产导研

4.5.1 技术能力题

1. 性能分析与改进

已知斐波那契数列 F_n 的计算,求 $F_n\%17$ 的计算结果。

$$F_n=\begin{cases}F_0=1\\F_1=1\\F_n=F_{n-1}+F_{n-2}\end{cases}$$

假设斐波那契数列 F_n 对应的 C 语言实现程序如下。

```
int Fibonacci(int n)
{
    int sum;
    if(n==0 || n==1) return 1;
    sum=Fibonacci(n-1) + Fibonacci(n-2);
    return sum;
}
void main()
{
    int fn, n;
    fn=Fibonacci(n)%17;
}
```

针对上面的程序,回答如下问题。

(1) 指出上面程序存在的缺陷。

(2) 给出性能改进方案。

(3) 给出典型的测试数据和测试结果截屏。

2. TSP 实例遍历过程分析

假设城市距离矩阵实例如图 4-28 所示,假设从 A 代表的城市出发回到 A 代表的城市,运用数据结构数据的变化,描述该实例的遍历最优策略和贪心策略求解最短路径的过程。

	A	B	C	D
A		16	19	26
B	16		9	7
C	19	9		5
D	26	7	5	

图 4-28 城市距离矩阵实例

4.5.2　拓展研究题——深度强化学习

深度学习具有较强的感知能力,但是缺乏一定的决策能力;而强化学习具有决策能力,对感知问题束手无策。因此,将两者结合起来,优势互补,为复杂系统的感知决策问题提供了解决思路。深度强化学习将深度学习的感知能力和强化学习的决策能力相结合,可以直接根据输入的图像进行控制,是一种更接近人类思维方式的人工智能方法。

基于深度强化学习策略,设计 TSP 的数据结构和处理过程,选用可视化编程工具予以图示化的求解。

软件系统构造方法

面向对象的思维是构造复杂软件系统的基本思维模式。基于面向对象思维的程序设计语言，可以构造复杂及特色化的软件。面向对象的思维及程序设计语言是软件工程专业人才必须掌握的。软件构造能力是软件工程专业毕业生的主要竞争力。目前，软件构造方法学主要涉及面向对象的软件系统构造、基于组件的软件系统构造和面向服务的软件系统构造。

5.1 导学导教

5.1.1 内容导学

本章内容导学图如图 5-1 所示。

图 5-1   软件系统构造方法内容导学图

5.1.2 教学目标

1. 知识目标

掌握面向对象的思维和基本概念、类、对象和消息的基本语法，掌握 UML 的用例图、类图、顺序图、状态图、构件图和部署图表达能力和基本事物，理解函数、类、动态链接库、COM 组件和 Web Service 的特点、适用范围、演化关系以及区别和联系，理解两层架构和三层架构的应用场景和特点。

2. 能力目标

能够运用面向对象的核心概念分析和设计现实软件,能够使用面向对象的基本语言进行基本面向对象程序构造。能够根据实际运用 VS2022 实现动态链接库和 COM 组件和基于 SSM 的管理软件。能够运用 VS2022 和 Eclipse Maven 项目分别实现两层架构和 SSM 架构的软件。能够基于 IIS 运用 VS2022 实现 Web 服务。能够运用 IBM Rational Rose 进行 UML 软件系统建模。

3. 思政目标

能够熟练运用开发工具快速排除语法错误,准确分析、定位和解决逻辑错误,分析可能存在的隐患。

5.2 面向对象的软件构造

5.2.1 面向对象的基本思想与方法

引例:"取"与"送"思维的差别。

描述:交通局制定了一个"某道路双向改单向"的通知,要让每一个司机知道,它采用送或取的策略。送,即交通局要把通知送达每个司机的手中。显然,"送"是不可能完成的任务。取,即交通局把该通知发布到一个地点,而由每个司机到该地点获取通知,"取"则可达此目的。

面向过程为中心的构造思维类似于"送",而面向对象为中心的构造思维类似于"取"。面向对象类似于人们认识现实世界的方法,认为软件系统是由可区分的对象构成的,对象是一个个具有某种功能/行为的个体,这些功能/行为由某种程序来完成。对象具有独立性,当其执行自身的程序时无须其他对象的干预。对象也具有交互性,一个对象可以向其他对象发送消息,请求协助完成某个任务。

1. 对象

对象是面向对象开发方法中的最基本概念,是组成一个系统的最基本元素,系统功能是由若干互相联系的对象来完成的。例如,在高校人力资源管理系统中,教职工是一个对象,他有自己的属性,包括姓名、性别、职称、出生日期等,他也有自己的行为,例如,授课等。人事科也是一个对象,它也有自己的属性(办公地点、人员结构等)和行为(人事调动、档案录入等)。

需要注意的是,有些对象是看得见或摸得着的,但也有一些对象只能被感知得到。例如,一次会议、一堂课,尽管看不到它,也摸不着它,但它仍然是一个对象。

在面向对象的系统开发方法中,找出应用系统中存在的所有对象是非常重要的。但是,在需求分析时所寻找的对象比"能够看得到、摸得到或感知得到的事物"要复杂得多。下面给出了对象的定义。

对象是人们要研究的,能够看得到、摸得到或感知得到的事物,对象既可以是一些简单的数据,也可以是一些复杂的事件。

对于这个定义需要解释几点。首先,这里所谓的"事物"对象具有多种类别,包括:人、地点、事物和事件。例如,在"人力资源管理软件系统"中定义的对象教辅人员、教师和校领导的类别是教职工,教室、办公室和宿舍的对象类别是地点,工资、职称、职务的对象类别是事物,考核、考勤、工资发放和人员调动的对象类别是事件。

下面来考虑定义中的"数据"。在面向对象方法中,"数据"与面向对象中的属性概念息息相关。

属性是指用来描述事物特征的数据。例如,对于一个教师对象,可以通过下列属性来描述:教师编号,姓名,职称,工作年限,所属院系,家庭电话,办公电话,出生日期,担任职务等。这些属性可以描述很多教师,他们是一类对象,对于其中的单个教师,称之为一个对象实例。

对象实例是包含一定属性值的对象,这些属性描述的是特定的人、地点或事件。例如,每个教师都有特定的值。例如,编号"03061428",姓名"张三",职称"讲师",工作年限"5年",所属院系"管理学院"。

对象的行为是指对象的动作,对象所具有的功能,可以对其他对象发来的消息做出响应。在面向对象的系统中,对象行为一般表现为对象的方法、操作或服务。

对于系统中事物或对象的理解和描述在结构化方法和面向对象方法中是不同的。在结构化方法中可能简单地认为它是静止的对象,不会考虑它会执行什么动作。但在面向对象的系统开发中,除了具有自己的属性外,还具有很多行为,包括档案维护、人事调动、教职工考核等。

此外,还要特别提一下对象的一个特性——封装。封装又称为信息隐藏,是指对象的属性和行为被隐藏在一个黑箱子里,作为对象的使用者不能也不必知道对象属性及行为的实现细节和步骤,只能通过设计者提供的对象接口来访问对象,使对象的使用者和设计者分开,从而达到对象信息隐藏的目的。其特点如下。

(1) 限定了对象之间通信的方式,即只能通过对象接口通信。

(2) 隐藏和保护了对象的内部实现细节,包括对象的数据和操作方法。对象由属性和行为组成,其属性和行为被封装和打包成一个完全独立的对象,修改或访问对象只能通过对象的行为,从而提高了对象的独立性和可重用性。

2. 类与封装

面向对象方法中另一个概念是类,可以把若干相似的对象抽象成类。类又称为对象类,是具有相同属性和行为的若干对象的抽象,定义了同类对象的属性和功能。对象是类的实例,是实际运行的个体。例如,一个高校有很多教师,他们具有相同的属性,包括编号、姓名、性别、出生日期、职称等,也具有相同的行为,包括授课、考勤、调动等。在 UML 中如何表示一个类呢?图 5-2 给出了类与对象的关系。

对象能够隐藏其内部的各种细节,运用访问控制权限将其对象内部的属性和函数予以隐藏,即"封装"。对象只通过消息与外界进行交互。

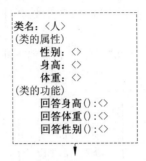

类：同类对象的共性形式或者说对象的类型。

对象：类的实例各自独立运行。

图 5-2　类与对象的关系示例

3. 消息与事件

消息是应用程序内部对象之间传递的内容，如指示、打听、请求、……它是对象之间交互的唯一渠道。消息以"对象.函数()"的方式由一个对象向另一个对象发起调用，被请求对象以执行函数予以响应并返回结果，如图 5-3 所示。

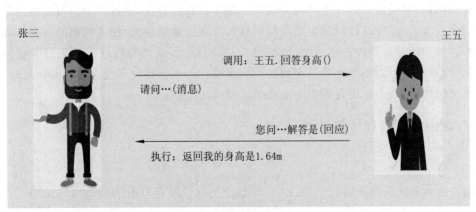

图 5-3　消息调用与回应示例

事件是应用程序外部产生的能够激活对象功能的一种特殊消息。当事件发生后给所涉及对象发送一个消息，对象便可执行相应的功能，简称为"事件驱动—消息处理"。应用程序外部典型的事件有鼠标事件、键盘事件、网络通信事件等。例如，张三老师在上课过程中，手机铃响或者有人敲门,就属于师生正常上课的外部事件,上课过程中老师的提问则属于消息。

例1 请用类、对象、消息和事件描述张三老师的一次上课行为。

解答: 如图5-4所示。

图5-4 类、对象、消息和事件的应用示例

4. 继承与多态

继承是指在定义一个对象类时,其属性和方法可以重用于另一个对象类,也可以将其属性和方法传递给另一个对象类。例如,高校人力资源管理系统中的教师和管理人员分别是一个类,但两个类之间又非常相似,既有相似的属性(如编号、姓名、出生日期等),也有类似的行为(考勤等)。其实,在高校中教师和管理人员都属于教职工,因此,可以定义一个教职工类,把他们共同的属性和行为抽象出来并赋予教职工类,在定义教师和管理人员两个类时就可以直接重用教职工类的属性和行为,而不用再重复定义,在这个过程中充分体现了继承的概念及其优越性。

面向对象程序设计的三大原则是封装、继承和多态。继承是子类自动共享父类的数据和方法的机制,它是由类的派生功能体现的。继承具有传递性,使得一个类可以继承另一个类的属性和方法,这样通过抽象出共同的属性和方法组建新的类,便于代码的重用。而多态是指不同类型的对象接收相同的消息时产生不同的行为,这里的消息主要是对类成员函数的调用,而不同的行为是指类成员函数的不同实现。当对象接收到发送给它的消息时,根据该对象所属的类,动态选用在该类中定义的实现算法。

5.2.2 面向对象的程序设计语言

1. 类的定义

假设属性和方法外界可以访问,以C++语法为例,类(对象的结构)的定义如下。

```
class 类名{
    public:
        类型:属性名1;
        类型:属性名2;
        ...
        类型:属性名n;
```

```
        类型 函数名 1(){函数体 1}
        类型 函数名 2(){函数体 2}
        …
        类型 函数名 n(){函数体 n}
}
```

例 2　二维平面点和矩形类的示例定义。

```
class Point                                    //点
{
    public:
        int x,y;                               //平面坐标
        void Set(int a, int b){
            x=a, y=b;
        }
}
class Rectangle                                //矩形
{
    public:
        Point Center;                          //矩形中心点
        int Length, Width;                     //矩形的长和宽
        void SetCenter(int a, int b){
            Center.Set(a,b);
        }
        int SetLength(int L){Length=L;}
        int SetWidth(int W){Width=W;}
        int Area(){return Length * Width;}
        int Girth(){return 2 * (Length+Width);}
}
```

2. 对象的创建与运行

对象在运行时创建,每个状态属性都被分配内存空间。对象的方法占用内存情况分为如下两种。

(1) 所有对象共享一份类的程序代码内存空间。

(2) 每个对象的方法占有一份独立的程序代码内存空间。

例 3　例 2 中的类实例化后对象的创建与运行的示例程序。

```
void main(){
    Rectangle myRect;              //创建 Rectangle 类的对象 myRect
    myRect.SetCenter(100,100);     //执行 myRect 对象的 SetCenter()方法
    myRect.SetLength(100);         //执行 myRect 对象的 SetLength()方法
    myRect.SetWidth(50);           //执行 myRect 对象的 SetWidth()方法
    printf("The Rectangle Area is %d", myRectArea());
    //执行 myRect 对象的 myRectArea()方法后将其值打印输出
}
```

3. 面向过程与面向对象程序设计语言的比较

面向过程的程序设计语言构成要素有变量与常量、表达式、语句与函数。程序是具有先

后次序或调用关系的函数集合,函数是若干先后次序的语句集合。面向过程构造程序的方法可由粗到细,也可由细到粗。由粗到细的路线是为控制复杂性,先以函数来代替琐碎的细节,着重考虑函数之间的关系以及如何解决问题。然后再去考虑其中的每一个函数。而函数的处理同样采取这种思路。反之,也可由细到粗,上一层的函数依据下层函数来编写,确认正确后再转至更上层问题处理。一般先编写基础性的函数并确认其正确后,再处理上一层次的问题。

面向对象程序设计语言的基本构成要素是类与对象、消息与事件、函数或者方法。对象是类的实例化,应用程序接收外部事件后向特定对象发送消息,对象收到请求后运用相应的函数进行消息处理。一个应用程序由若干对象构成,应用程序向不同对象发送不同的消息,不同对象收到不同的消息后进行消息处理。一个对象可以与另一个对象通过消息进行交互,从而协作完成任务。

5.2.3　统一建模语言

统一建模语言或标准建模语言(Unified Modeling Language,UML)始于1997年一个OMG标准,它是一个支持模型化和软件系统开发的图形化语言,为软件开发的所有阶段提供模型化和可视化支持,能进行需求分析、软件设计甚至软件构造和配置。面向对象的分析与设计方法的发展在20世纪80年代末~20世纪90年代中出现了一个高潮,UML是这个高潮的产物。它不仅统一了Booch、Rumbaugh和Jacobson的表示方法,而且对其做了进一步的发展,并最终统一为大众所接受的标准建模语言。

UML是一种可视化的建模语言,具有严密的语法、语义规范,其所定义的图形符号简单、直观,使得软件建模简洁明了,容易掌握使用,同时提供了便于不同人之间有效地共享和交流设计结果的机制。UML实现了面向对象的可视化建模,软件模型独立于开发过程和程序设计语言。UML适用于各种规模的系统开发,能促进软件复用,方便地集成已有的系统并有效减少开发中的各种风险。

面向对象软件的开发生命周期是由分析、设计、演化和维护四个阶段组成的,每个阶段都可以反馈,是一个迭代、渐增的开发过程。这种迭代渐增过程不仅贯穿整个软件生命周期,并且表现在每个阶段中特别是分析(全局分析、局部设计)和设计(全局设计、局部设计)阶段。这与传统的程序设计所遵循的分析、设计、编码、调试和维护五个阶段组成的瀑布式生命周期有着很大不同,更符合随着人的认识逐步深化,软件分析、设计逐步求精的规律,更有利于软件的编码、调试和维护、扩展。

1. UML的主要特点

首先,UML是Booch、OMT和OOSE等方法基本概念的拓展与延伸。

其次,UML吸取了面向对象技术领域中其他流派的长处。UML符号表示考虑了各种方法的图形表示,删掉了大量易引起混乱的、多余的和极少使用的符号,也添加了一些新符号。因此,在UML中汇入了面向对象领域中的众多思想。这些思想并不是UML的开发者们发明的,而是开发者们依据最优秀的OO方法和丰富的计算机科学实践经验综合提炼而成的。

最后,UML在演变过程中还提出了一些新的概念。在UML标准中新加了模板

(Stereotypes)、职责（Responsibilities）、扩展机制（Extensibility mechanisms）、线程（Threads）、过程（Processes）、分布式（Distribution）、并发（Concurrency）、模式（Patterns）、合作（Collaborations）、活动图（Activity diagram）等新概念，并清晰地区分类型（Type）、类（Class）和实例（Instance）、细化（Refinement）、接口（Interfaces）和组件（Components）等概念。因此可以认为，UML 是一种先进实用的标准建模语言，但其中某些概念尚待实践来验证，UML 也必然存在一个进化过程。

2. 应用领域

UML 的目标是以面向对象图的方式来描述任何类型的系统，具有很宽的应用领域。其中最常用的是建立软件系统的模型，但它同样可以用于描述非软件领域的系统，如机械系统、企业机构或业务过程，以及处理复杂数据的软件系统、具有实时要求的工业系统或工业过程等。总之，UML 是一个通用的标准建模语言，可以对任何具有静态结构和动态行为的系统进行建模。

此外，UML 适用于系统开发过程中从需求规格描述到系统完成后测试的不同阶段。在需求分析阶段，可以用用例来捕获用户需求。通过用例建模，描述对系统感兴趣的外部角色及其对系统（用例）的功能要求。分析阶段主要关心问题域中的主要概念（如抽象、类和对象等）和机制，需要识别这些类以及它们相互间的关系，并用 UML 类图来描述。为实现用例，类之间需要协作，这可以用 UML 动态模型来描述。在分析阶段，只对问题域的对象（现实世界的概念）建模，而不考虑定义软件系统中技术细节的类（如处理用户接口、数据库、通信和并行性等问题的类）。这些技术细节将在设计阶段引入，因此设计阶段为构造阶段提供更详细的规格说明。

编程（构造）是一个独立的阶段，其任务是用面向对象编程语言将来自设计阶段的类转换成实际的代码。在用 UML 建立分析和设计模型时，应尽量避免考虑把模型转换成某种特定的编程语言。因为在早期阶段，模型仅仅是理解和分析系统结构的工具，过早考虑编码问题十分不利于建立简单正确的模型。UML 模型还可作为测试阶段的依据。系统通常需要经过单元测试、集成测试、系统测试和验收测试。不同的测试小组使用不同的 UML 图作为测试依据：单元测试使用类图和类规格说明；集成测试使用部件图和合作图；系统测试使用用例图来验证系统的行为；验收测试由用户进行，以验证系统测试的结果是否满足在分析阶段确定的需求。

软件的概念模型能帮助开发人员认识所设计系统的需求，便于用户和开发人员充分交流并达成一致；能管理需求分析、设计阶段的繁杂信息；能准确描述需求分析、设计的结果，从而成为编码、调试和维护的依据。使用 UML 进行建模可以提高程序员在 OO 软件开发的每个阶段的工作效率——从记录新的问题领域中心概念的一些最初想法，到组织开发人员与领域专家进行交流，直到最终软件产品的图形文档记录等。这些优点主要表现在直观、易于理解问题领域和发现设计中的错误，特别是那些有关对象间关系的错误；便于准确地从模型到实际应用编码的转换；用于系统的调试和出问题时检错的依据。

总之，UML 适用于以面向对象技术来描述任何类型的系统，而且适用于系统开发的不同阶段，从需求规格描述直至系统完成后的测试和维护。

3. UML 分析工具

下面简单介绍 UML 主要建模图以及它们的用途,并着重给出类图和状态图的图例及简单建模示例。

1)用例图

用例表明了一个参与者与计算机系统交互来完成业务活动。用例是一种高层的描述,它可能包含完成这个用例的所有步骤。用例图刻画软件系统的功能,一般用于需求分析,它以图形的形式描述了系统或外部系统与用户之间的交互行为,说明了谁将使用这个系统,用户在系统中可以做什么,以及用户将以什么样的方式与系统交互。用例图是软件开发者和用户进行交流与沟通的非常有效的工具,帮助需求分析员正确提炼出系统的具体需求。此外,它还附有用例描述,具体描述每个用例中详细的交互细节。

用例图是把应满足用户需求的基本功能(集)聚合起来表示的强大工具。对于正在构造的新系统,用例描述该系统应该做什么;对于已构造完毕的系统,用例则反映了系统能够完成什么样的功能。构建用例图通过系统开发者与系统的客户(或最终使用者)共同协商完成,他们要反复讨论需求的规格说明,达成共识,明确系统的基本功能,为后面阶段的工作打下基础。

构成用例图的图元是用例、参与者。用例用于描述系统的功能,也就是从外部用户的角度观察系统应具备哪些功能,帮助分析人员理解系统的行为,它是对系统功能的宏观描述。一个完整的系统中通常包含若干个用例,每个用例具体说明应完成的功能,代表系统的所有基本功能(集)。参与者是与系统进行交互的外部实体,它可以是系统用户,也可以是其他系统或硬件设备,总之,凡是需要与系统交互的任何东西都可以称作参与者。

2)类图

类图描述软件系统的静态结构,给出系统中各个类的结构,包括系统中各个类的组成,以及这些类间存在的各种关联关系。类图表达类和类之间的关系,如图 5-5 所示。类由一个矩形被一条分割线分成上下两个部分表示,上部给出类的名称,下部给出其属性和方法(函数名)。类之间的关系有继承、组合、聚合和关联关系 4 种。

继承关系由一个空心三角箭头连接线连接两个类,箭头指向父类。组合关系和聚合关系分别由一个黑色实心和黑色空心菱形箭头连接线连接两个类,箭头指向聚合/组合类。关联关系由一条无箭头的连接线连接关联类的双方,连接线两端加上关联关系 $m:n$、$1:m$、$m:1$ 或者 $1:1$,如图 5-5 中的类 5 和类 1 之间的关系所示。

聚合、组合和关联的区别在于聚合关系是"has-a"关系。组合关系是"contains-a"关系。聚合关系表示整体与部分的关系比较弱,部分事物的对象与整体事物的对象的生存期无关,一旦删除了被聚合的部分对象不一定删除了代表整体事物的对象,也就是整体和部分关系可以分开。组合中一旦删除了组合对象,同时也就删除了代表部分事物的对象,即组合的整体和部分不可分开。聚合是关联关系的一种特例,强调了关联关系的 $1:m$ 或 $m:1$ 关系,1 代表整体,m 代表部分。

例 4 用类图的聚合关系表达读者所借阅的图书。

解答: 假设读者(Reader)为整体,图书(Book)为部分,类的聚合关系如图 5-6 所示。

例 5 用类图的关联关系表达读者所借阅的图书。

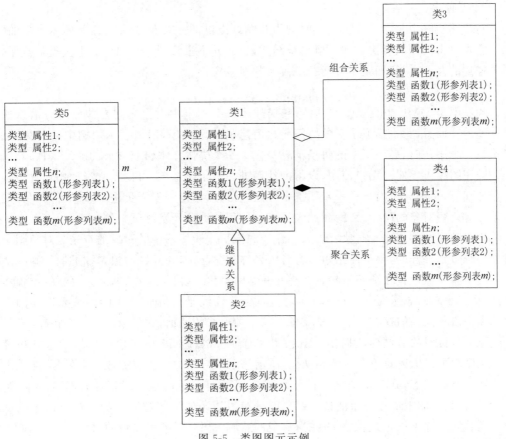

图 5-5 类图图元示例

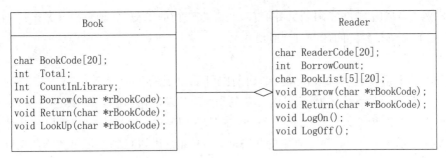

图 5-6 基于两个类相聚合的软件构造

解答：用一个借阅关系类来表达读者和图书的关联，如图 5-7 所示。

图 5-7 基于三个类相关联的软件构造

3）对象图

对象图实际上是类图在系统某时刻为开发者提供的一个包含系统各个具体对象的"快照"，它可以帮助开发者更好地理解系统结构，但它并不很常用。对象图看上去类似类图，但图中描述的并不是类，而是系统运行中真实的对象实例。

4）顺序图

顺序图是 UML 中交互图的一种，它描述了一个用例中对象之间是如何进行消息通信或传递的。而且，它也描述了对象之间传送消息的时间顺序，用来表示用例中的行为顺序。当执行一个用例时，顺序图中的每条消息对应了一个类操作中引起转换的触发事件。

顺序图可供不同的用户使用，以帮助他们进一步了解系统。例如，它帮助用户进一步了解业务细节，帮助分析人员进一步明确事件处理流程，帮助开发人员进一步了解需要开发的对象和对这些对象的操作，帮助测试人员通过过程的细节开发测试案例。

构成顺序图的图元有对象、消息、生命线和激活。顺序图中的对象的符号与对象图中的对象的符号是一样的，都是使用矩形将对象名称包含起来，并且在对象名称下加下画线。在顺序图中将对象放置在顶部意味着在交互开始时，对象就已经存在了，如果对象的位置不在顶部，那么表示对象是在交互过程中被创建的。生命线是一条垂直的虚线，表示顺序图中的对象在一段时间内的存在。消息是对象之间某种形式的通信，它可以激发某个操作、唤起信号或导致目标对象的创建或撤销。消息用带有箭头的横向直线连接消息的发送方和接收方。顺序图可以描述对象的激活和钝化，激活表示该对象被占用以完成某个任务，钝化表示对象处于空闲状态，在等待消息。在 UML 中，通过将对象的生命线拓宽为矩形，表示对象是激活的，其中的矩形称为激活条。对象就是在激活条的顶部被激活的。对象在完成自己的工作后处于钝化状态，通常发生在当一个消息箭头离开对象生命线的时候。

5）协作图

协作图是 UML 中交互图的另外一种，与顺序图功能类似，区别是它并不关注消息的执行顺序，而更强调对象之间的交互（或协作）。

6）状态图

状态图用来描述一个对象在其生命周期中可能出现的各种状态，以及引起该对象状态转换的各个事件。对系统中状态变化复杂的对象，可以使用状态图对其进行模拟和监控。状态图是表达状态和使得状态变化的条件，如图 5-8 所示。状态由一个矩形被一条分割线分成上下两个部分表示，上部为对象的状态名称，下部给出该状态下可以执行的动作。类之间的关系有转移，用一个具有箭头的连线连接前一个状态和下一个状态，其中箭头指向下一个状态，连线上加上标注，注明使一个状态变为下一个状态的动作或条件。

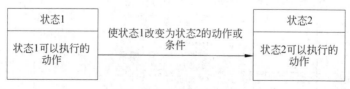

图 5-8　状态图图元示例

例 6　用状态图表示图书借阅系统中图书的状态。

解答：图书的可出借和已借完是图书的两个最基本状态，其状态图如图 5-9 所示。

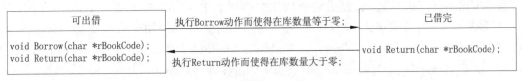

可出借	执行Borrow动作而使得在库数量等于零;	已借完
void Borrow(char *rBookCode); void Return(char *rBookCode);	执行Return动作而使得在库数量大于零;	void Return(char *rBookCode);

图 5-9　图书对象的状态图

7）活动图

活动图用来描述用例事务处理的逻辑流程,常被用在需求分析中描述每个业务用例的活动,并帮助在需求分析中描述每个业务用例的活动,帮助需求分析员获取需求,理清思路。

8）组件图

为提高程序的独立性,程序代码往往被分解成若干不同的单元,称为组件。在 UML 中的组件图用来描述系统中组件及组件之间的关系,显示代码的结构。组件是指在一组模型元素实例的物理打包时可重用的部分,是逻辑架构中定义的概念和功能(类、对象及它们之间的关系、协作)在物理架构中的实现(如源代码文件),是实现类图或交互图中定义的逻辑模型元素。组件可以看作开发的不同阶段(编译时、链接时和运行时)的成果。在一个项目中,经常将组件的定义映射到编程语言和使用的开发工具。

进程表示重量级控制流,而线程则代表轻量级控制流。进程和线程都被用来描述活动类,活动对象被分配给一个可执行的组件执行。对象只有当它收到消息时才运行。对象可被指派给一个进程或线程(一个可执行的对象)或直接指派给一个可执行的组件。

在组件图中,组件可以通过其他组件的接口来使用其他组件中定义的操作。通过使用命名接口,可以避免在系统中各个组件之间直接发生依赖关系,有利于组件的替换。组件图中的接口使用一个小圆圈表示。接口和组件的关系分为两种:实现关系和依赖关系。接口和组件之间用实线连接表示实现关系。

9）部署图

部署图用来描述处理器、设备、软件组件在系统运行时的架构,包括系统结构的软件组件、处理和设备。它是系统拓扑的最终的物理描述,即描述硬件单元和运行在硬件单元上的软件的结构。UML 部署图也经常被认为是一个网络图或技术架构图,它可以用来描述一个简单组织的技术基础结构。

构成部署图的图元有结点和关联关系。结点是拥有某些计算资源的物理对象。这些资源包括:带处理器的计算机,外部设备如打印机、读卡机、通信设备等。一个结点用名称区别于其他结点。结点的名称是一个字符串,位于结点的图标的内部。在应用部署图建模时,通常可以将结点分为处理器和设备两种类型。关联关系指部署图结点间通过通信关联在一起。在 UML 中,这种通信关联用一条直线表示,说明在结点间存在某类通信路径,结点通过这条通信路径交换对象或发送消息。

综上所述,需求分析由用例图和活动图表达,软件的静态结构设计由用例图表达,软件的动态结构设计由顺序图、协作图、状态图和活动图表示,软件的物理结构由组件图和部署图表示。

5.2.4　运用面向对象框架构造软件——一种可视化编程示例

Microsoft Visual Studio(简称 VS)是美国微软公司的开发工具包系列产品。VS 是一个基本完整的开发工具集,它包括整个软件生命周期中所需要的大部分工具,如 UML 工具、代码管控工具、集成开发环境(IDE)等。所写的目标代码适用于微软支持的所有平台,包括 Microsoft Windows、Windows Mobile、Windows CE、.NET Framework、.NET Compact Framework 和 Microsoft Silverlight 及 Windows Phone。

Visual 指的是开发图形用户界面(GUI)的方法,不需要编写大量代码去描述界面元素的外观和位置,而只要把预先建立的对象增加到屏幕上的一点即可。Visual Studio 是最流行的 Windows 平台应用程序的集成开发环境,最新版本为 Visual Studio 2022,基于.NET Framework 4.8。

Visual Basic(简称 VB)是 Microsoft Visual Studio 开发环境中支持的面向对象编程语言。使用 Visual Basic 即可快速、轻松地创建类型安全的.NET 应用。Visual Basic 源于 BASIC 编程语言。VB 拥有图形用户界面和快速应用程序开发系统,可以轻易地使用 DAO、RDO、ADO 连接数据库,或者轻松地创建 ActiveX 控件,用于高效生成类型安全和面向对象的应用程序。程序员可以轻松地使用 VB 提供的组件快速建立一个应用程序。

(1) 应用 Visual Basic 和 Windows Forms App 项目模板新建一个窗体应用。

启动 VS2022,进入"开始使用"界面,选择"创建新项目"选项,进入如图 5-10 所示的界面。

图 5-10　选择新项目的编程语言和应用程序类型

在图 5-10 中选择编程语言为 Visual Basic,选择项目类型为 Windows Forms App,单击"下一步"按钮,进入如图 5-11 所示的界面。在如图 5-11 所示的界面中配置项目名称为 "WinFormsAppVB",位置设置为期望的路径,解决方案名称默认为与项目名称同名(也可以根据需要修改),单击"下一步"按钮,进入如图 5-12 所示的界面。在如图 5-12 所示的界面中单击"创建"按钮,则新建窗体项目成功,如图 5-13 所示。在如图 5-13 所示的界面中,选中右侧解决方案资源管理器中的 WindowsAppVB 项目,直接按开始调试快捷键 F5,程序调试成功后随即运行,弹出如图 5-14 所示的最简单的窗体应用程序,表示新建项目成功。

图 5-11　配置新项目的名称和存储路径

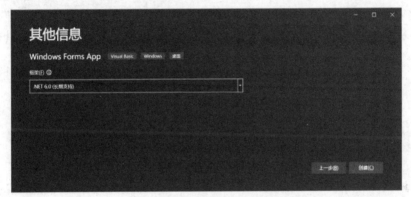

图 5-12　在其他信息中创建窗体

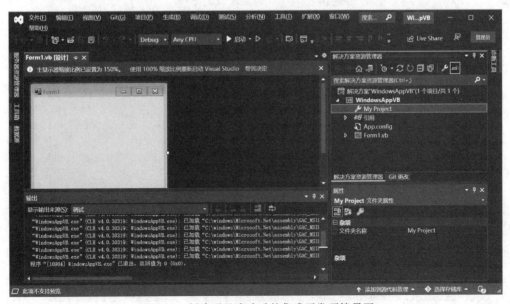

图 5-13　创建项目成功后的集成开发环境界面

图 5-14　默认的窗体应用程序界面

（2）在 Visual Basic 窗体框架中实现一个简单的加法器。

加法器的功能是输入加数和被加数,单击"求和"按钮时将和输出。为此,在 Form 表单对象中添加三个文本输入对象:加数、被加数和结果;一个按钮:求和;三个标签标明加数、被加数和结果。

① 通过工具箱拖入框架模板对象。

文本输入框、标签和按钮模板框架,被 VB2022 置于工具箱内,通过拖拉方式可把工具箱内的框架模板拖入表单内实例为相应的对象。

当在 VB2022 编辑窗口中选中 Form1.vb［设计］文件后,如果集成开发环境主界面左侧未浮出"工具箱"选项,则可选择主菜单中的"视图"→"工具箱"选项,如图 5-15 所示,此时"工具箱"选项会在左侧浮出,如图 5-16 所示。在图 5-16 中,选择"工具箱"选项后弹出工具箱,初始化后会显示出"所有 Windows 窗体""公共控件""容器"等可下拉的子工具箱,如图 5-17 所示。单击图 5-17 中"所有 Windows 窗体"左侧的三角,展开其内的具体对象,根据需要把 Button、Label 和 TextBox 拖入表单中,如图 5-18 所示。

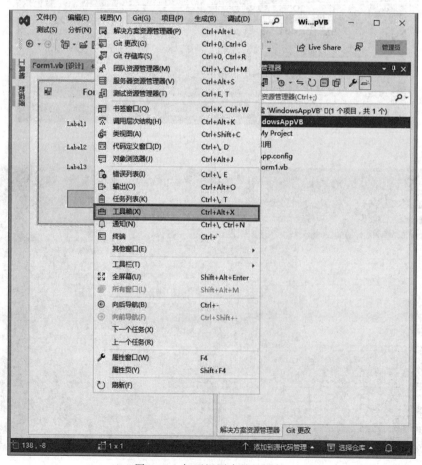

图 5-15　打开视图内的工具箱

图 5-16　浮出表单工具箱的界面

图 5-17　工具箱内的对象框架类

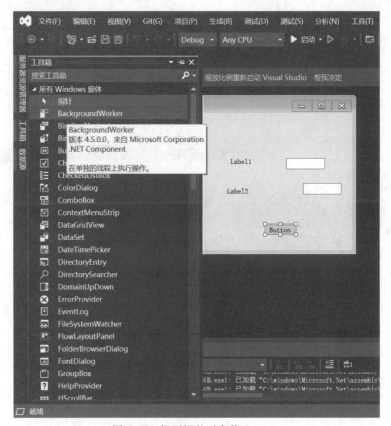

图 5-18　把可视的对象拖入 Form

② 调整布局并设置模板对象的具体属性。

首先通过选中和拖拉,把三个 Label、三个 TextBox 和一个 Button 拖到合适的位置,如图 5-19 所示。然后更改对象的属性,下面以其中的仅有的一个 Form、一个 Label、一个 TextBox 和一个 Button 为例说明可视化技术设置对象相关属性的过程。

当在 Form1.vb[设计]文件中选择 Form 后,如果界面右侧的解决方案资源管理器下方未出现"属性"页,则选择主菜单中的"视图"→"属性窗口"选项,如图 5-20 所示。此时"属性页"选项会出现在解决方案资源管理器下方,如图 5-21 所示。图 5-21 说明 Form 对象属性有布局、窗口样式、行为、焦点、可访问性、设计、数据、外观和杂项等。

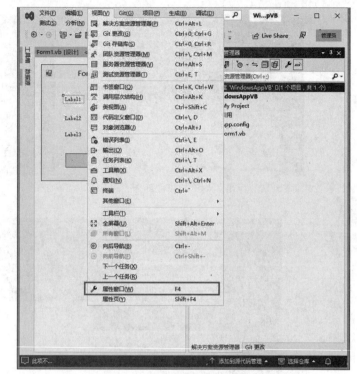

图 5-19　调整模板对象的布局

图 5-20　打开视图内的属性页

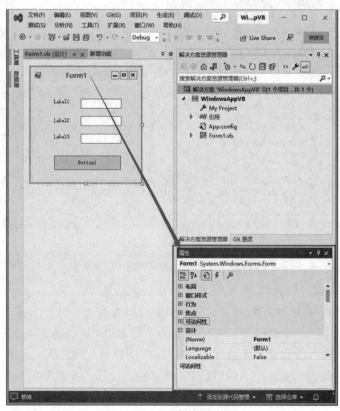

图 5-21　Form 对象属性页

如图 5-22 所示,展开"设计",设置(Name)值为"SimpleAdd",即 Form 对象的名称为 "SimpleAdd",然后就可通过 SimpleAdd 访问和控制 Form;展开"外观",设置 Text 为"简单 的加法器",即应用程序的标题为"简单的加法器"。类似地,设置三个 Label 外观的 Text 值 分别为"加数""被加数"以及"和",三个 TextBox 设计的(Name)分别设置为 Add1、Add2 和 Sum,设置 Button 设计的(Name)和外观的 Text 分别为"Compute"和"计算",如图 5-23 所示。

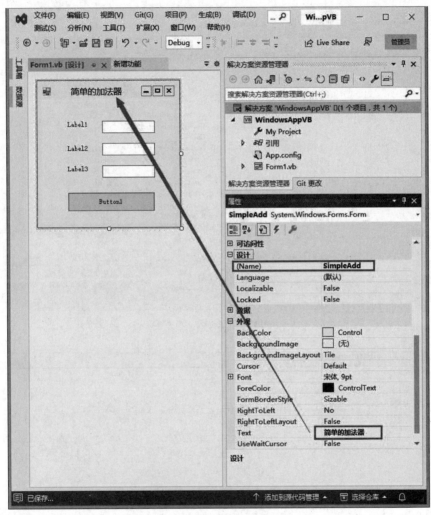

图 5-22　设置属性

③ 启用事件关联响应函数。

VB 关联单击按钮的事件响应函数比较简单,单击按钮时,VB 会根据按钮对象的设计 (Name)自动生成一个事件处理函数,然后根据需要编写函数的函数体就可以实现自定义的 处理,如图 5-24 所示。

在图 5-24 中,类的名字为 SimpleAdd,与 Form 设计的(Name)值相同,这不是巧合,VB 会根据 Form 设计的(Name)值修改类名;同样,SimpleAdd 类内有一个子函数,其名称为 Compute_Click,这个名字是 VB 根据对象设计的(Name)值和单击事件合成的。

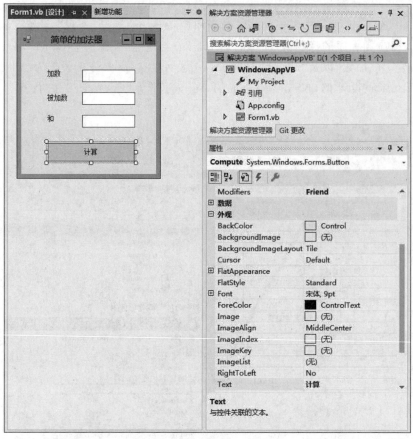

图 5-23　三个 Label 和一个 Button 外观 Text 的设置

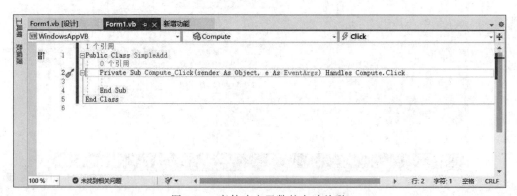

图 5-24　事件响应函数的自动关联

④ 编写响应函数的行为。

响应函数的行为是根据 Add1 和 Add2 的数值进行求和,将求和结果作为 Sum 对象外观的 Text 对外界输出,具体如图 5-25 所示。

⑤ 调试运行。

源程序存盘后按快捷键 F5 进行调试运行,错误列表会报错,即 Form1 不是 WindowsAppVB 的成员,如图 5-26 所示。解决措施是把不存在的 Form1 替换成 SimpleAdd,

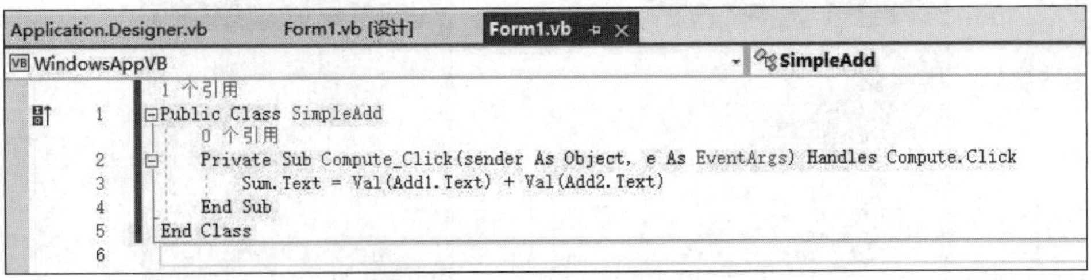

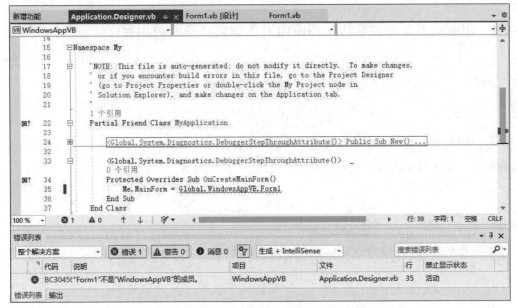

图 5-25　编写事件响应函数的函数体

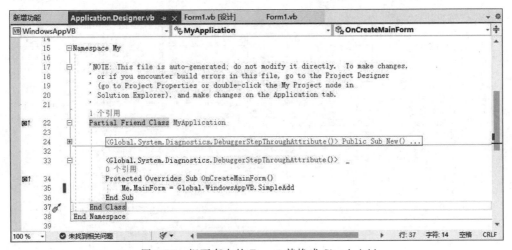

图 5-26　调试运行报错

如图 5-27 所示。修正错误后,再按 F5 键进行调试运行,成功运行后的应用界面如图 5-28
所示,简单测试结果如图 5-29 所示。

图 5-27　把不存在的 Form1 替换成 SimpleAdd

图 5-28　简单加法器应用界面

图 5-29　简单加法器的应用测试结果

5.2.5　用面向对象思维分析运用面向对象框架开发的应用程序

本节以如图 5-28 所示的简单加法器应用程序为例,从对象、类图、事件和消息处理函数这几个方面予以分析。

1. 对象

该应用程序包含一个应用对象、一个窗体对象、三个标签对象、三个文本输入框和一个按钮对象。应用对象内含一个窗体对象,一个窗体对象内含三个标签对象、三个文本输入框和一个按钮对象。

2. 类图

简单加法器的类图如图 5-30 所示。

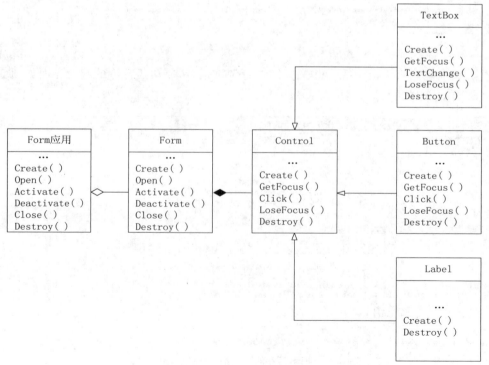

图 5-30　简单加法器的类图

3. 事件和消息处理

简单加法器的事件为鼠标单击"计算"按钮。单击"计算"按钮的消息处理函数为 Compute_Click,其功能为对输入的加数和被加数进行求和并将结果作为 Text 显示在求和文本输入框中。

5.3　基于组件/构件的软件系统构造

5.3.1　C 语言源程序访问标准库函数

C 语言库函数是存放在函数库中的函数,具有明确的功能、入口调用参数和返回值,一般指编译器提供的可在 C 源程序中调用的函数,分为 C 语言标准规定的库函数和用户自定义库函数两类。由于版权原因,库函数的源代码一般是不可见的,但在头文件中可以看到它对外的接口。头文件有时也称为包含文件。C 语言库函数与用户程序之间进行信息通信时要使用数据和变量,在使用某一库函数时,都要在程序中嵌入(用♯include)该函数对应的头文件,用户使用时应查阅有关版本的 C 的库函数参考手册。

函数库是由系统建立的具有一定功能的函数的集合。库中存放函数的名称和对应的目标代码,以及连接过程中所需的重定位信息。用户也可以根据自己的需要建立自己的用户函数库。

在 VS2022 集成开发环境中,下面以 C 语言控制台应用项目屏幕输出"Hello World!"为例说明标准库函数的调用方式并加以分析,步骤如下。

1. 创建控制台应用的空项目

启动 VS2022 后,创建新项目,空项目模板如图 5-31 所示,项目名称为 StandardLibRevoke,项目路径根据实际需要设置。

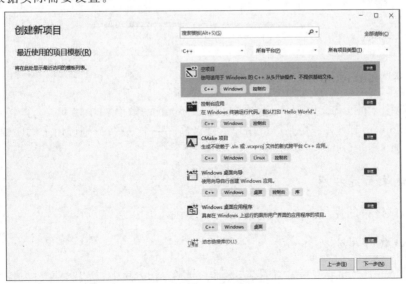

图 5-31　空项目模板

2. 向空项目中添加一个源文件

选中解决方案资源管理器中的 StandardLibRevoke 项目,右击,在弹出的快捷菜单中选择"添加"→"新建项"选项(见图 5-32),弹出"添加新项"对话框,命名新项为"MainSample.cpp",如图 5-33 所示,单击"添加"按钮后,源文件 MainSample.cpp 出现在编辑区。

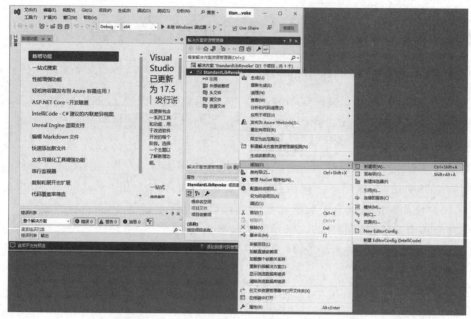

图 5-32　向 StandardLibRevoke 项目中添加新建项

图 5-33　命名新建项文件名

3. 编辑 MainSample.cpp 源文件

源文件由一个包含文件和 main 函数组成。main 函数有两个语句,一个是向控制台打印输出"Hello world!",另一个是等待用户从键盘输入一个字符,分别调用了库函数 printf()和 getchar(),如图 5-34 所示。

4. 调试运行源程序

成功调试运行的控制台输出结果如图 5-35 所示。

5. 库函数引用分析

库函数 printf()和 getchar()的接口标准声明在 stdio.h 中,所以头文件必需包含 stdio.h。stdio.h 文件在创建空项目时被 VS2022 以环境变量的形式标明文件位置,如图 5-36 所

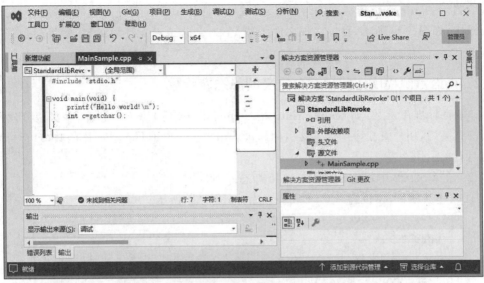

图 5-34 编辑源文件

图 5-35 控制台输出结果

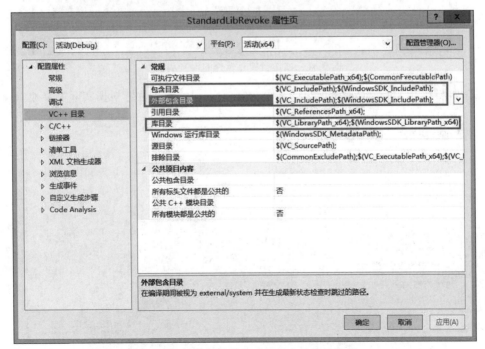

图 5-36 链接所需的实现目标文件目录设置

示包含目录。stdio.h 编译源文件时需要 stdio.h 文件。stdio.h 文件对应的目标实现文件在库目录中,如图 5-36 所示,目标实现文件已被 VS2022 集成开发环境封装,库目录是链接所必需的。

5.3.2　C语言源程序访问用户自定义的静态库函数

C语言标准库函数(如 scanf、printf、memcpy、strcpy 等)源于静态库,由集成开发环境为用户封装好,用户查找库函数直接引用即可。用户也可以编写自己的库函数,自行封装好后也可直接引用。

(1) 在 VS2022 中新建 StaticLibAdd 静态库项目。

① 创建新项目,模板选择 C++ 和静态库,如图 5-37 所示。

图 5-37　创建新项目选择的语言和类型

② 如图 5-38 所示,配置新项目的名称为"StaticLibAdd",位置根据实际需要加以选择。

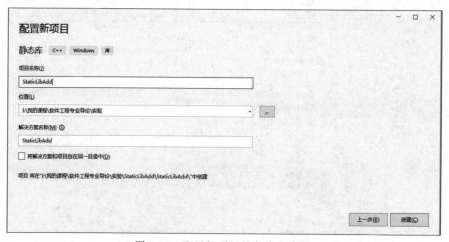

图 5-38　配置新项目的名称和位置

③ 在图 5-38 中单击"创建"按钮,新建项目的界面如图 5-39 所示。

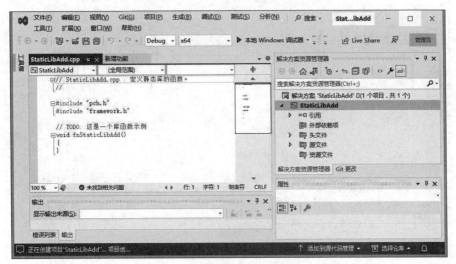

图 5-39   创建新项目完成后的界面

(2) 在 VS2022 中编辑 StaticLibAdd 项目。

① 添加并编辑头文件 StaticLibAdd.h。

在右侧解决方案资源管理器中,选中"头文件"文件夹,右击,在弹出的快捷菜单中选择"新建项"→"添加"选项,如图 5-40 所示。选择"添加"选项后,添加文件名称为"StaticLibAdd.h",其内容如图 5-41 所示,其所属目录如图 5-42 所示。需要记住该头文件路径,以便引用项目正确编译。

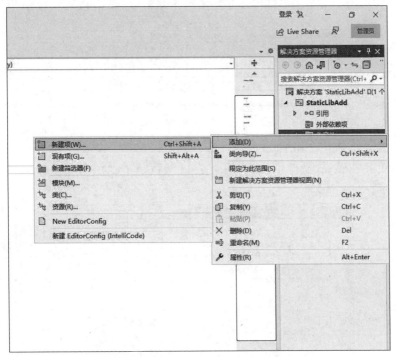

图 5-40   在头文件中执行添加

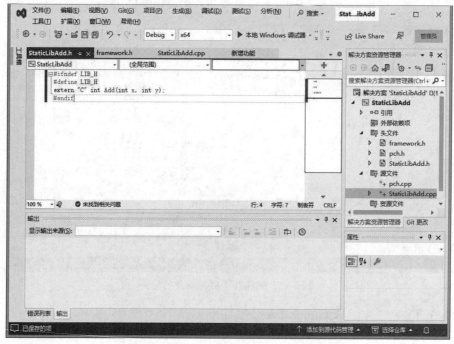

图 5-41　在头文件 StaticLibAdd.h 中的内容

图 5-42　头文件 StaticLibAdd.h 所属目录

② 编辑源文件 StaticLibAdd.cpp。

在 StaticLibAdd.cpp 文件中,添加一个 Add 函数,输入两个整数,返回两个整数的和,如图 5-43 所示。

图 5-43　源文件 StaticLibAdd.cpp 的内容

（3）在 VS2022 中生成 StaticLibAdd.lib。

选择主菜单中的"生成"→"重新生成解决方案"选项，其成功生成的输出如图 5-44 所示。图 5-44 的输出信息中指明了 StaticLibAdd.lib 的存储路径，需要记住该路径，以便引用项目正确链接。打开 StaticLibAdd.lib 的存储路径，则看到 StaticLibAdd.lib，如图 5-45 所示。

图 5-44　重新生成 StaticLibAdd 解决方案的成功输出

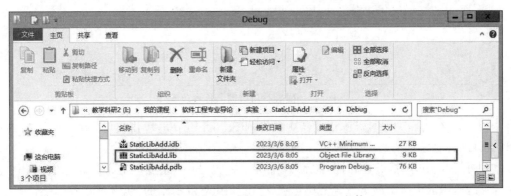

图 5-45　成功生成的 StaticLibAdd.lib 文件

编译链接成功后得到了 StaticLibAdd.lib 文件，这个文件就是一个函数库，它提供了 Add 的功能。将头文件和.lib 文件提交给用户后，用户就可以直接使用其中的 Add 函数了。

（4）新建 TestStaticLibAdd 控制台应用以测试 StaticLibAdd.lib 的 Add 库函数。

① 创建新项目，模板选择 C++ 和控制台应用，如图 5-46 所示。

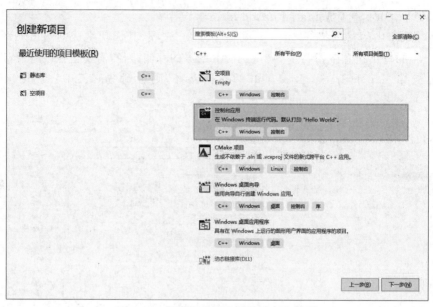

图 5-46　创建新项目选择的语言和类型

② 如图 5-47 所示,配置新项目的名称为"TestStaticLibAdd",根据实际需要选择位置。

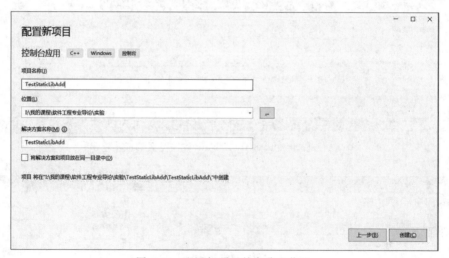

图 5-47　配置新项目的名称和位置

③ 选中右侧解决方案资源管理器中的 TestStaticLibAdd,单击右键,弹出如图 5-48 所示的项目属性页。

在图 5-48 中,选择配置属性的 VC++ 目录,在 VC++ 目录属性的常规属性中,选中"包含目录",单击箭头所指的下三角下拉选项,弹出如图 5-49 所示的"包含目录"对话框。

在图 5-49 中,单击最上方最左边的"新增"图标▣,则在目录编辑区中出现一个空白目录,如图 5-50 所示。单击图 5-50 中最右侧的"浏览"图标▭,弹出如图 5-51 所示的浏览替换目录对话框。在图 5-51 的对话框中选中 StaticLibAdd.h 所在的目录后,单击该对话框中的"选择文件夹"按钮,此时包含目录对话框的空白目录被替换成选中的目录,如图 5-52 所示。单击如图 5-52 所示对话框中的"确定"按钮,返回到如图 5-53 所示的属性项。

图 5-48　TestStaticLibAdd 项目属性页

图 5-49　"包含目录"对话框

图 5-50　新增空白目录

图 5-51　浏览替换目录

图 5-52　选中替换目录后的"包含目录"对话框

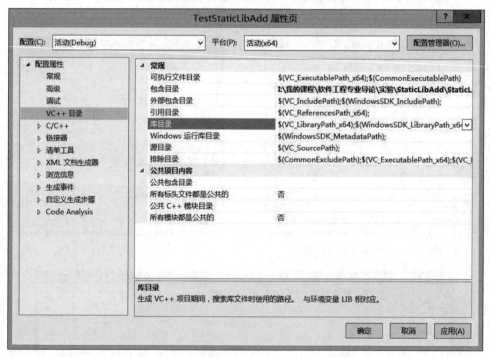

图 5-53　新增包含目录的 TestStaticLibAdd 属性页

　　类似地，新增属性页的库目录分别如图 5-54 和图 5-55 所示。选中"链接器"的"输入"选项，如图 5-56 所示。单击图 5-56 中箭头指示的下三角图标，展开如图 5-57 所示的操作列表。

　　单击图 5-57 中箭头所指的＜编辑…＞选项，在如图 5-58 所示的"附加依赖项"编辑框中输入"StaticLibAdd.lib"，单击"确定"按钮后的 TestStaticLibAdd 属性页如图 5-59 所示。

　　④ 编辑 TestStaticLibAdd 项目主文件 TestStaticLibAdd.cpp，其内容如图 5-60 所示。

　　⑤ 调试运行 TestStaticLibAdd 项目，成功调用 Add 库函数的控制台应用，运行结果如

图 5-54　选中替换目录后的"库目录"对话框

图 5-55　新增库目录的 TestStaticLibAdd 属性页

图 5-61 所示。

至此，可以导出以下两个结论。

（1）库不是个怪物，编写库的程序和编写一般的程序区别不大，只是库不能单独执行。

（2）库提供一些给其他程序调用的程序，其他程序要调用它时必须以某种方式指明它要调用之。

以上从静态链接库分析而得到库的概念可以直接引申到动态链接库中，动态链接库与静态链接库在编写和调用上的不同体现在库的外部接口定义及调用方式略有差异。

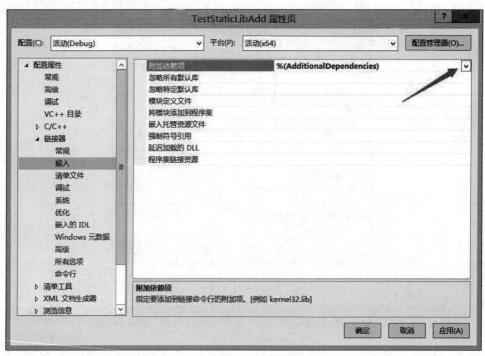

图 5-56 链接器输入项的相关属性

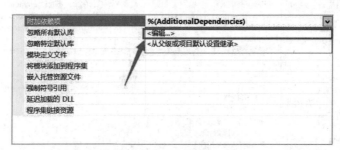

图 5-57 展开附加依赖项的操作列表

图 5-58 "附加依赖项"对话框

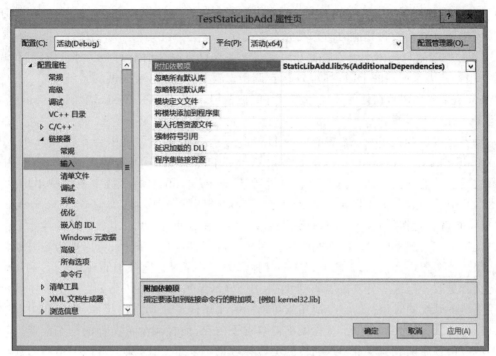

图 5-59　链接器附加依赖项输入后的 TestStaticLibAdd 属性页

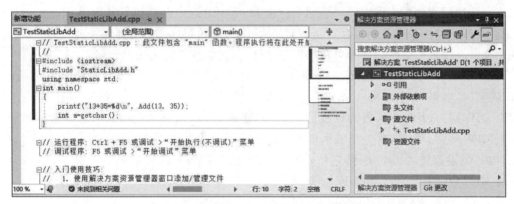

图 5-60　项目 TestStaticLibAdd 主文件内容

图 5-61　成功调用 Add 库函数运行结果

5.3.3　非 MFC 动态链接库

可以简单地把 DLL(Dynamic Linked Library)看成一种仓库,它提供给用户可以直接使用的变量、函数或类。但是若使用 DLL,该 DLL 不必被包含在最终 EXE 文件中,EXE 文件执行时可以"动态"地引用和卸载这个与 EXE 独立的 DLL 文件。静态链接库和动态链接库的另外一个区别在于静态链接库中不能再包含其他的动态链接库或者静态库,而在动态链接库中还可以再包含其他的动态或静态链接库。

DLL 的编制与具体的编程语言及编译器无关。只要遵循约定的 DLL 接口规范和调用方式,用各种语言编写的 DLL 都可以相互调用。譬如 Windows 提供的系统 DLL(其中包括 Windows 的 API),在任何开发环境中都能被调用,不在乎其是 Visual Basic、Visual C++还是 Delphi。

动态链接库随处可见,在 Windows 目录下的 system32 文件夹中会看到 kernel32.dll、user32.dll 和 gdi32.dll,Windows 的大多数 API 都包含在这些 DLL 中。kernel32.dll 中的函数主要涉及处理机管理、内存管理和进程调度;user32.dll 中的函数主要控制用户界面;gdi32.dll 中的函数则负责图形方面的操作。一般的程序员都用过类似 MessageBox 的函数,其实它就包含在 user32.dll 这个动态链接库中。由此可见,DLL 其实并不陌生。

使用 DLL 程序可以实现模块化,由相对独立的组件组成。此外,可以更为容易地将更新应用于各个模块,而不会影响该程序的其他部分。就拿银行业务中的利息来说,利率不定期地会有更改。当这些更改被隔离到 DLL 中以后,无须重新生成或安装整个程序就可以应用更新。系统同时运行的多个应用层可以同时使用同一个动态链接库,它们在内存中只是共享 DLL 文件的一个复制,这样做不但节省了内存,而且减少了文件的动态交换。只要编写的应用程序函数的变量和返回值的类型和数量不发生变化,动态链接库中的函数可以不用重新编译链接而且直接使用,这一点明显优于静态链接。只要遵循一定的规则,不同语言编写的应用程序可以调用同一个动态链接库,而不管这个函数执行什么操作。在设计应用程序时,将其拆分成各个相互独立功能的部件,为以后对这些功能部件各自升级提供较方便的途径。使资源数据独占于可执行程序之外,但又能较方便快速地访问它。

Visual C++支持三种 DLL,分别是 Non-MFC DLL(非 MFC 动态库)、MFC Regular DLL(MFC 规则 DLL)、MFC Extension DLL(MFC 扩展 DLL)。非 MFC 动态库不采用 MFC 类库结构,其导出函数为标准的 C 接口,能被非 MFC 或 MFC 编写的应用程序所调用。MFC 规则 DLL 包含一个继承自 CWinApp 的类,但其无消息循环。MFC 扩展 DLL 采用 MFC 的动态链接版本创建,它只能被用 MFC 类库所编写的应用程序所调用。这里介绍 Non-MFC DLL(非 MFC 动态库)。

1. 一个简单的 DLL 项目

前面给出了以静态链接库方式提供 Add 函数接口的方法,接下来看看怎样用动态链接库实现一个同样功能的 Add 函数。

在 VS2022 C++中新建一个动态链接库项目 DLLAdd,在其中添加 lib.h 及 lib.cpp 文件,源代码如下。

```
//lib.h
#ifndef DLL_H
#define DLL_H
extern "C" int __declspec(dllexport) Add(int x, int y);
#endif
//lib.cpp
#include "pch.h"
```

```
#include "lib.h"
int Add(int x,int y) { return x + y; }
```

2. 一个测试 DLLAdd 的控制台应用项目

与调用静态链接库相似,建立一个控制台应用项目 TestDLLAdd,它调用 DLL 中的函数 Add,TestDLLAdd.cpp 源代码如下。

```
//TestDLLAdd.cpp: 此文件包含 main 函数。程序执行将在此处开始并结束
#include<iostream>
using namespace std;
#include<Windows.h>
#include"lib.h"
int main()
{
    int result = Add(2, 3);
    printf("2+3=%d", result);
    return 0;
}
```

类似地,包含目录、链接器附加库目录和链接器输入附加依赖项的设置分别如图 5-62～图 5-64 所示。成功生成解决方案后,会在 Debug 目录下生成 TestDLLAdd.exe 文件,把 DLLAdd.dll 文件复制到 TestDLLAdd.exe 文件所在的目录,如图 5-65 所示。

图 5-62　TestDLLAdd 项目包含目录设置

单击图 5-65 中的 TestDLLAdd.exe 文件,执行结果如图 5-66 所示。

通过这个简单的例子,不难获知 DLL 定义和调用的一般概念:

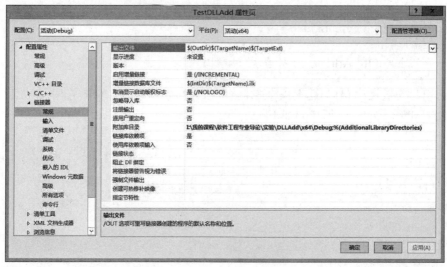

图 5-63　TestDLLAdd 链接器附加库目录设置

图 5-64　TestDLLAdd 链接器输入附加依赖项设置

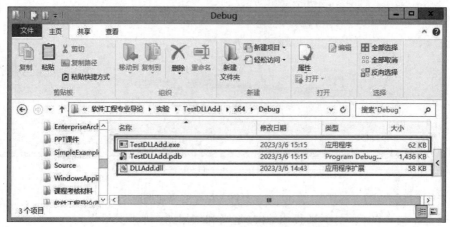

图 5-65　TestDLLAdd 的运行文件

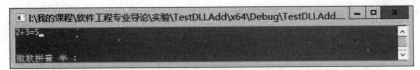

图 5-66　动态调用 Add 函数的控制台运行结果测试

（1）DLL 中需以某种特定的方式声明导出函数（或变量、类）。

（2）应用工程需以与静态链接库一样的方式调用 DLL 的导出函数（或变量、类）。

由此可见，应用工程中几乎可以看到 DLL 中的一切，包括函数、变量以及类，这就是 DLL 所要提供的强大能力。只要 DLL 对外开放这些接口，应用程序使用它就将如同使用本工程中的程序一样。

本章虽以 VS2022 C++ 为例讲解非 MFC DLL，但是这些普遍的概念在其他语言及开发环境中是相同的，其思维方式可以直接过渡。

5.3.4　C++ 控制台应用程序访问 ATL COM 组件

假设控制台应用程序为 TestMyATLCOM，ATL COM 组件名称为 MyATLCOM，MyATLCOM 提供一个名称为 IATLSimpleAdd 的接口，IATLSimpleAdd 接口发布了一个 Add()方法。TestMyATLCOM 调用 IATLSimpleAdd 接口的 Add()方法对两个整数求和。该应用系统的 UML 组件图如图 5-67 所示。

图 5-67　应用程序访问 ATL COM 组件的组件图实例

围绕如图 5-67 所示的组件图实例，下面就 DLL 与 COM 组件的区别和联系、ATL COM 组件概要与创建以及注册、应用程序访问 COM 组件接口提供的方法展开说明。

1. DLL 与 COM 组件的区别和联系

首先说明 DLL 与 COM 组件的联系。COM 是一种规范，按照 COM 规范实现的 DLL 可以被视为 COM 组件。例如，用 MFC 建立的 ActiveX 控件工程，其中接口封装由 IDL 描述，所以可以视为 COM 组件。COM 组件的接口是一组具有特定规范的函数，所以 COM 组件可视为 DLL。但 DLL 不一定是 COM 组件。

COM 和 DLL 最大的区别是 DLL 以函数集合的方式来调用的，是编程语言相关的，如 VC 必须加上 extern "C"…，而 COM 是以 interface 的方式提供给用户使用的，是一种二进制的调用规范，是与编程语言无关的，使用 IDL（接口定义语言）来描述自己使用类继承来实现自己的功能和方法。DLL 只有 DLL 一种形式，里面可任意定义函数（无限制），但只能运行在本机上。而 COM 有 DLL 和 EXE 两种存在形式，COM 所在的 DLL 中必须导出四个函数：dllgetobjectclass、dllregisterserver、dllunregisterserver 和 dllunloadnow，这四个函数各有作用，有些是提供给 COM 管理器用的，通过 CLSID 和 IID 来使用，有些是提供给注册机用的。

2. ATL COM 组件简介

ATL(Active Template Library)活动模板库是一种微软程序库,支持利用 C++ 语言编写 ASP 代码以及其他 ActiveX 程序。通过活动模板库,可以建立 COM 组件,然后通过 ASP 页面中的脚本对 COM 对象进行调用。这种 COM 组件可以包含属性页、对话框等控件。

自从 1993 年 Microsoft 首次公布了 COM 技术以后,Windows 平台上的开发模式就发生了巨大的变化,以 COM 为基础的一系列软件组件化技术将 Windows 编程带入了组件化时代。广大的开发人员在为 COM 带来的软件组件化趋势欢欣鼓舞的同时,对于 COM 开发技术的难度和烦琐的细节也感到极其的不便。COM 编程一度被视为一种高不可攀的技术,令人望而却步。开发人员希望能够有一种方便快捷的 COM 开发工具,提高开发效率,更好地利用这项技术。

针对这种情况,Microsoft 公司在推出 COM SDK 以后,为简化 COM 编程,提高开发效率,采取了许多方案,特别是在 MFC(Microsoft Foundation Class)中加入了对 COM 和 OLE 的支持。但是随着 Internet 的发展,分布式的组件技术要求 COM 组件能够在网络上传输,而又尽量节约宝贵的网络带宽资源。采用 MFC 开发的 COM 组件由于种种限制不能很好地满足这种需求,因此 Microsoft 在 1995 年又推出了一种全新的 COM 开发工具 ATL。

ATL 是 ActiveX Template Library 的缩写,它是一套 C++ 模板库。使用 ATL 能够快速地开发出高效、简洁的代码(Effective and Slim code),同时对 COM 组件的开发提供最大限度的代码自动生成以及可视化支持。为了方便使用,从 Microsoft Visual C++ 5.0 版本开始,Microsoft 把 ATL 集成到 Visual C++ 开发环境中。1998 年 9 月推出的 Visual Studio 6.0 集成了 ATL 3.0 版本。目前,ATL 已经成为 Microsoft 标准开发工具中的一个重要成员,日益受到 C++ 开发人员的重视。

在 ATL 产生以前,开发 COM 组件的方法主要有两种:一种是使用 COM SDK 直接开发 COM 组件,另一种方法是通过 MFC 提供的 COM 支持来实现。

使用 MFC 提供的 COM 支持开发 COM 应用可以说在使用 COM SDK 基础上提高了自动化程度,缩短了开发时间。MFC 采用面向对象的方式将 COM 的基本功能封装在若干 MFC 的 C++ 类中,开发者通过继承这些类得到 COM 支持功能。为了使派生类方便地获得 COM 对象的各种特性,MFC 中有许多预定义宏,这些宏的功能主要是实现 COM 接口的定义和对象的注册等通常在 COM 对象中要用到的功能。开发者可以使用这些宏来定制 COM 对象的特性。

另外,在 MFC 中还提供对 Automation 和 ActiveX Control 的支持,对于这两个方面,Visual C++ 也提供了相应的 AppWizard 和 ClassWizard 支持,这种可视化的工具更加方便了 COM 应用的开发。

MFC 对 COM 和 OLE 的支持确实比手工编写 COM 程序有了很大的进步。但是 MFC 对 COM 的支持是不够完善和彻底的,例如,对 COM 接口定义的 IDL,MFC 并没有任何支持。此外,对于近些年来 COM 和 ActiveX 技术的新发展,MFC 也没有提供灵活的支持。这是由 MFC 设计的基本出发点决定的。MFC 被设计成对 Windows 平台编程开发的面向对象的封装,自然要涉及 Windows 编程的方方面面,COM 作为 Windows 平台编程开发的一个部分,也得到 MFC 的支持,但是 MFC 对 COM 的支持是以其全局目标为出发点的,因此对 COM 的支持必然要服从其全局目标。从这个方面而言,MFC 对 COM 的支持不能很好地满足开发者的要求。

随着 Internet 技术的发展,Microsoft 将 ActiveX 技术作为其网络战略的一个重要组成部分大力推广,然而使用 MFC 开发的 ActiveX Control,代码冗余量大(所谓的 Fat Code),而且必须要依赖于 MFC 的运行时刻库才能正确地运行。虽然 MFC 的运行时刻库只有部分功能与 COM 有关,但是由于 MFC 的继承实现的本质,ActiveX Control 必须背负运行时刻库这个沉重的包袱。如果采用静态连接 MFC 运行时刻库的方式,将使 ActiveX Control 代码过于庞大,在网络上传输时将占据宝贵的网络带宽资源;如果采用动态连接 MFC 运行时刻库的方式,将要求浏览器一方必须具备 MFC 的运行时刻库支持。总之,MFC 对 COM 技术的支持在网络应用的环境下也显得很不灵活。

解决上述 COM 开发方法中的问题正是 ATL 的基本目标。

首先,ATL 的基本目标是使 COM 应用开发尽可能地自动化,这个基本目标就决定了 ATL 只面向 COM 开发提供支持。目标的明确使 ATL 对 COM 技术的支持达到淋漓尽致的地步。对 COM 开发的任何一个环节和过程,ATL 都提供支持,并将与 COM 开发相关的众多工具集成到一个统一的编程环境中。对于 COM/ActiveX 的各种应用,ATL 也都提供了完善的 Wizard 支持。所有这些都极大地方便了开发者的使用,使开发者能够把注意力集中在与应用本身相关的逻辑上。

其次,ATL 因采用了特定的基本实现技术,摆脱了大量冗余代码,使用 ATL 开发出来的 COM 应用的代码简练高效,即所谓的 Slim Code。ATL 在实现上尽可能采用优化技术,甚至在其内部提供了所有 C/C++ 开发的程序所必需具有的 C 启动代码的替代部分。同时 ATL 产生的代码在运行时不需要依赖于类似 MFC 程序所需要的庞大的代码模块,包含在最终模块中的功能是用户认为最基本和最必需的。这些措施使采用 ATL 开发的 COM 组件(包括 ActiveX Control)可以在网络环境下实现应用的分布式组件结构。

第三,ATL 的各个版本对 Microsoft 的基于 COM 的各种新的组件技术如 MTS、ASP 等都有很好的支持,ATL 对新技术的反应速度大大快于 MFC。ATL 已经成为 Microsoft 支持 COM 应用开发的主要开发工具,因此 COM 技术方面的新进展在很短的时间内都会在 ATL 中得到反映。这使开发者使用 ATL 进行 COM 编程可以得到直接使用 COM SDK 编程同样的灵活性和强大的功能。

3. 新建 ATL COM 项目并添加接口 ATLSimpleAdd

在 VS2022 中创建新项目,模板为 C++ 下的 ATL 项目,项目名称为 MyATLCOM,应用程序类型为动态链接库(.dll),如图 5-68 所示。MyATLCOM 创建完成后,在集成开发环境的解决方案资源管理中选中 MyATLCOM 项目,右键添加新项"ATL 简单对象",名称为 ATLSimpleAdd,如图 5-69 所示。单击图 5-69 中的"添加"按钮,进入如图 5-70 所示的 ATL 简单对象类型名称配置对话框,配置 ProgID 为 MyCOM.add,其他默认即可。单击图 5-70 中的"完成"按钮,进入如图 5-71 所示的编辑项目源程序状态。

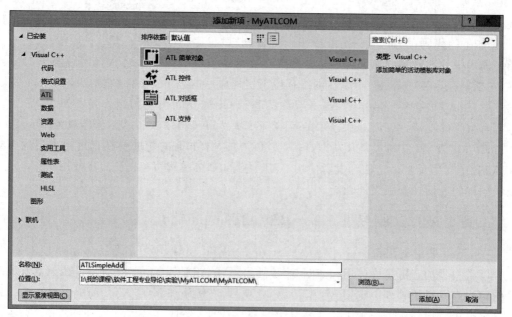

图 5-68　ATL 项目配置

图 5-69　向 MyATLCOM 添加新项 ATL 简单对象

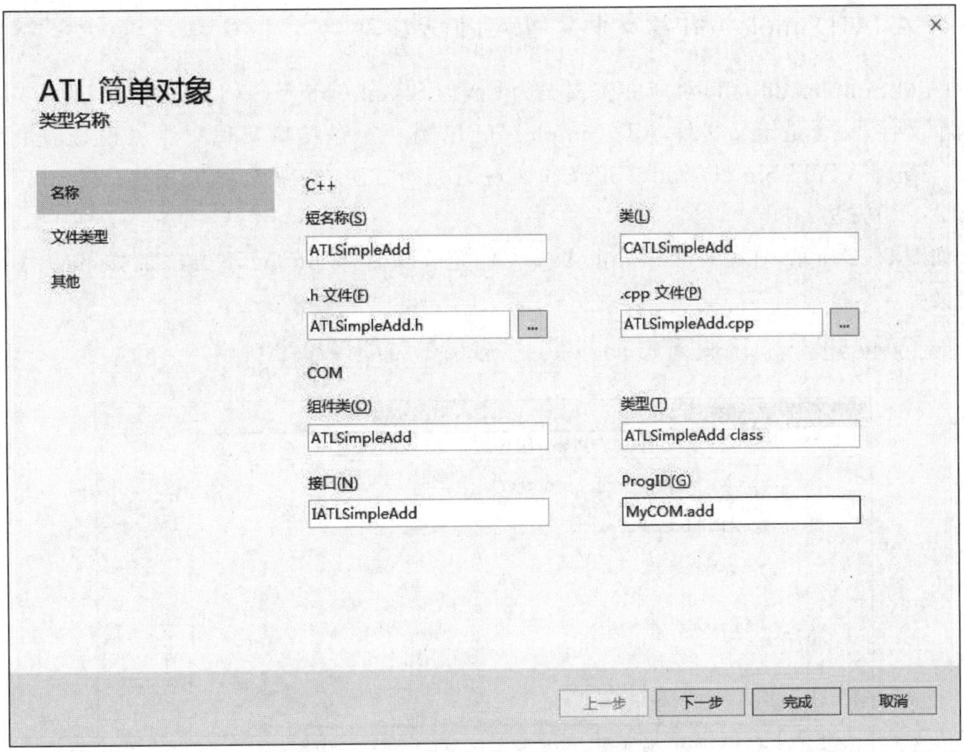

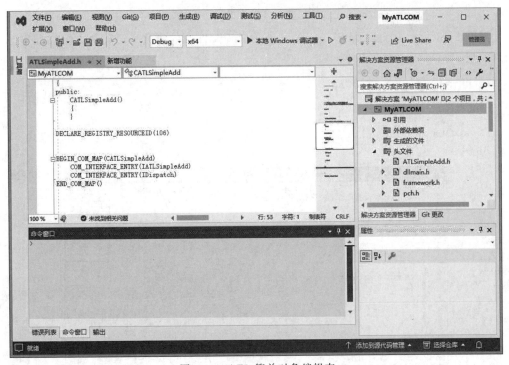

图 5-70 设置 ATL 简单对象名称

图 5-71 ATL 简单对象编辑态

4. 在 IATLSimpleAdd 接口中发布 Add()方法

IATLSimpleAdd 接口对应的实现类为 CATLSimpleAdd。CATLSimpleAdd 接口类对应两个文件,一个是定义文件 ATLSimpleAdd.h,另一个是接口实现文件 ATLSimpleAdd.cpp。首先在 CATLSimpleAdd 中定义和实现 Add()方法,然后在 IATLSimpleAdd 接口中发布 Add()方法。

如图 5-72 所示,在 CATLSimpleAdd 类的定义文件中 public 下方添加如下的 Add 函数定义。

```
STDMETHODIMP Add(LONG __x, LONG __y, LONG * __result);
```

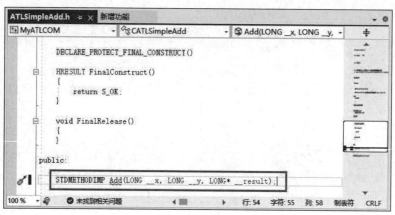

图 5-72　Add 函数的定义

如图 5-73 所示,在 CATLSimpleAdd 类的实现文件中的宏定义语句下方添加如下 Add 函数实现。

```
STDMETHODIMP CATLSimpleAdd::Add(LONG __x, LONG __y, LONG * __result)
{
    * __result = __x + __y;
    return S_OK;
}
```

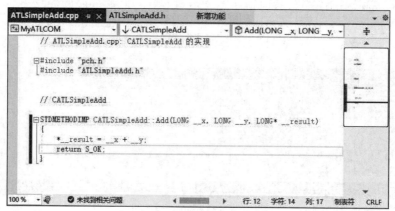

图 5-73　Add 函数的实现

如图 5-74 所示,用如下语句在 MyATLCOM.idl 文件中发布 IATLSimpleAdd 接口的 Add()方法。

```
[id(1)] HRESULT Add([in] LONG __x, [in] LONG __y, [out,retval] LONG * __result);
```

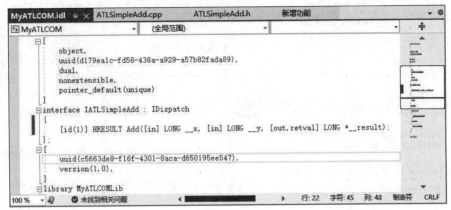

图 5-74　发布 Add()方法

5. 向操作系统中注册 MyATLCOM 组件

解决方案配置选择 Release 和 x64 平台后,生成解决方案,成功输出的结果如图 5-75 圈中的两个文件: MyATLCOM.lib 和 MyATLCOM.dll。在文件资源管理中打开目录 I:\我的课程\软件工程专业导论\实验\MyATLCOM\x64\Release,看到如图 5-76 所示的文件。

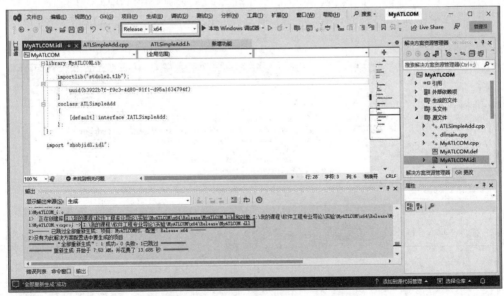

图 5-75　成功生成 MyATLCOM.dll 组件

按住 Win+R 组合键,弹出"运行"对话框,在"运行"对话框的"打开"输入框中输入 "regsvr32 -i I:\我的课程\软件工程专业导论\实验\MyATLCOM\x64\Release\ MyATLCOM.dll",如图 5-77 所示。

图 5-76　成功发布的文件目录

单击图 5-77 中的"确定"按钮,执行注册命令,成功执行的提示信息如图 5-78 所示。

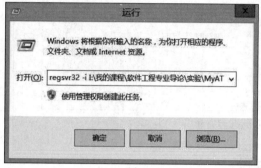

图 5-77　"运行"对话框

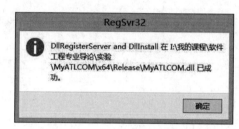

图 5-78　成功注册的提示信息

6. 新建项目测试 MyATLCOM 组件的 Add()方法

启动 VS2022,新建 C++ 控制台应用项目,项目名称为 TestMyATLCOM。在项目"包含目录"属性中添加: I:\我的课程\软件工程专业导论\实验\MyATLCOM\MyATLCOM,如图 5-79 所示。

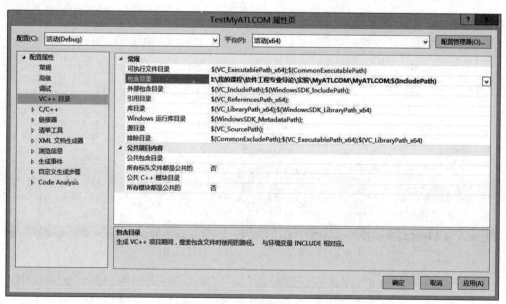

图 5-79　设置控制台项目的包含目录

编辑 TestMyATLCOM.cpp 源文件,内容如下。

```
//TestMyATLCOM.cpp: 此文件包含 main 函数。程序执行将在此处开始并结束
//
#include<iostream>
using namespace std;
#include"MyATLCOM_i.h"
#include"MyATLCOM_i.c"
int main()
{
    IATLSimpleAdd* testAdd;
    if(CoInitialize(NULL) != S_OK) {
        printf("初始化 COM 失败! \n");return -1;
    }
    HRESULT hResult = CoCreateInstance(CLSID_ATLSimpleAdd, NULL, CLSCTX_INPROC_
SERVER, IID_IATLSimpleAdd, (void**)&testAdd);
    if(hResult != S_OK) {printf("实例化 COM 失败! \n"); return -2;}
    long sum;
    testAdd->Add(9, 1999, &sum);
    printf("9+1999=%d\n", sum);
    int a = getchar();
    return 0
}
```

按 F5 键启动调试项目,控制台应用输出结果如图 5-80 所示,表明应用调用 ATL COM 组件的 Add()方法成功执行。

图 5-80　控制台应用输出测试结果

5.3.5　基于 VS2022 C++ 控制台应用的两层架构软件构造

现代管理软件系统中数据管理有集中式实时在线事务数据库、联机分析处理的数据仓库和大数据分析用的分布式数据库三个层面。对于集中式实时在线事务数据库,其主流数据模型为关系模型,基本数据结构为二维表,访问关系数据库的统一规范语言为 SQL。实现关系数据库的主流产品有 Microsoft SQL Server、开源 MySQL、Oracle 等,这些产品提供编程语言访问数据库的连接构件,以便于应用程序的编写、升级和维护。

关系数据库以 MySQL community-8.0.11.0 为例,其管理工具以 SQLyog-13.0.1-0.x64 Community 为例,一个简单 VC++ 控制台应用程序 VCMySQL 访问数据库的组件图如图 5-81 所示。虽然图 5-81 所示的组件图从应用程序到数据库之间经历连接构件和数据库服务器,但从开发的角度看仅有应用程序和数据库需要开发,连接构件和数据库服务器属于运行环境配置层面,故称之为两层架构的软件构造。两层架构软件构造不管关系数据库的逻辑层和物理层如何改变,只要用户层(视图层或函数接口)不变,应用程序则不变。

为实现如图 5-81 所示的组件图实例,下面就 MySQL 的安装与配置、SQLyog 的安装与

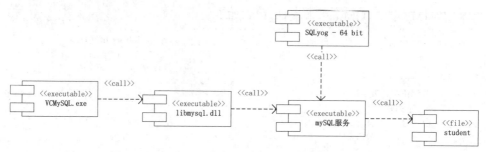

图 5-81 应用程序访问 MySQL 数据库的组件图实例

配置、创建数据库 Student 和表 BaseInfo、VS2022 C++控制台应用程序访问 MySQL 数据库项目几个方面展开说明。

1. MySQL 的安装与配置

从 MySQL 官网下载 Windows 环境的安装文件 mysql-installer-community-8.0.11.0.msi,运行该安装文件执行安装。安装启动提示框如图 5-82 所示,然后进入如图 5-83 所示的确认接受许可协议窗

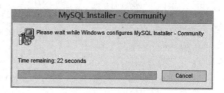

图 5-82 安装启动

口,接受许可协议并进入如图 5-84 所示的选择安装类型窗口,选择安装类型并进入如图 5-85所示的设置安装路径窗口,解决路径冲突后进入如图 5-86 所示的安装就绪窗口,安装完成后显示如图 5-87 所示的完成安装列表提示窗口。单击图 5-87 中的 Next 按钮,进入如图 5-88 所示的产品配置窗口,依次选择默认参数配置 Group Replication、Type and Network、Authentication Method。

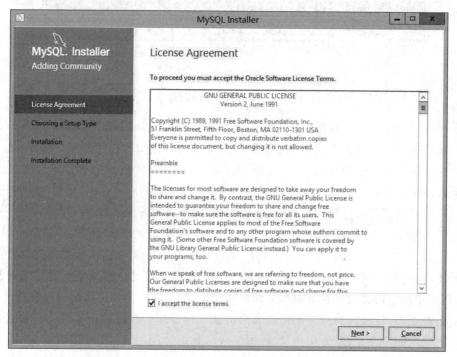

图 5-83 接受许可协议

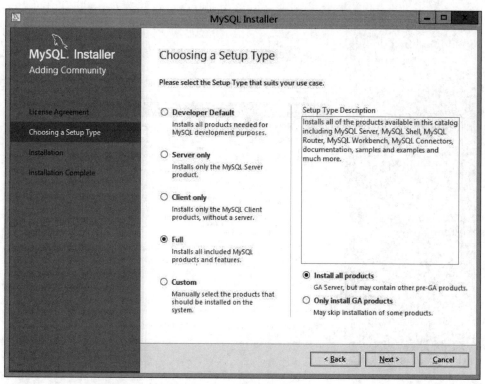

图 5-84　选择安装类型

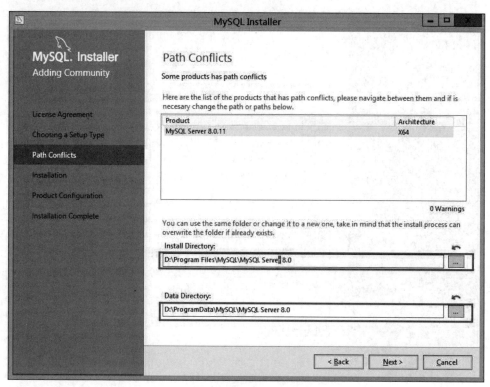

图 5-85　选择安装路径解决路径冲突

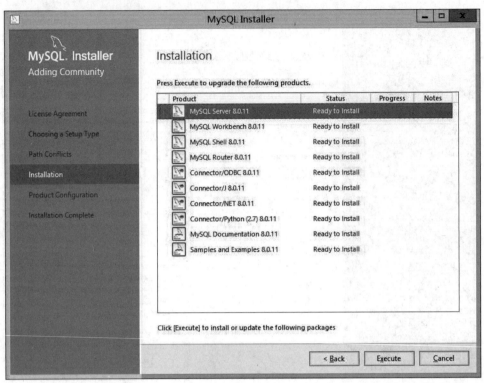

图 5-86　安装就绪

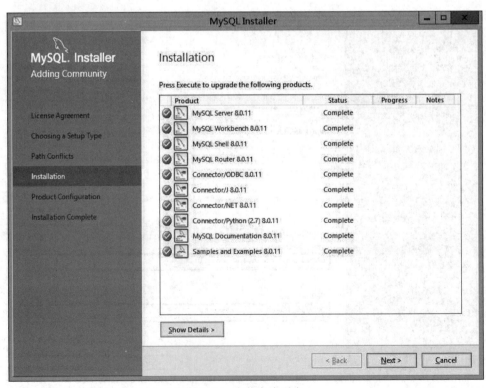

图 5-87　安装完成列表

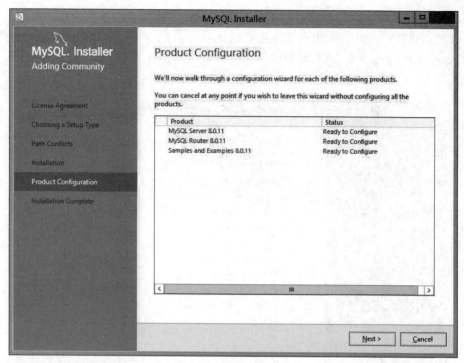

图 5-88　产品配置列表

如图 5-89 所示,当产品配置进入 Account and Roles 配置时,设置 Root Account Password 后,进入如图 5-90 所示的 Apply Configuration 窗口。单击图 5-90 中的 Finish 按

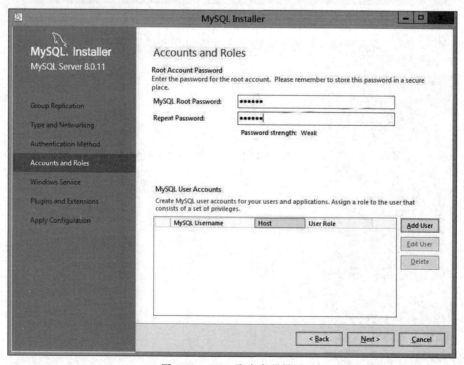

图 5-89　Root 账户密码设置

钮,进入如图 5-91 所示的 Connect To Server 窗口,输入 Root 密码后单击 Check 按钮,再单击 Next 按钮,进入如图 5-92 所示连接服务器成功提示框,单击 Next 按钮,进入如图 5-93 所示的 Apply Configuration 窗口,单击图 5-93 中的 Execute 按钮,进入如图 5-94 所示的产品配置完成列表提示框。

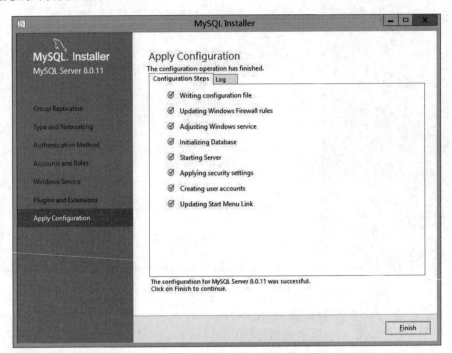

图 5-90 Apply Configuration 窗口

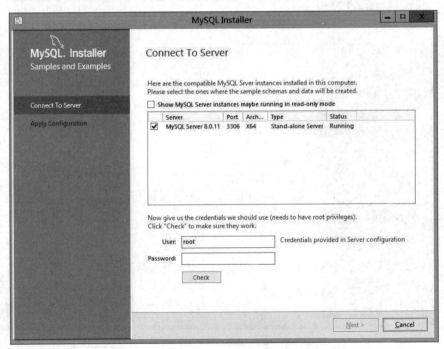

图 5-91 等待输入 root 密码进行连接身份检查

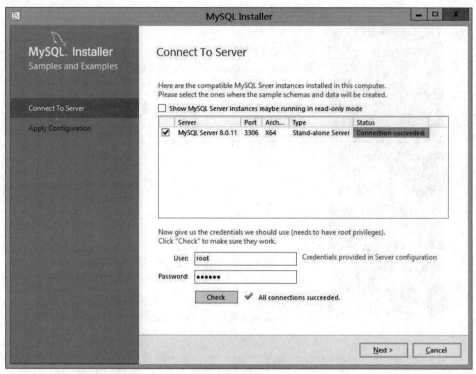

图 5-92　身份检查合法成功连接到服务器

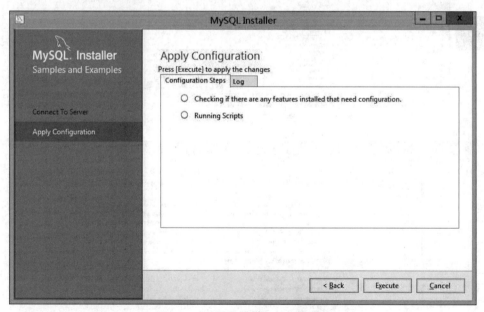

图 5-93　对服务器执行新配置参数

单击图 5-94 中的 Next 按钮,结束 My SQL 配置与启动。进入系统控制面板,选择管理工具,在管理工具列表中找到服务,如图 5-95 所示。进入系统服务后,下拉浏览服务列表,可以找到 MySQL80 服务,如图 5-96 所示。MySQL80 服务此时正在运行,可以对 MySQL80 服务执行暂停或重新启动。

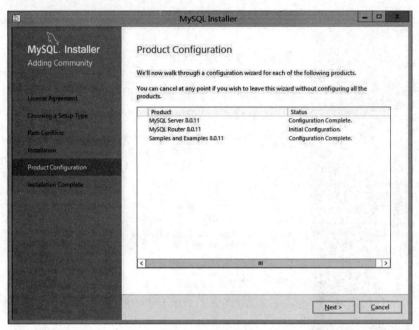

图 5-94　配置完成

图 5-95　在控制面板的管理工具中找到服务

图 5-96　系统服务列表中的 MySQL80

如图 5-97 所示,在"所有控制面板项"中进入"程序和功能"选项,下拉程序列表中可以找到安装 MySQL 相关的功能:4 个程序语言连接器、文档、样例、路由器、服务器等,在此可以对相关程序进行卸载或更改。

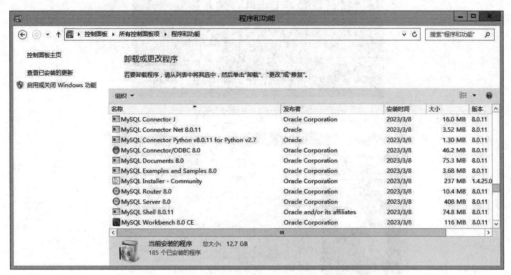

图 5-97　MySQL80 服务相关的程序和功能

如图 5-98 所示,运行 cmd,执行 mysql -u root -p 命令,正确输入密码后进入 MySQL 命令行,为使得客户端 SQLyog 成功连接服务器,在 MySQL 命令行执行如下语句。

```
ALTER USER 'root'@'localhost' IDENTIFIED WITH mysql_native_password BY 'password';
```

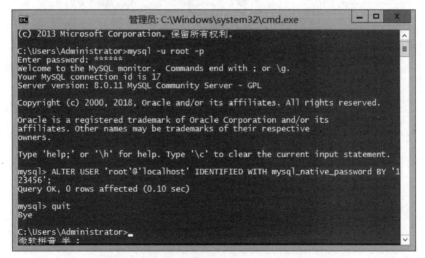

图 5-98　使用简单密码方式连接 MySQL 的设置

2. 客户端 SQLyog-64 bit 的安装与连接服务器配置

官网下载 SQLyog-13.0.1-0.x64Community.exe 文件后,运行该文件执行安装,安装成功后桌面生成如图 5-99 所示的图标。单击 SQLyog-64 bit 图标启动 SQLyog-64 bit 客户端,进入如图 5-100 所示的"连接到我的 SQL 主机"对话框,选择"新建"选项卡,新建 Home

连接,在 Home 连接中正确输入密码后执行连接,成功连接后进入 SQLyog-64 bit 客户端管理主界面,如图 5-101 所示。

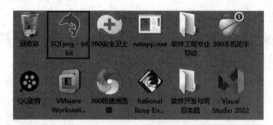

图 5-99　SQLyog-64 bit 客户端程序图标

图 5-100　新建 Home 连接

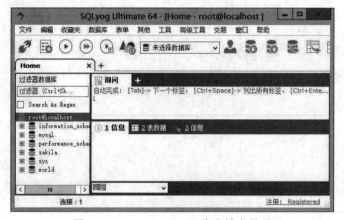

图 5-101　SQLyog-64 bit 客户端主界面

3. 使用 SQLyog-64 bit 客户端创建 Student 数据库和 BaseInfo 表

如图 5-102 所示,选中本地机的 root 用户 root@localhost,右击,在弹出的快捷菜单中选择"创建数据库"选项,弹出如图 5-103 所示的"创建数据库"对话框,在"数据库名称"栏目输入 Student,单击"创建"按钮,root@localhost 用户下新增了 Student 数据库。展开

Student 数据库,如图 5-104 所示。选中 Student 数据库的表选项,右击,在弹出的快捷菜单中选择"创建表"选项,进入如图 5-105 所示的创建新表对话框,输入表名后依次增加 4 个列:Name、Sex、Birthday 和 ID,属性类型分别为 varchar(10)、char(1)、datetime 和 varchar(12),选择 ID 属性作为非空的主键。

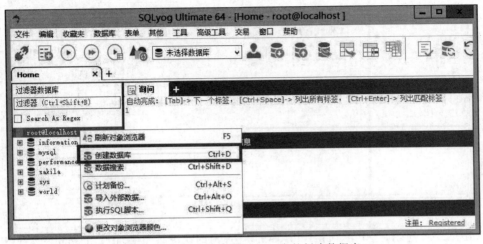

图 5-102 在本地主机以 root 身份创建数据库

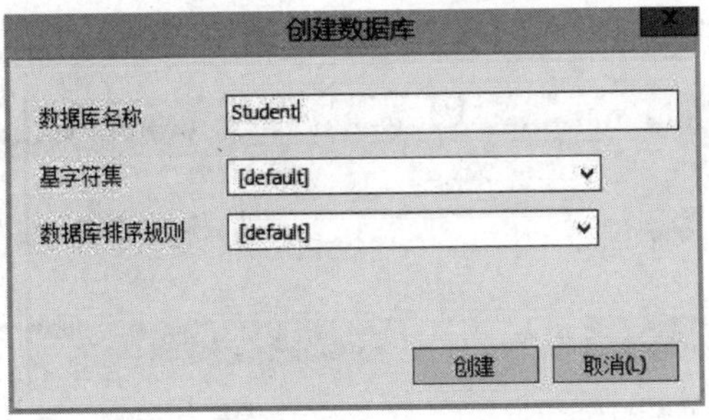

图 5-103 创建 Student 数据库

图 5-104 在 Student 数据库中创建表

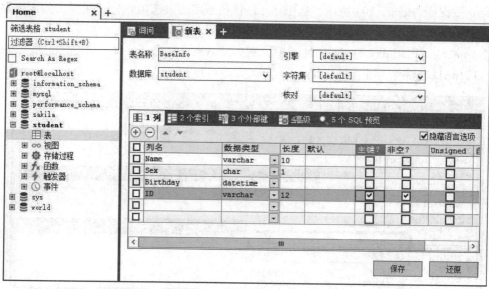

图 5-105　创建新表 BaseInfo

如图 5-106 所示,选中表 BaseInfo,右击,在弹出的快捷菜单中选择"打开表"选项,进入如图 5-107 所示的操作表界面。如图 5-107 所示,向表中添加两条数据:('王继晨','M','2004-3-2','202222103')和('薛韵竹','F','2004-8-9','202222104')。

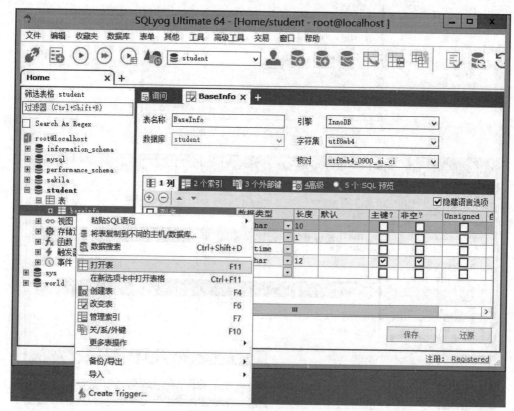

图 5-106　打开 BaseInfo 表

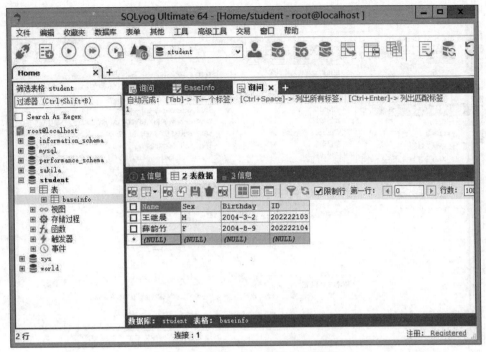

图 5-107 向 BaseInfo 表插入两条数据

4. 编写 C++ 控制台应用程序访问 MySQL80 服务器 Student 数据库下的 BaseInfo 表

(1) 将文件 D:\Program Files\MySQL\MySQL Server 8.0\lib\libmysql.dll 复制到 C:\Windows\System32,如图 5-108 所示。

图 5-108 System32 目录下的 libmysql.dll

(2) 创建 C++ 控制台应用项目 VCMySQL,将 D:\Program Files\MySQL\MySQL Server 8.0\include 和 D:\Program Files\MySQL\MySQL Server 8.0\lib\libmysql.lib 分别添加到项目属性 VC++ 目录下的包含目录和库目录中,将 libmysql.lib 添加到链接器输入属性附加依赖项中,分别如图 5-109 和图 5-110 所示。

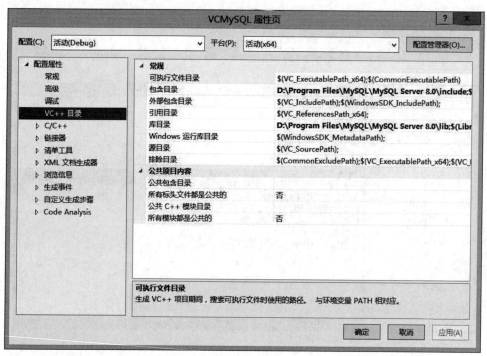

图 5-109　VC++ 目录的包含目录和库目录新增项

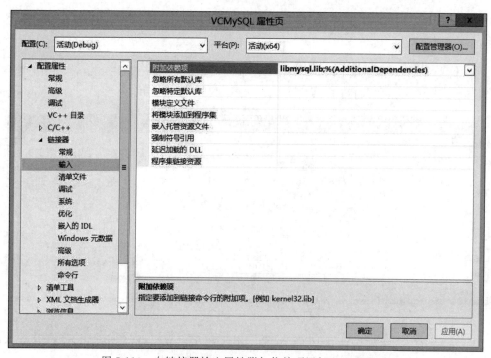

图 5-110　向链接器输入属性附加依赖项添加 libmysql.lib

　　(3) 向 VCMySQL 项目添加新建项 C++ 文件(.cpp)和头文件(.h),文件名分别为 mysql_option.cpp 和 mysql_option.h,两个文件的内容如下。

```
//mysql_option.h
#pragma once
#include<iostream>
#include<mysql.h>
#include<string>
using namespace std;
void getConnection(MYSQL& mysql, string host, string userName, string passWord,
string dbName);
void select(MYSQL& mysql, string op);
void insert(MYSQL& mysql, string op);
void update(MYSQL& mysql, string op);
void delete_(MYSQL& mysql, string op);
int mysql_option();
//mysql_option.cpp
#include"mysql_option.h"
//与 MySQL 数据库建立连接
void getConnection(MYSQL& mysql, string host, string userName, string passWord,
string dbName) {
    mysql_init(&mysql);                         //初始化一个 MySQL 连接的实例对象
    //连接 MySQL
    mysql_real_connect(&mysql, host.c_str(), userName.c_str(), passWord.c_
str(), dbName.c_str(), 3306, 0, 0);
    //如果在 Windows 7 和 Windows 10 中都会出现中文乱码,见修改数据库编码方式
    mysql_query(&mysql, "SET NAMES GB2312");
    //mysql_query(&mysql, "SET NAMES UTF8");
}
void select(MYSQL& mysql, string op) {          //查询(op:mysql 操作语句)
    mysql_query(&mysql, op.c_str());
    MYSQL_ROW row;                              //char** 二维数组,存放一条条记录
    MYSQL_RES * res = mysql_store_result(&mysql);    //返回结果集
    int count1 = mysql_num_rows(res);          //获取记录个数(参数为结果集行数,仅 select
                                                 可用)
    int count2 = mysql_num_fields(res);        //返回字段个数(表的列数)
    int k = 1;
    cout << "共: " << count1 << "条记录\n" << endl;
    //获取结果集(res)中的一行,并且指针指向下一行
    while ((row = mysql_fetch_row(res)) != NULL) {
        printf("第 %-3d 行:", k);
        for (int i = 0; i < count2; ++i)
            printf("%-10s\t", row[i]);          //输出字段值
                cout << endl;
        ++k;
    }
}
void insert(MYSQL& mysql, string op) {          //插入
    int count = 0;
    mysql_query(&mysql, op.c_str());
    count = mysql_affected_rows(&mysql);        //参数为 mysql 结构体(返回操作影响行数)
    printf("插入: %d 条记录\n", count);
}
void update(MYSQL& mysql, string op) {          //更新
```

```
        int count = 0;
        mysql_query(&mysql, op.c_str());
        count = mysql_affected_rows(&mysql);   //参数为 MySQL 结构体(返回操作影响行数)
        printf("更新: %d 条记录\n", count);
    }
    void delete_(MYSQL& mysql, string op) {       //删除
        int count = 0;
        mysql_query(&mysql, op.c_str());
        count = mysql_affected_rows(&mysql);   //参数为 MySQL 结构体(返回操作影响行数)
        printf("删除: %d 条记录\n", count);
    }
    int mysql_option() {
        MYSQL mysql;                            //数据库结构体
        string host = "localhost";
        string userName = "root";               //这是我的 MySQL 账户
        string passWord = "123456";             //这是我的 mysql 账户密码
        string dbName = "student";              //这是我的 MySQL 数据库名
        getConnection(mysql, host, userName, passWord, dbName);
        select(mysql, "select * from baseinfo");   //只有查询才有结果集
        mysql_close(&mysql);                    //释放一个 MySQL 连接
        return 0;
    }
```

(4) 编辑 VCMySQL 项目主文件 VCMySQL.cpp,其内容如下。

```
//VCMySQL.cpp: 此文件包 main 函数。程序执行将在此处开始并结束
# include <iostream>
# include"mysql_option.h"
using namespace std;
int main()
{
    mysql_option();
    int Temp = getchar();
    return 0;
}
```

(5) 项目调试运行结果如图 5-111 所示。

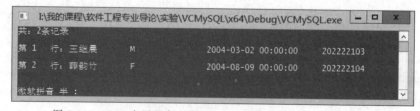

图 5-111　C++ 应用程序查询 Student 数据库 BaseInfo 表的结果

5.3.6　基于 J2EE SSM 框架的分层架构软件构造

1. 软件三层架构体系

三层架构采用"分而治之"的策略实现"高内聚,低耦合"的思想,把不同问题划分开来各

个解决,这样便于控制、延展和分配资源。具有共性的不同问题按功能模块划分为表示层(User Interface)、业务逻辑层(Business Logic Layer,BLL)和数据访问层(Data Access Layer,DAL)三层结构,各层之间采用接口访问,并通过对象模型的实体类(Model)作为数据传递的载体,不同对象模型的实体类一般对应数据库中不同的表,实体类的属性与数据库中表的字段名保持一致。

业务逻辑层是系统架构中体现核心价值的部分。它的关注点主要集中在业务规则的制定、业务流程的实现等与业务需求有关的系统设计,也就是说它是与系统所应对的领域(Domain)逻辑有关,很多时候,也将业务逻辑层称为领域层。例如,Martin Fowler 在 *Patterns of Enterprise Application Architecture* 一书中,将整个架构分为三个主要的层:表示层、领域层和数据源层。作为领域驱动设计的先驱,Eric Evans 对业务逻辑层做了更细致的划分,细分为应用层与领域层,通过分层进一步将领域逻辑与领域逻辑的解决方案分离。

业务逻辑层在体系架构中的位置很关键,它处于数据访问层与表示层中间,起到了数据交换中承上启下的作用。由于层是一种弱耦合结构,层与层之间的依赖是向下的,底层对于上层而言是"无知"的,改变上层的设计对于其调用的底层而言没有任何影响。如果在分层设计时,遵循了面向接口设计的思想,那么这种向下的依赖也应该是一种弱依赖关系。因而在不改变接口定义的前提下,理想的分层式架构,应该是一个支持可抽取、可替换的"抽屉"式架构。正因为如此,业务逻辑层的设计对于一个支持可扩展的架构尤为关键,因为它扮演了两个不同的角色。对于数据访问层而言,它是调用者;对于表示层而言,它却是被调用者。依赖与被依赖的关系都纠结在业务逻辑层上,如何实现依赖关系的解耦,则是除了实现业务逻辑之外留给设计师的任务。

因而,开发人员更关注于应用系统核心业务逻辑的分析、设计和开发。三层架构可以在软件开发过程中,划分技术人员和开发人员的具体开发工作,重视核心业务逻辑的分析、设计和开发,提高软件系统开发质量和开发效率,加快了项目的进度,有利于项目的更新和维护操作。

2. MVC 模式

MVC 模式是常见的一种软件架构模式,该模式把软件项目分为模型(Model)、视图(View)和控制器(Controller)三个基本部分。使用 MVC 模式有很多优势,例如,简化后期对项目的修改与扩展等维护操作、使项目的某一部分变得可以重复利用、使项目的结构更加直观。

具体来讲,MVC 模式赋予项目的模型、视图和控制器不同的功能,方便开发人员进行分组。

(1) 视图负责界面的显示,以及与用户的交互功能,例如,表单、网页等。

(2) 可以把控制器理解为一个分发器,它用来决定视图发来的请求需要用哪一个模型来处理,以及处理完后需要跳回到哪一个视图。控制器用来连接视图和模型。

实际开发中,通常用控制器对客户端的请求数据进行封装(如将 form 表单发来的若干个表单字段值,封装到一个实体对象中),然后调用某一个模型来处理此请求,最后再转发请求(或重定向)到视图(或另一个控制器)。

(3)模型持有所有的数据、状态和程序逻辑。模型接收视图数据的请求,并返回最终的处理结果。

实际开发中,通常用封装数据的 JavaBean 和封装业务的 JavaBean 来实现模型层。

MVC 模式的流程:浏览器通过视图向控制器发出请求,控制器接收到请求之后通过选择模型进行处理,处理完请求以后再转发到视图,进行视图界面的渲染,用户根据视图渲染结果做出响应,如图 5-112 所示。

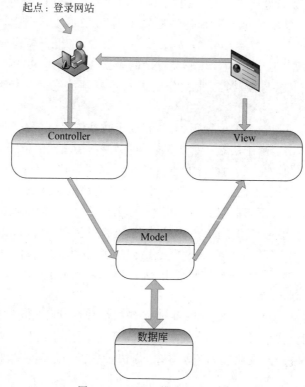

图 5-112　MVC 模式处理流程

在 MVC 模式中,视图 View 可以用 JSP/HTML/CSS 实现,模型 Model 可以用 JavaBean 实现,而控制器 Controller 就可以用 Servlet 来实现。

3. SSM 框架

SSM 框架是 Spring、Spring MVC 和 Mybatis 框架的整合。标准的 SSM 框架有四层,分别是 DAO 层(Mapper)、Service 层、Controller 层和 View 层。使用 Spring 实现业务对象管理,使用 Spring MVC 负责请求的转发和视图管理,使用 Mybatis 作为数据对象的持久化引擎。

1) 持久层:DAO 层

DAO 做数据持久层的工作,负责与数据库进行联络的一些任务程序封装在 DAO 层。DAO 层首先设计接口,然后在 Spring 的配置文件中定义接口的实现类。

数据源的配置以及有关数据库连接的参数都在 Spring 的配置文件中进行配置。在 DAO 模块中调用接口来进行数据操纵。

2）业务层：Service 层

Service 层主要负责业务模块的逻辑应用设计。同样需要先设计接口然后再设计实类，最后在 Spring 的配置文件中配置其实现的关联。业务逻辑层的具体实现需要调用 DAO 的相应接口，这样就可以在应用中调用 Service 接口来进行业务处理。

先建立 DAO 层，再建立 Service 层。Service 层在 Controller 层之下 DAO 层之上，因为既要调用 DAO 层的接口，又要提供接口给 Controller 层。每个模型都有一个 Service 接口，每个接口分别封装各自的业务处理的方法。

3）控制层：Controller 层

Controller 层负责具体的业务模块流程的控制。配置 Controller 层也同样是在 Spring 的配置文件里面进行，调用 Service 层提供的接口来控制业务流程。业务流程不同会有不同的控制器，在具体的开发中可以将流程进行抽象归纳，设计出可以重复利用的子单元流程模块。

4）视图层：View 层

视图层主要和控制层紧密结合，负责前端网页的表示。

DAO 层和 Service 层这两个层次都可以单独开发，互相的耦合度很低，完全可以独立进行，在开发大项目的过程中尤其有优势。Controller 和 View 层因为耦合度比较高，因而要结合在一起开发，但是也可以看作一个整体独立于前两个层进行开发。这样，在层与层之前只需要知道接口的定义，调用接口即可完成所需要的逻辑单元应用，一切显得非常清晰简单。

4. 建立一个简单的 Maven Web 项目

1）开发环境的准备

从官网下载 JDK Windows 版，本项目下载文件为 jdk-8u191-Windows-x64.exe，运行该文件执行安装。安装完成后在 cmd 命令行执行 version 命令，界面输出信息如图 5-113 所示。

图 5-113　JDK 安装版本信息

2）配置 settings.xml 文件

打开 Eclipse MARS 集成开发环境，启动界面如图 5-114 所示，启动后进入如图 5-115 所示的选择工作空间路径对话框，选择工作空间路径后进入 Eclipse IDE 主界面。在主界面中依次选择菜单栏中的 Window→Preferences→Maven→Installations，如图 5-116 所示，单击 Add 按钮，在 New Maven Runtime 窗口的 Installation home 中浏览选择路径：I:\我的课程\软件工程专业导论\实验\Resources\apache-maven-3.6.0，在 Installation name 中输入 settings.xml，如图 5-117 所示。单击 Finish 按钮后的 Preferences 窗口如图 5-118 所示，单击 Apply and Close 按钮。

图 5-114 Eclipse IDE 启动界面

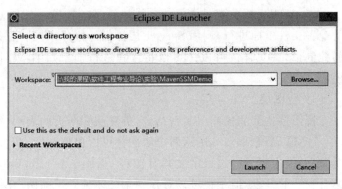

图 5-115 选择工作空间路径对话框

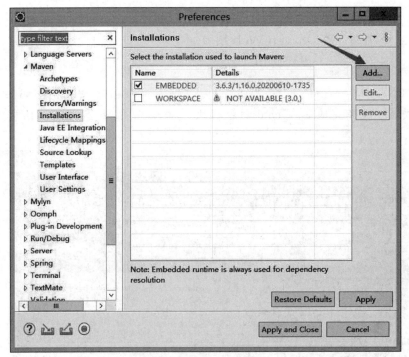

图 5-116 Preferences 窗口

在主界面中依次选择菜单栏中的 Window→Preferences→Maven→User Settings，在 User Settings(open file)中浏览选择：I:\我的课程\软件工程专业导论\实验\Resources\

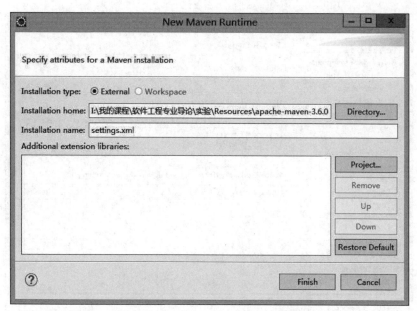

图 5-117　New Maven Runtime 窗口

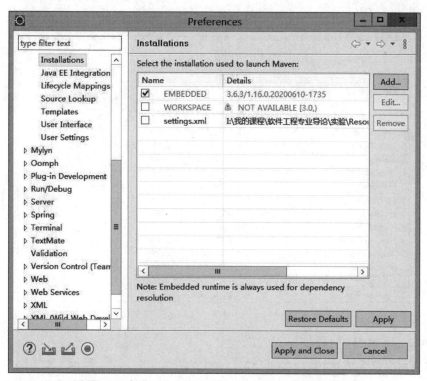

图 5-118　完成 New Maven Runtime 的 Preferences 窗口

settings.xml，如图 5-119 所示，单击 Apply and Close 按钮。因为 settings.xml 中的
localRepository 属性值设置为 D:\repository，指明 jars 包下载安装的位置为 D:\repository，
在 D 盘新建目录 repository，如图 5-120 所示。

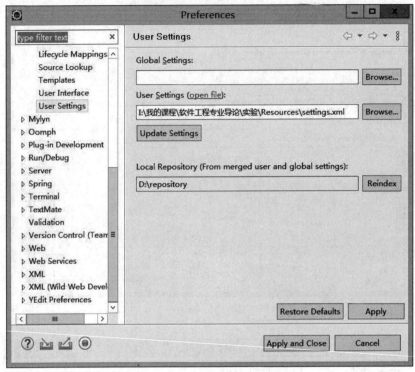

图 5-119　Preferences User Settings 窗口

图 5-120　D 盘的 repository 目录

3）新建一个简单的 Maven 的 Web 项目

在主界面中依次选择 File→New→Maven Project，如图 5-121 所示。单击图 5-121 中的 Maven Project 选项后，进入如图 5-122 所示的选择项目名称和位置窗口，默认参数设置，直接单击 Next 按钮，进入选择 Maven Project 原型对话框，在 Filter 输入框中输入 maven-archetype-webapp，进行筛选后选择如图 5-123 所示的原型。单击如图 5-123 所示的 Next 按钮，进入指明原型参数窗口，分别在 Group Id 和 Artifact Id 中均输入 com.springmvc，如图 5-124 所示，单击 Finish 按钮，得到如图 5-125 所示的项目结构。

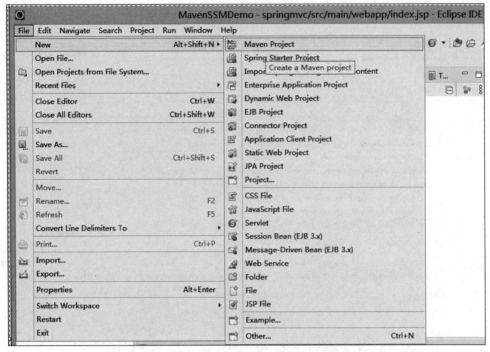

图 5-121　Maven Project 操作选项位置

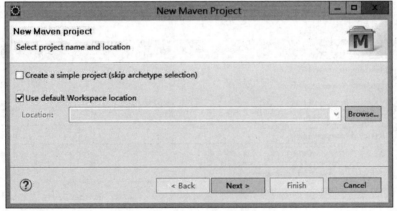

图 5-122　选择项目名称和位置

4）安装 Tomcat 7.0

如图 5-126 所示，在 Preferences 窗口的左侧依次选择 Server→Runtime Environment，然后单击右侧的 Add 按钮，进入 New Server Runtime Environment 窗口，如图 5-127 所示。在图 5-127 中选择 Apache Tomcat v7.0，单击 Next 按钮，进入选择安装位置对话框。

在 Tomcat installation directory 中选择 G：\安装包\apache-tomcat-7.0.96\apache-tomcat-7.0.96，如图 5-128 所示，单击 Finish 按钮后，此时 Server Runtime Environment 中显示新增的 Apache Tomcat v7.0，如图 5-129 所示。

单击图 5-129 中的 Apply and Close 按钮，应用并结束服务器运行环境添加。

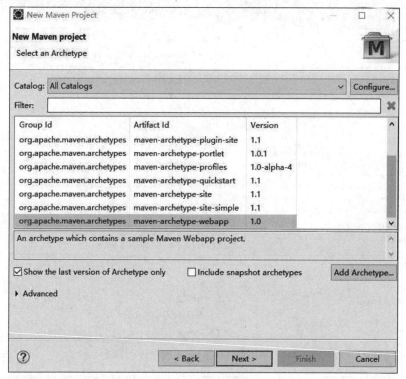

图 5-123　选择项目原型

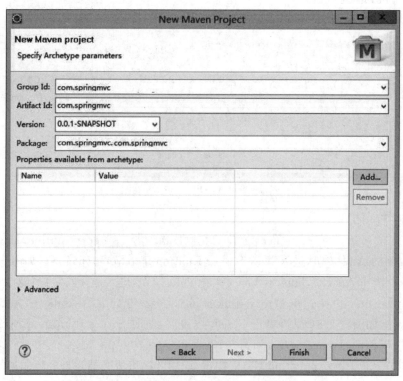

图 5-124　指定项目原型参数——组 ID 和产品 ID

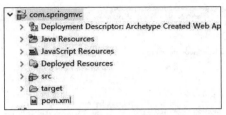

图 5-125 com.springmvc Maven 项目结构

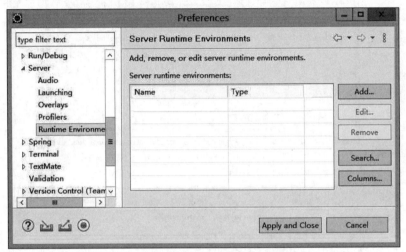

图 5-126 Preferences 窗口

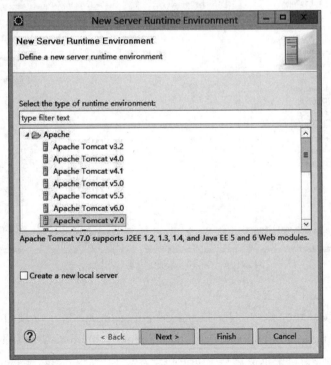

图 5-127 New Server Runtime Environment 窗口

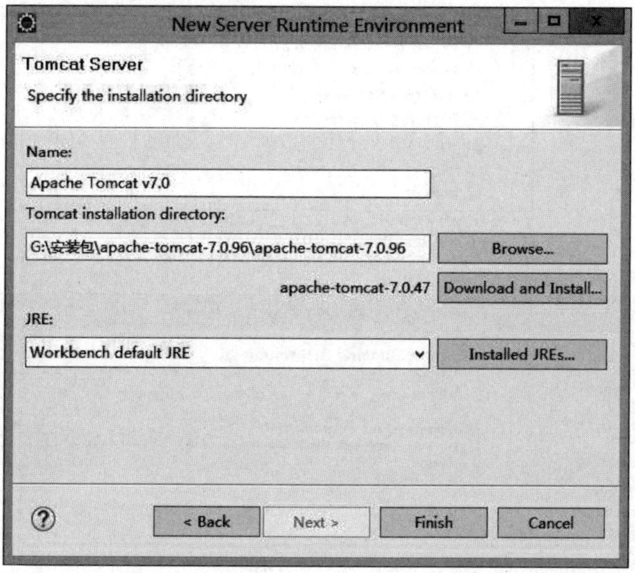

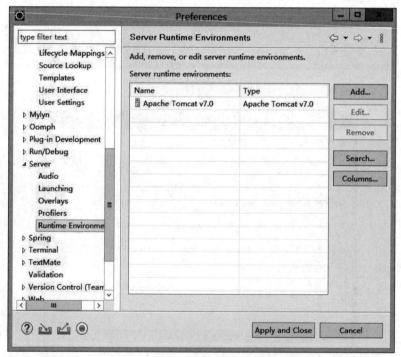

图 5-128　Tomcat installation directory 浏览选择

图 5-129　Tomcat v7.0 服务器添加完成

5) 设置 Java Build Path

选中集成开发环境左侧 Project Explorer 下的 com.springmvc 项目,右击,依次选择 Build Path→Configure Build Path 选项,弹出 com.springmvc 项目属性窗口。在 com.springmvc 项目属性窗口中依次选择 Libraries→Add Library→Server Runtime,如图 5-130 所示。单击图 5-130 中的 Next 按钮,进入如图 5-131 所示的选择运行时服务器窗口。在

图 5-131 中选中 Apache Tomcat v7.0,单击 Finish 按钮,com.springmvc 项目属性窗口中新增了 Apache Tomcat v7.0 记录,如图 5-132 所示,单击 Apply 按钮。

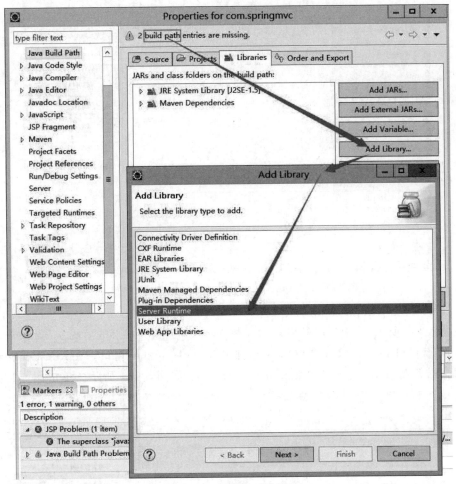

图 5-130　新增库对话路径

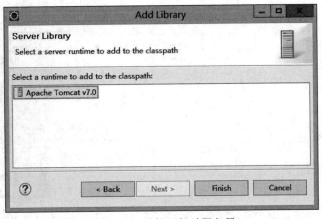

图 5-131　选择运行时服务器

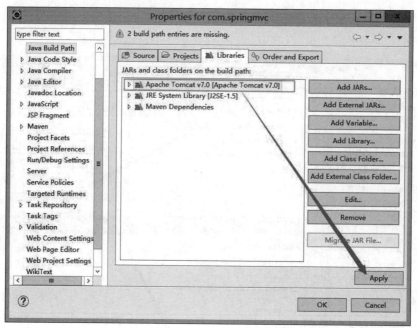

图 5-132　选择运行时 Tomcat 服务器后的项目属性

6）运行 com.springmvc Maven 项目

如图 5-133 所示，选中集成开发环境左侧 Project Explorer 下的 com.springmvc 项目，依次选择 →Run As→Run On Server，弹出 Run On Server 窗口。在 Run On Server 窗口中选择已存在的 Tomcat v7.0 Server at localhost，如图 5-134 所示。单击图 5-134 中的

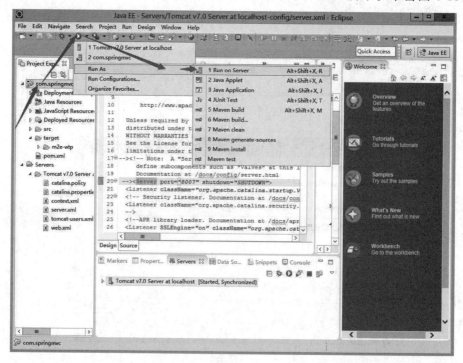

图 5-133　com.springmvc 项目运行作为服务器操作路径

Finish 按钮,此时 Project Explorer 左侧新增 Servers 项,其结构如图 5-135 所示。在图 5-135 所列的文件中,Server.xml 用于配置服务器属性,如端口等。集成开发环境中的运行结果如图 5-136 所示,在火狐浏览器中的验证结果如图 5-137 所示。

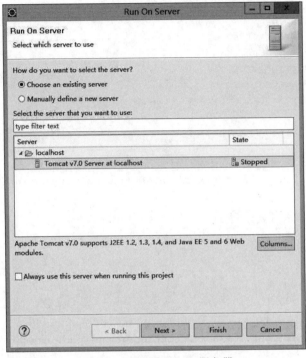

图 5-134　选择 Tomcat 服务器

图 5-135　Servers 项目结构图

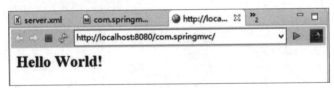

图 5-136　IDE 运行结果

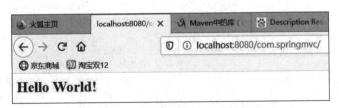

图 5-137　火狐浏览器中的验证结果

5. 在简单 Maven Web 项目基础上迭代 SSM 访问 Microsoft SQL Server

1) 配置 pom.xml

编写 Spring MVC 模式应用程序,需要很多配置文件。采用 Spring Boot 简化基本配置,需要在 pom.xml 文件中添加相关的 jar 包依赖,pom.xml 完整内容如下。

```xml
< projectxmlns = "http://maven.apache.org/POM/4.0.0" xmlns:xsi = "http://www.w3.
org/2001/XMLSchema-instance"
xsi:schemaLocation = "http://maven.apache.org/POM/4.0.0 http://maven.apache.
org/maven-v4_0_0.xsd">
<modelVersion>4.0.0</modelVersion>
<groupId>com.springmvc</groupId>
<artifactId>com.springmvc</artifactId>
<packaging>war</packaging>
<version>0.0.1-SNAPSHOT</version>
<name>com.springmvc Maven Webapp</name>
<url>http://maven.apache.org</url>
<repositories>
        <repository>
            <id>public</id>
            <name>aliyun nexus</name>
            <url>http://maven.aliyun.com/nexus/content/groups/public/</url>
            <releases>
                <enabled>true</enabled>
            </releases>
        </repository>
    </repositories>
    <pluginRepositories>
        <pluginRepository>
            <id>public</id>
            <name>aliyun nexus</name>
            <url>http://maven.aliyun.com/nexus/content/groups/public/</url>
            <releases>
                <enabled>true</enabled>
            </releases>
            <snapshots>
                <enabled>false</enabled>
            </snapshots>
        </pluginRepository>
    </pluginRepositories>
<parent>
        <groupId>org.springframework.boot</groupId>
        <artifactId>spring-boot-starter-parent</artifactId>
        <version>2.1.0.RELEASE</version>
        <relativePath/><!-- lookup parent from repository -->
    </parent>
<!-- 导入 UTF-8 -->
    <properties>
        <project.build.sourceEncoding>UTF-8</project.build.sourceEncoding>
        <project.reporting.outputEncoding>UTF-8</project.reporting.outputEncoding>
        <java.version>1.8</java.version>
    </properties>
<dependencies>
    <dependency>
            <groupId>junit</groupId>
            <artifactId>junit</artifactId>
            <version>3.8.1</version>
```

```
        <scope>test</scope>
    </dependency>
        <dependency>
            <groupId>org.springframework.boot</groupId>
            <artifactId>spring-boot-starter-tomcat</artifactId>
            <scope>provided</scope>
        </dependency>
        <dependency>
        <groupId>org.mybatis.spring.boot</groupId>
        <artifactId>mybatis-spring-boot-starter</artifactId>
        <version>1.3.1</version>
        </dependency>
        <dependency>
            <groupId>org.springframework.boot</groupId>
            <artifactId>spring-boot-starter-thymeleaf</artifactId>
        </dependency>
        <dependency>
            <groupId>org.springframework.boot</groupId>
            <artifactId>spring-boot-starter-test</artifactId>
            <scope>test</scope>
        </dependency>
        <dependency>
            <groupId>com.microsoft.sqlserver</groupId>
            <artifactId>sqljdbc4</artifactId>
            <version>4.0</version>
        </dependency>
        <dependency>
        <groupId>org.mybatis.spring.boot</groupId>
        <artifactId>mybatis-spring-boot-starter</artifactId>
        <version>1.3.1</version>
        </dependency>
        <dependency>
            <groupId>org.springframework.boot</groupId>
            <artifactId>spring-boot-starter-web</artifactId>
        </dependency>
        <dependency>
            <groupId>com.microsoft.sqlserver</groupId>
            <artifactId>sqljdbc4</artifactId>
            <version>4.0</version>
        </dependency>
        <dependency>
            <groupId>org.codehaus.janino</groupId>
            <artifactId>commons-compiler</artifactId>
            <version>2.7.8</version>
        </dependency>
</dependencies>
<build>
  <finalName>com.springmvc</finalName>
```

```
</build>
</project>
```

将以上代码添加完成后,保存,系统自动下载相关的 jar 包。下载完成后,更新 Maven
项目。如图 5-138 所示,选中 com.springmvc 项目,右击,在弹出的快捷菜单中选择 Maven→
Update Project 选项,在 Update Project 对话框中勾选 offline 和 Force Update of Snapshots/
Release 后,单击 OK 按钮执行更新。

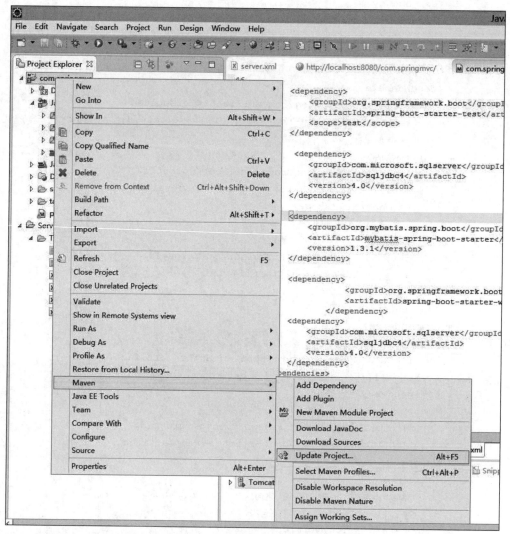

图 5-138　更新 Maven 项目

2) 新建并配置 application.properties

选择 SQL Server 数据库连接,需要在 application.properties 文件中配置与数据库建立
连接的参数。假设已经完成远程客户端连接数据库服务器的设置,SQL Server 数据库服务
器信息如图 5-139 所示。需要将 application.properties 文件添加到 Java Resources 目录的
子目录 src\main\resources 下,所执行的界面操作如图 5-140～图 5-142 所示,新建完成后
的项目目录结构如图 5-143 所示。

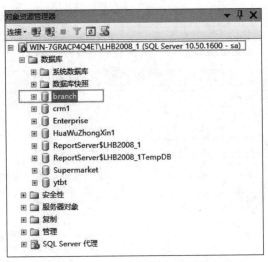

图 5-139 SQL Server 数据库连接实例

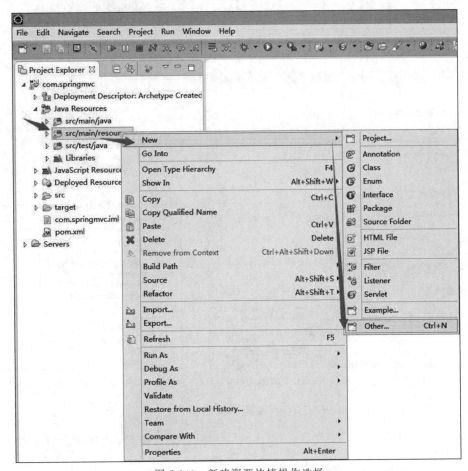

图 5-140 新建资源快捷操作选择

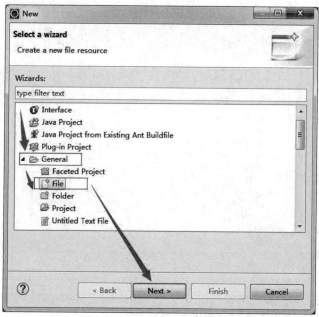

图 5-141　新建资源文件操作向导

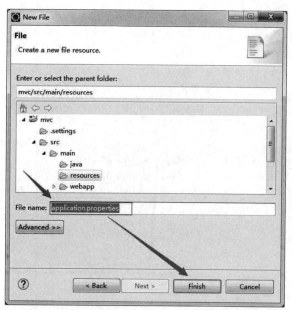

图 5-142　新建 application.properties 资源文件

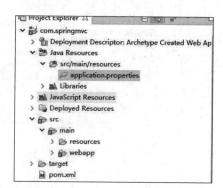

图 5-143　application.properties 文件

打开 application.properties 文件,添加如下代码。

```
spring.datasource.url=jdbc:sqlserver://WIN-7GRACP4Q4ET\LHB2008_1;databasename
=branch
spring.datasource.username=sa
spring.datasource.password=123456
spring.datasource.driver-class-name=com.microsoft.sqlserver.jdbc.SQLServerDriver
server.port=8888
```

在 pom.xml 文件中与 Mybatis、SQL Server 相关依赖代码如下。

```
<dependency>
            <groupId>org.mybatis.spring.boot</groupId>
            <artifactId>mybatis-spring-boot-starter</artifactId>
            <version>1.3.1</version>
</dependency>
<dependency>
            <groupId>com.microsoft.sqlserver</groupId>
            <artifactId>sqljdbc4</artifactId>
            <version>4.0</version>
</dependency>
```

3）在 branch 数据库中新建 Student 表

Student 表结构如图 5-144 所示。

4）创建项目 mvc 包结构

为展示包的父子关系，需要将包呈现设置为分层方式，
按如图 5-145 所示操作路径进行设置。

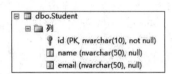

图 5-144　Student 表结构

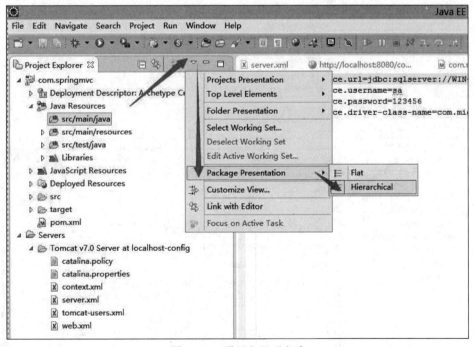

图 5-145　设置包呈现方式

如图 5-146 所示，首先新建 mvc 包，然后在 mvc 包下建立子包 model、Dao、Service 和
controller，子包创建示例如图 5-147 所示。接着分别在 model、Service 和 controller 包下添
加类：Student、StudentService 和 StudentController。不失一般性，创建 Student 类实例如
图 5-148 和图 5-149 所示。在 Dao 包下添加接口 StudentDao，需要在图 5-148 内选择
Interface，其他与创建类相似。最后，在 mvc 包下创建启动类 springdemo。

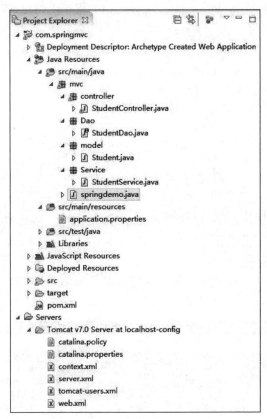

图 5-146　mvc 包结构

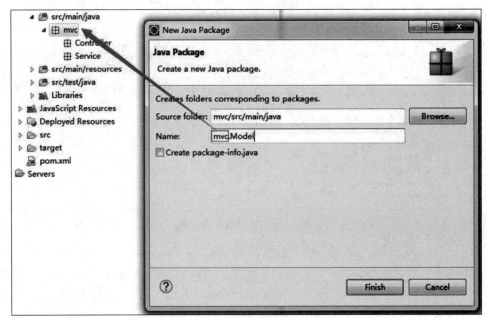

图 5-147　mvc 子包 Model 的创建示例

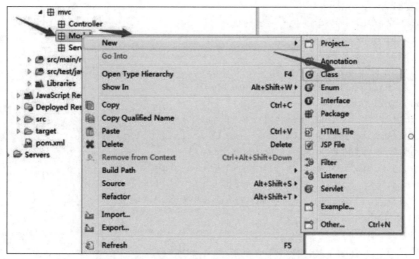

图 5-148　Model 子包下创建类的快捷操作

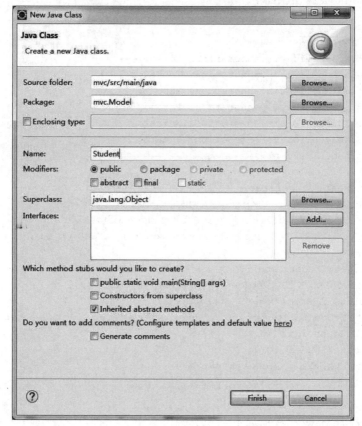

图 5-149　创建新类 Student

5）项目 mvc 包的源程序实现

Student.java 源程序如下。

```
package mvc.model;
```

```
public class Student {
    private String id;
    private String name;
    private String email;
    public Student(String id, String name, String email) {this.id=id;
    this.name=name; this.email=email;}
    public Student()   {}
    public String getEmail() {return email;}
    public void setEmail(String email) {this.email = email;}
    public String getName() {return name;}
    public void setName(String name) {this.name = name;}
    public String getId() {return id;}
    public void setId(String id) {this.id = id;}
    @Override
    public String toString() {return "id:" + id + "name:" + name + "email: " +
    email;}
}
```

StudentDao .java 源程序如下。

```
package mvc.Dao;
import java.util.List;
import org.apache.ibatis.annotations.Delete;
import org.apache.ibatis.annotations.Insert;
import org.apache.ibatis.annotations.Mapper;
import org.apache.ibatis.annotations.Param;
import org.apache.ibatis.annotations.Select;
import org.apache.ibatis.annotations.Update;
import mvc.model.Student;
@Mapper
public interface StudentDao {
    @Select("SELECT * FROM student WHERE name like #{name}")
    List<Student> find(@Param("name") String name);
    @Insert("INSERT INTO student(id,name,email) VALUES (#{id},#{name},
    #{email})")
    int insert(Student stu);
    @Delete("DELETE FROM student WHERE name=#{name}")
    int delete(@Param("name") String name);
    @Update("Update student set student.name=#{name}, student.email=#{email}
    WHERE student.id=#{id}")
    int update(Student stu);
    @Select("SELECT * FROM student")
    List<Student> findall();
}
```

StudentService .java 源程序如下。

```
package mvc.Service;
import java.util.List;
import org.springframework.beans.factory.annotation.Autowired;
import org.springframework.stereotype.Service;
import mvc.Dao.StudentDao;
```

```
import mvc.model.Student;
@Service
public class StudentService {
    @Autowired
    private StudentDao dao;
    public List<Student>findstu(String name)  {return dao.find(name+'%');}
    public int insertstu(Student stu)  {return dao.insert(stu);}
    public int deletestu(String name)  {return dao.delete(name);}
    public int updatestu(Student stu)  {return dao.update(stu);}
    public List<Student> findall()  {return dao.findall();}
}
```

StudentController .java 源程序如下。

```
package mvc.controller;
import java.util.ArrayList;
import java.util.List;
import org.springframework.beans.factory.annotation.Autowired;
import org.springframework.web.bind.annotation.RequestMapping;
import org.springframework.web.bind.annotation.RequestParam;
import org.springframework.web.bind.annotation.RestController;
import org.springframework.web.servlet.ModelAndView;
import mvc.Service.StudentService;
import mvc.model.Student;
@RestController
@RequestMapping(value="/demo")
public class StudentController {
    @Autowired
    private StudentService svc;
    @RequestMapping(value="/select")
    public ModelAndView select(@RequestParam("name") String name)    {
        ModelAndView mav=new ModelAndView("view");
        List<Student>stu=new ArrayList();
        stu=svc.findstu(name);
        mav.addObject("stu",stu);
        return mav;
    }
    @RequestMapping(value="/insert")
    public int  insertstu(@RequestParam("id") String id,@RequestParam("name")
String name, @RequestParam("email") String email)    {
        Student stu=new Student(id, name, email);
        return svc.insertstu(stu);
    }
    @RequestMapping(value="/delete")
    public int deletestu(@RequestParam("name") String name)    {
        return svc.deletestu(name); }
    @RequestMapping(value="/update")
    public int updatestu(@RequestParam("id") String id,@RequestParam("name")
String name, @RequestParam("email") String email)    {
        Student stu=new Student(id,name,email);
```

```
        return svc.updatestu(stu);
    }
    @RequestMapping(value="/findall")
    public ModelAndView findall(){
        ModelAndView mav=new ModelAndView("view");
        List<Student>stu=new ArrayList();
        stu=svc.findall();
        mav.addObject("stu",stu);
        return mav;
    }
}
```

Springdemo.java 源程序如下。

```
package mvc;
import org.springframework.boot.SpringApplication;
import org.springframework.boot.autoconfigure.SpringBootApplication;
@SpringBootApplication
public class springdemo {
    public static void main(String[] args) {  SpringApplication.run(springdemo.
class, args);  }
}
```

6) 创建 View 层

视图层结构如图 5-150 所示。为实现如图 5-150 所示的结构,首先需要在 src\main\resources 下创建 templates 目录,如图 5-151 和图 5-152 所示。

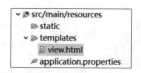

图 5-150　视图层结构

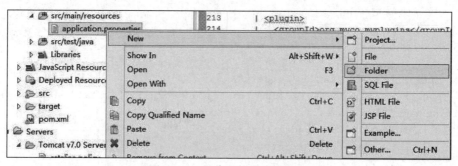

图 5-151　新建文件夹快捷操作

　　然后在其下创建文件 view.html,选中 templates 文件夹,右击,在弹出的快捷菜单中选择 New 选项,在弹出的 New HTML File 窗口中将文件命名为 View.html,如图 5-153 所示。

　　View.html 内 body 标签中的代码如下(其中的样式都可以改,具体参看 thymeleaf 语法)。

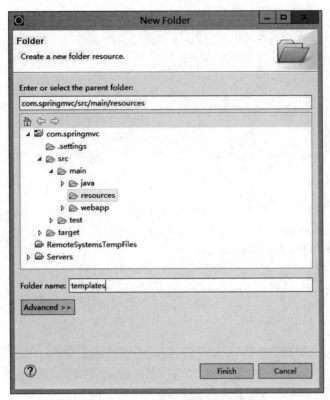

图 5-152　新建 template 文件夹

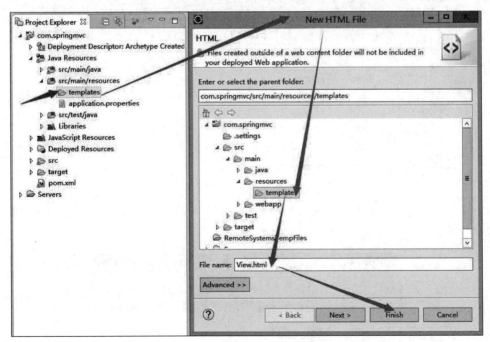

图 5-153　新建 View.html 文件

```
<table border="1">
        <tr th:each="stu:${stu}">
        <td th:text="${stu.id}"></td>
        <td th:text="${stu.name}"></td><td th:text="${stu.email}"></td>
        </tr>
</table>
```

thymeleaf 依赖在 pom.xml 中相关配置如下。

```
<dependency>
        <groupId>org.springframework.boot</groupId>
        <artifactId>spring-boot-starter-thymeleaf</artifactId>
</dependency>
```

7) 作为 Java Application 运行 springdemo.java

如图 5-154 所示，选中 mvc 包内的 springdemo.java 文件，作为 Java Application 运行，控制台输出如下的信息，表示运行成功。

```
2023-03-13 08:43:56.511  INFO 45592 --- [ main] mvc.springdemo : Started
springdemo in 3.627 seconds (JVM running for 4.016)
2023-03-13 08:43:56.511  INFO 45592 --- [ main] mvc.springdemo : Started
springdemo in 3.627 seconds (JVM running for 4.016)
```

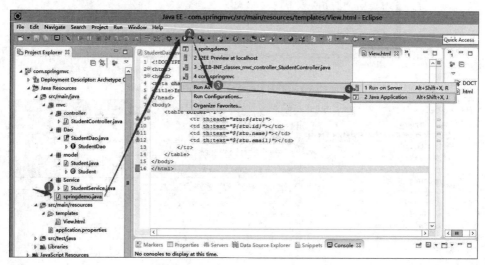

图 5-154　运行 springdemo.java 程序

在火狐浏览器的地址栏中输入"http://localhost:8888/demo/findall"，验证结果如图 5-155 所示。

图 5-155　浏览器验证 findall 请求的运行结果

5.4 面向 Web 服务的软件系统构造

5.4.1 运用 VS2022 新建 Web Service 项目

1. 新建 Web Service 项目

在 VS2022 中新建 Web Service 项目,需要.NET Framework 项目及其模板以及早期项目的模板,为此需要修改安装,运行 Visual Studio Community 2022-17.5.1,选中图 5-156 中框选的安装选项,执行修改安装。

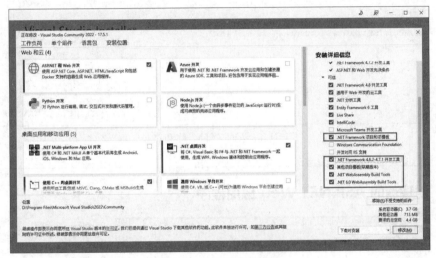

图 5-156 追加安装选项

修改安装完成后,重新启动 VS2022,选中 C♯语言 Windows 平台的 ASP.NET Web 应用程序(.NET Framework)模板创建一个名称为 WebApplicationService 的空项目,如图 5-157~图 5-159 所示。

图 5-157 选择 ASP.NET Web 应用程序(.NET Framework)模板

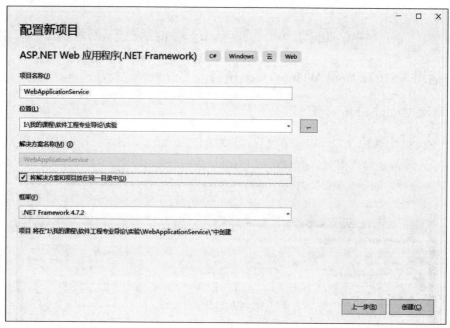

图 5-158　配置项目名称和路径

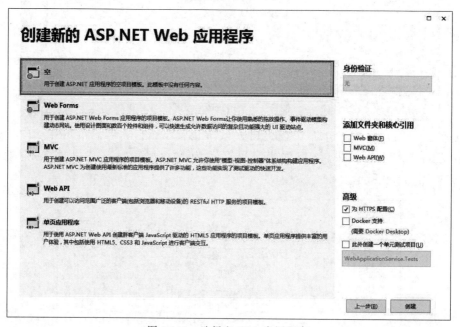

图 5-159　选择空 Web 应用程序

2. 向 Web Service 项目添加 Web 服务

1) 添加新建项: Web 服务

WebApplicationService 空项目新建完成后,集成开发环境默认配置的文件资源如图 5-160 所示。选中解决方案下的 WebApplicationService 项目,右击,在弹出的快捷菜单中选择"添

加"→"新建项"选项,弹出"添加新项"对话框,如图 5-161 所示,在新项类型列表中选择
"Web 服务（ASMX）"选项,将其命名为 ComputeService.asmx,如图 5-162 所示,单击"添
加"按钮执行添加。

图 5-160　空 Web 项目的解决方案

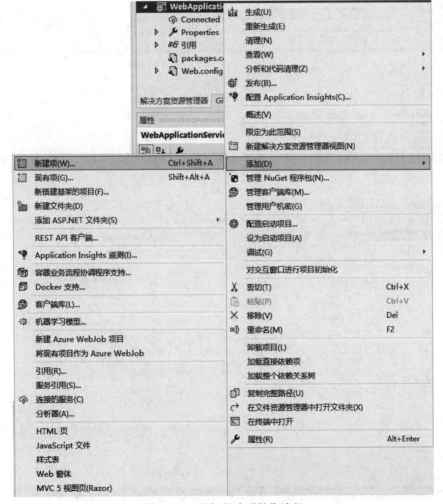

图 5-161　添加新建项操作路径

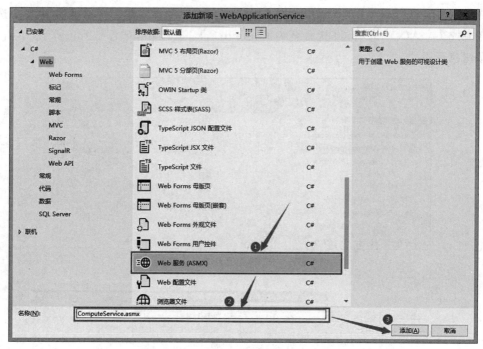

图 5-162 添加 Web 服务(ASMX)新项

2) 添加 Add()方法

ComputeService.asmx 新项添加完成后,集成开发环境会配套新建一个 ComputeService 类,其类的默认内容如图 5-163 所示。在图 5-163 中,给出了 HelloWorld()方法样例,集成开发环境为 HelloWorld()方法加了脚本标注[WebMethod],当发布后该方法可被公开引用。

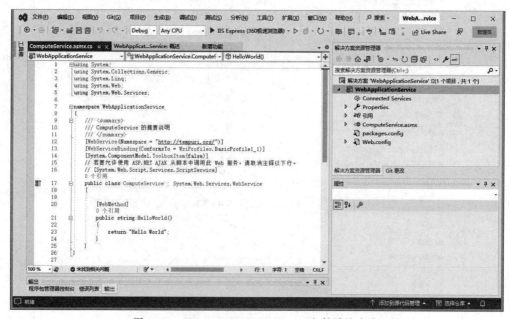

图 5-163 ComputeService.asmx.cs 文件默认内容

开发人员参照 HelloWorld()方法编写自定义的 Add()方法,实现对两个长整型数求和,如图 5-164 所示。

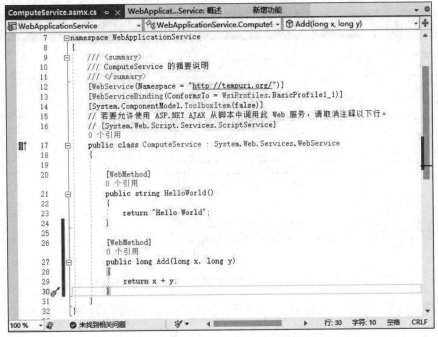

图 5-164　添加自定义的 Add()方法

3. 调试状态下测试 Web 服务

调试运行 WebApplicationService 项目,集成开发环境会调用默认浏览器打开 ComputeService.asmx,可以看到两个 Web 服务:Add 和 HelloWorld,如图 5-165 所示。单击 Add()方法执行测试进入如图 5-166 所示的网页。

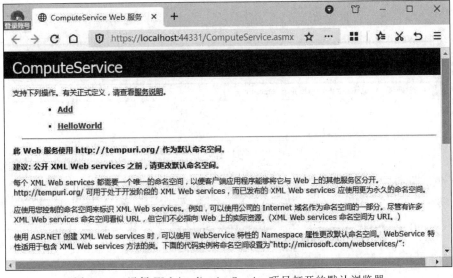

图 5-165　运行 WebApplicationService 项目打开的默认浏览器

图 5-166　Add()方法测试网页

如图 5-166 所示输入 x 和 y 的值,单击"调用"按钮的运行结果如图 5-167 所示。

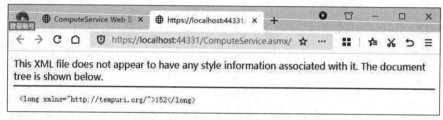

图 5-167　Add()方法测试结果网页

4. 在 VS2022 中发布 Web 服务到文件系统目录

1) 新建项目发布目标文件夹

假设把 WebApplicationService 项目发布到文件夹 E:\MyProjectEdmo\ComputeService,需要先建立该文件夹,如图 5-168 所示。

图 5-168　项目发布目标文件夹

2) 生成发布配置文件

启动 VS2022,打开项目 WebApplicationService,依次选择"生成"→"发布 WebApplicaitonService"→"文件夹"选项,在发布位置中浏览选择 E:\MyProjectEdmo\ComputeService,如图 5-169 和图 5-170 所示。单击图 5-170 中的"完成"按钮,完成发布配置文件的配置。

图 5-169 选择发布目标到文件夹

图 5-170 浏览选择目标文件夹

3）发布项目生成文件

再次选择"生成"→"发布 WebApplicaitonService"选项,弹出如图 5-171 所示的发布状态活页夹,此时处于发布就绪状态,单击图 5-171 右上方的"发布"按钮。项目发布成功后的输出提示信息如图 5-172 所示。此时打开文件夹 E:\MyProjectEdmo\ComputeService 后,其文件和文件夹如图 5-173 所示。

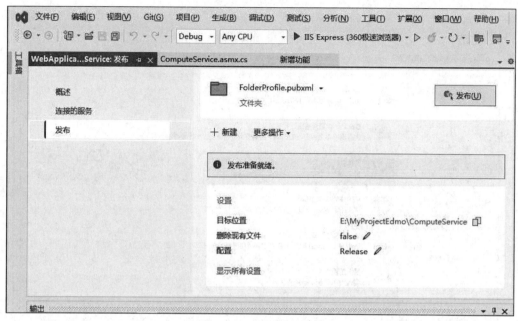

图 5-171 发布就绪状态

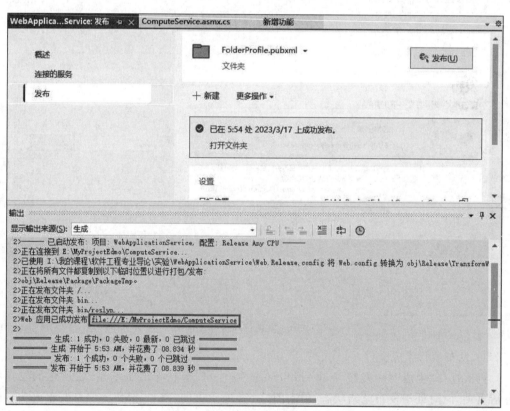

图 5-172 发布成功输出的提示信息

图 5-173　项目发布成功后的目标文件夹

5.4.2　安装 Internet Information Services 8.0

Java Web 项目需要 Web 服务器,如 Tomcat。而 Windows C♯ ASP.NET 项目的 Web 服务器为微软发布 Windows 平台的 Internet Information Services(IIS)。IIS 接收远程的客户端计算机的请求,并做出一个合适的应答。这个基础的功能允许 Web 服务器在局域网或广域网分享并发送信息。一个 Web 服务器可以以多种形式发送信息,如直接传送 HTML 静态文件、文件交换下载或上传文件。

图 5-174　启用或关闭 Windows 功能

为此需要安装 IIS 管理器,下面以 IIS 8.0 为例说明其安装过程。进入控制面板,依次选择"程序和功能"→"启用或关闭 Windows 功能"选项,进入"添加角色和功能向导"窗口,如图 5-174～图 5-178 所示。

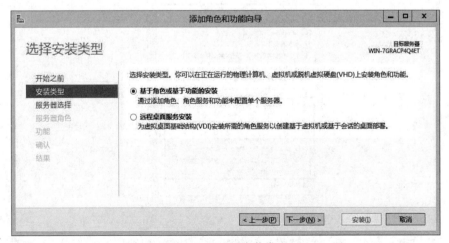

图 5-175　选择安装类型

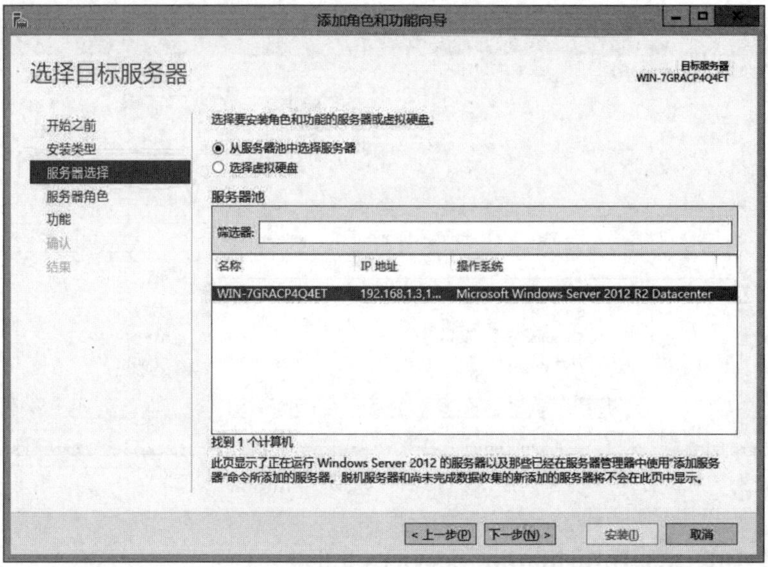

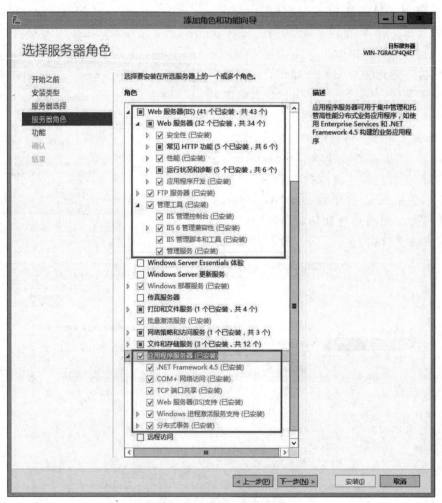

图 5-176　服务器选择

图 5-177　服务器角色选择

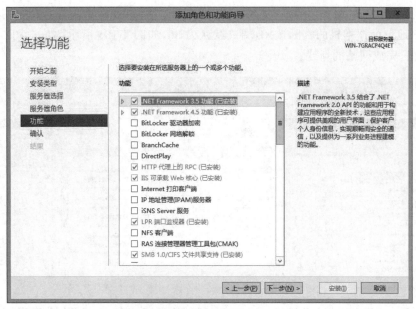

图 5-178 功能选择

单击图 5-178 中的"下一步"按钮,进入功能确认窗口,确认无误后单击"安装"按钮。安装完成后的 IIS 管理器如图 5-179 所示。

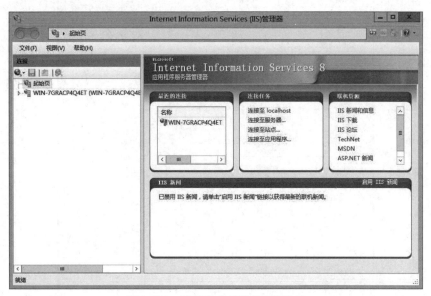

图 5-179 安装完成后的 IIS 管理器

5.4.3 IIS 8.0 下发布 ComputeService Web 服务

1. 新建 ComputeService 网站

启动 IIS 管理器,展开 WIN-7GRACP4Q4ET 主机,选中网站并右击,弹出如图 5-180 所示的快捷菜单。选择如图 5-180 所示的"添加网站"选项,弹出"添加网站"对话框。添加网站的网站名称与 Web 服务名称一致,物理路径与 WebApplicationService 发布的目标文件夹一致,IP 地址根据本机的实际选择,端口默认为 80,如图 5-181 所示。单击图 5-181 中的"确定"按钮,完成网站的新建。

图 5-180　WIN-7GRACP4Q4ET 主机中的网站

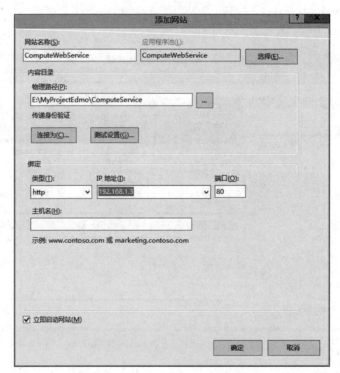

图 5-181　在 WIN-7GRACP4Q4ET 主机中添加 ComputeService 网站

2. ComputeWebService 网站配置

1) 在应用程序池高级设置中启用 32 位应用程序

IIS 应用程序池是将一个或多个应用程序链接到一个或多个工作进程集合的配置。因为应用程序池中的应用程序与其他应用程序被工作进程边界分隔,所以某个应用程序池中的应用程序不会受到其他应用程序池中应用程序所产生的问题的影响。

如图 5-182 所示,在 IIS 管理器中展开 WIN-7GRACP4Q4ET 主机,单击左侧的"应用程序池",在中部的应用程序池选中 ComputeWebService,单击右侧操作列表中的"高级设置",弹出"高级设置"对话框。将"高级设置"对话框中"启用 32 位应用程序"选项值设置为 True,如图 5-183 所示。

图 5-182　ComputeWebService 应用程序高级设置操作路径

图 5-183　启用 ComputeWebService 32 位应用程序

2)启用 ComputeWebService 网站的目录浏览功能

如图 5-184 所示,展开 WIN-7GRACP4Q4ET 主机的网站,依次选择 ComputeWebService→"目录浏览"→"打开功能"选项,弹出 ComputeWebService 网站目录浏览操作,如图 5-185

所示,单击"启用"按钮后,已禁用目录浏览警报解除,如图 5-186 所示。

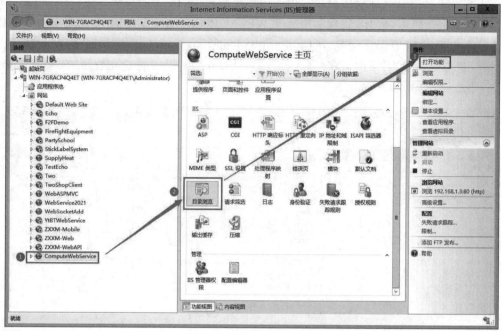

图 5-184　打开 ComputeWebService 目录浏览操作路径

图 5-185　ComputeWebService 目录浏览操作

图 5-186 启用 ComputeWebService 目录浏览

3）添加 ComputeWebService 网站的默认文档

默认文档是客户端打开站点文档的顺序，默认文档必须在项目发布目标文件夹中，ComputeWebService 网站的默认文档为 ComputeService.asmx。添加默认文档为 ComputeService.asmx 需要首先打开 ComputeWebService 网站的默认文档，操作路径如图 5-187 所示。单击图 5-187 中的"打开功能"后弹出默认文档操作，选择"添加"选项，在弹出的"添加默认文档"对话框的"名称"中输入 ComputeService.asmx，如图 5-188 所示。

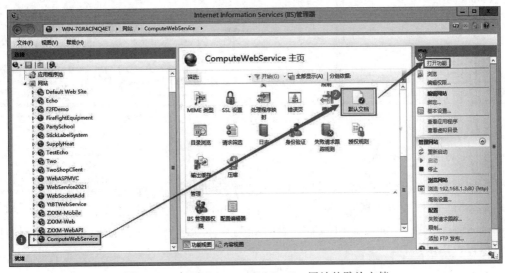

图 5-187 打开 ComputeWebService 网站的默认文档

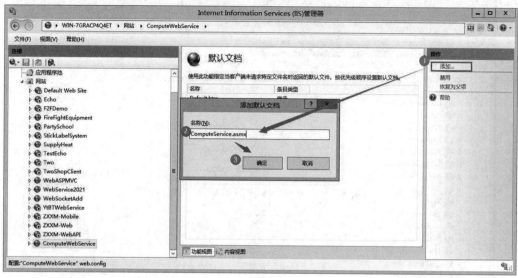

图 5-188　添加 ComputeWebService 网站的 ComputeService.asmx 默认文档

单击图 5-188 中的"确定"按钮,完成默认文档的添加,此时 ComputeWebService 网站的默认文档列表的第一个即为 ComputeService.asmx,如图 5-189 所示。除了 ComputeService.asmx 之外的其他文档是新建网站时由 IIS 管理器默认设置,这些由 IIS 管理设置的文档可以删除。

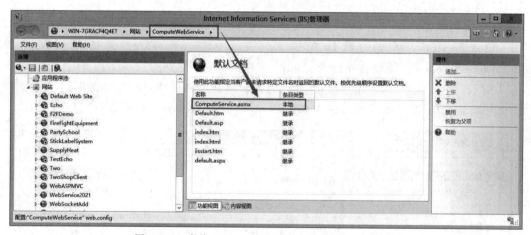

图 5-189　当前 ComputeWebService 网站的默认文档

3. 在浏览器中测试

如图 5-190 所示,展开 WIN-7GRACP4Q4ET 主机的网站,选中 ComputeWebService,单击右侧操作列表中"浏览 192.168.1.3:80(http)",在默认浏览器中打开网站的 ComputeService 服务,如图 5-191 所示,表明新建 Web 服务网站成功,其他能够访问到的应用程序可以引用。

图 5-190 浏览网站操作路径

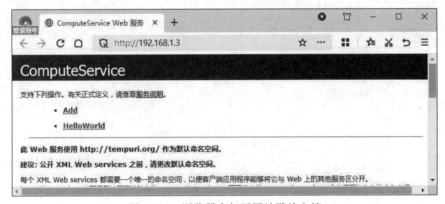

图 5-191 浏览器中打开网站默认文档

5.4.3 VS2022 C♯控制台应用程序访问 ComputeService 方法

1. 在新建项目 TestWebServiceConsole 中添加服务引用

启动 VS2022,基于 C♯和 Windows 控制台应用新建 TestWebServiceConsole 项目。新建 TestWebServiceConsole 完成后,在右侧解决方案中选中 TestWebServiceConsole 项目,右击,弹出如图 5-192 所示的快捷菜单,依次选择"添加"→"服务引用"选项,弹出"添加服务引用"类型选择,如图 5-193 所示。

在图 5-193 中,选择 WCF Web Service,单击"下一步"按钮,进入"添加新的 WCF Web Service 服务引用"对话框。如图 5-194 所示,在"添加新的 WCF Web Service 服务引用"对话框中,首先在 URI 栏目中输入 http://192.168.1.3,接着单击"转到"按钮,服务栏目中会出现 ComputeService,选中 ComputeService 后,在"命名空间"中输入 ComputeServiceReference,最后单击"下一步"按钮,弹出"指定数据类型选项"对话框。如图 5-195 所示,选中重新使用所有引用的程序集中的数据类型,单击"下一步"按钮,如图 5-196 所示设置生成类访问级别为 Public,单击"下一步"按钮完成配置,弹出显示服务配置进度提示框,图 5-197 表示服务引用配置完成。

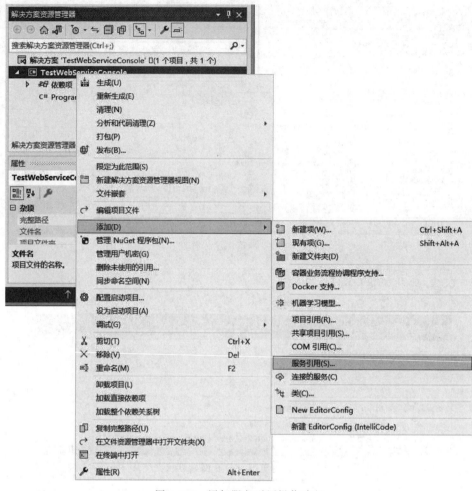

图 5-192　添加服务引用操作路径

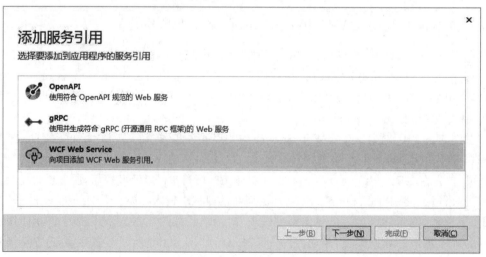

图 5-193　选择服务引用类型

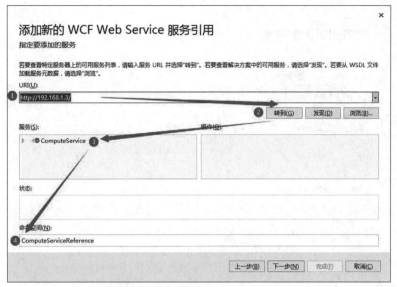

图 5-194　查看 http://192.168.1.3 主机上的 Web 服务

图 5-195　指定服务引用的数据类型选项

图 5-196　设置生成类的访问方式

图 5-197　服务引用配置进度状态提示

2. 在项目 TestWebServiceConsole 中调用服务引用

Web 服务引用成功后,解决方案中 TestWebServiceConsole 下新增了 Connected Services 目录,展开该目录后能够看到 Web 服务引用 ComputeServiceReference,如图 5-198 所示。

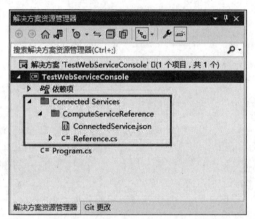

图 5-198　TestWebServiceConsole 连接的服务引用

1) 添加 NuGet 程序包源

为使得调用 ComputeServiceReferenceClient 类的 Add()方法能够通过编译和链接,需要添加并设置 api.nuget.org 包源为 https://api.nuget.org/v3/index.json,操作路径如图 5-199 所示,选择"程序包管理器设置"选项后,弹出"选项"对话框。在"选项"对话框中展开"NuGet 包管理器"选项,选中"程序包源",单击右上方的➕图标,包源中会出现一条默认包源记录,选中该记录,如图 5-200 所示。在图 5-200 中,把"名称"由 Package source 改为 api.nuget.org,把"源"由 https://Packagesource 改为 https://api.nuget.org/v3/index.json,然后单击"更新"按钮,如图 5-201 所示。包源更新完成后,包源中有两条记录,如图 5-202 所示。

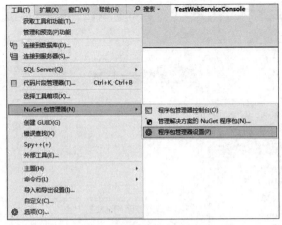

图 5-199　程序包管理器操作路径

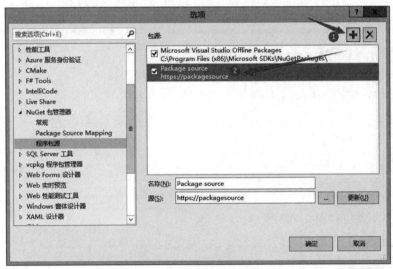

图 5-200　"选项"对话框

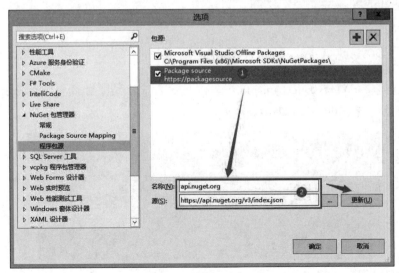

图 5-201　更新包名称和源

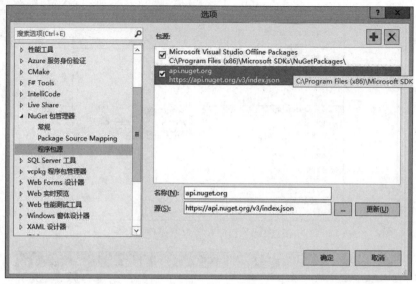

图 5-202　更新后的包源

2）在 Program.cs 中添加调用 Web 服务 Add()方法的程序

打开 TestWebServiceConsole 项目的主文件,其内容如下。

```
//See https://aka.ms/new-console-template for more information
using ComputeServiceReference;
ComputeServiceReference.ComputeServiceSoapClient x = new ComputeServiceReference.
ComputeServiceSoapClient(new ComputeServiceSoapClient.EndpointConfiguration());
Task<long> sum = x.AddAsync(100, 200);
Console.WriteLine("100+200="+sum.Result);
```

源程序界面截屏如图 5-203 所示。

图 5-203　Program.cs 的源程序截屏

3）调试运行

调试运行 TestWebServiceConsole 项目的控制台显示结果如图 5-204 所示,表明控制台调用 Web 服务的 Add()方法成功。

图 5-204　控制台测试结果

5.5　运用 Rational Rose 对软件进行 UML 建模示例

5.5.1　Rational Rose 简介

目前应用最广的 UML 可视化建模工具有 IBM Rational Rose、Microsoft Office Visio 和 Enterprise Architect，其他工具还有 Power Designer 等。Rational Rose 包括统一建模语言（UML）、OOSE 以及 OMT。其中，统一建模语言由 Rational 公司 3 位世界级面向对象技术专家 Grady Booch、Ivar Jacobson 和 Jim Rumbaugh 通过对早期面向对象研究和设计方法的进一步扩展得来，它为可视化建模软件奠定了坚实的理论基础。同时这样的渊源也使 Rational Rose 力挫当前市场上很多 UML 可视化建模工具。

Rational Rose 是一个完全能满足所有建模环境（Web 开发、数据建模、Visual Studio、Java 和 C++）灵活性需求的一套解决方案。Rational Rose 允许开发人员、项目经理、系统工程师和分析人员在软件开发周期内将需求和系统的体系架构转换成代码，对需求和系统的体系架构进行可视化。通过在软件开发周期内使用同一种建模工具可以确保更快、更好地创建满足客户需求的、可扩展的、灵活的并且可靠的应用系统。进而消除不必要的资源消耗，理解和精练软件系统。Rational Rose 2007 可做以下一些工作。

（1）运用用例图对需求进行建模。

（2）应用类图表达软件的静态逻辑结构。在类的基础上综合应用顺序图、状态图、协作图和活动图表示系统的动态逻辑结构。使用活动图对业务流程进行表示。

（3）建立构件图表示物理文件，即运行级文件和开发源文件之间的关系以及涉及的进程和线程等。

（4）可对数据库建模，并可以在对象模型和数据模型之间进行正、逆向工程和相互同步。

（5）通过部署图对物理设施（计算机、通信设备和打印机等）及其关系进行模型，表达构件的具体分布和通信连接协议等。

（6）生成目标语言的框架代码，如 Java、C++、VB、Delphi 等。

Rational Rose 2007 成功启动的主界面如图 5-205 所示，包含用例视图、逻辑视图、组件视图和物理视图 4 个方面，支持多种类型多个版本面向对象的开发框架和开发包。

5.5.2　运用 Rational Rose 对基于 SSM 框架的多层软件进行建模

UML 建模项目案例背景为 5.3.6 节的基于 J2EE SSM 框架的分层架构软件，类图、顺序图、构件图和部署图依此案例展开。

1. 类图

项目案例有应用启动类 springdemo、模型（或实体）类 Student、接口类 StudentDao、业务实体类 StudentService、控制类 StudentController 和视图类 View。类之间的关系如图 5-206 所示。

下面以类 Student 为例，说明在逻辑视图中的类图内添加和设置类的过程。

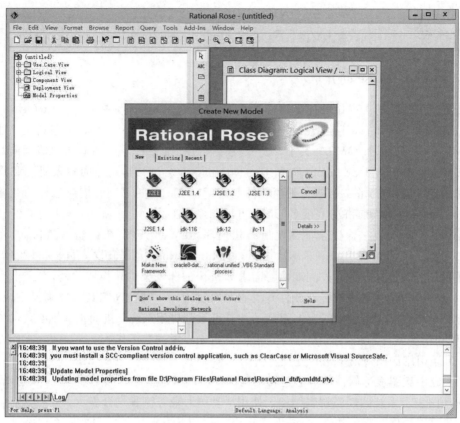

图 5-205　Rational Rose 主界面

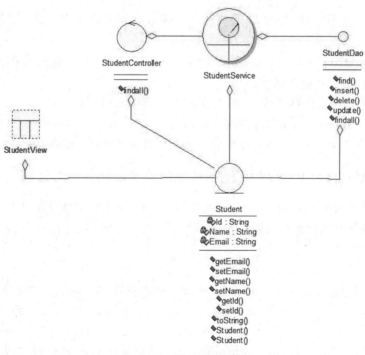

图 5-206　项目案例类图

1）新建类：Student

启动 Rational Rose，依次选择 File→Save As 选项，将文件另存为 Student.mdl。然后选中 Student 的 Logical View，如图 5-207 所示，依次选择 New→Class 选项，Logical View 下新增了"<< >>NewClass"，如图 5-208 所示，将"<< >>NewClass"重新命名为 Student。

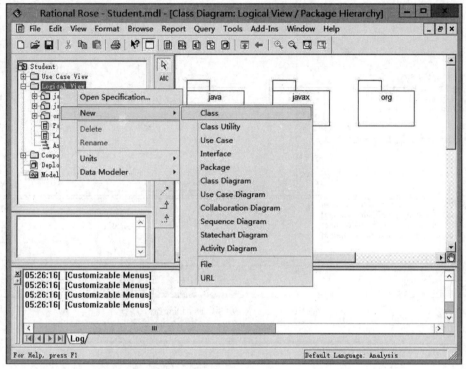

图 5-207　逻辑视图中新建类操作路径

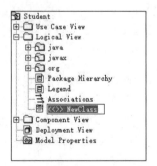

图 5-208　对新建类进行重命名

2）将 Student 类的 StereoType 设置为 entity

如图 5-209 所示，选中 Student 按住鼠标将之拖入右侧的类图编辑区中。在类图编辑区中选中 Student 类并右击，弹出操作 Student 的快捷菜单，如图 5-210 所示。选择图 5-210 中的 Open Specification 选项，弹出 Student 类说明对话框。在 Student 类说明对话框中展开 Stereotype 下拉列表，选中 entity 后单击 Apply 按钮，如图 5-211 所示，此时类图中的 Student 图标变为○。

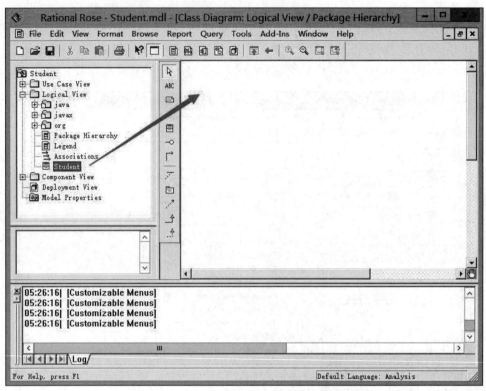

图 5-209　将 Student 类拖曳到 Class Diagram 操作路径

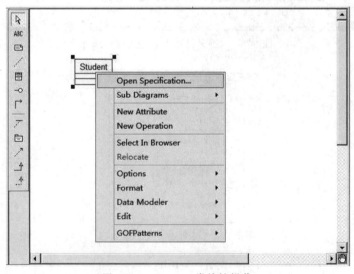

图 5-210　Student 类快捷操作

3）向 Student 类添加属性

如图 5-212 所示，打开 Class Specification for Student 对话框，选中 Attributes 选项卡，在白色的属性编辑区内右击，弹出快捷菜单，依次插入属性：Id、Name 和 Email，如图 5-213 所示。

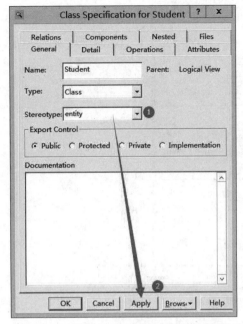

图 5-211　设置 Student 的 Stereotype 类型

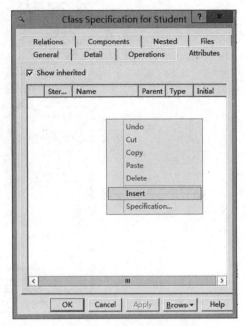

图 5-212　Student 类快捷操作

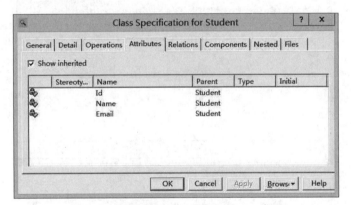

图 5-213　设置 Student 的 Stereotype 类型

4）设置属性的类型

不失一般性，以 Id 属性的类型设置为例加以说明。鼠标左键双击图 5-213 中的 Name 列下的 Id，弹出 Class Attribute Specification for Id 对话框，在 Type 中输入 String，选择 Export Control 为 Private，最后单击 Apply 按钮，如图 5-214 所示。Name 和 Email 属性类型也设置完成后，Class Specification for Student 对话框中的 Attributes 选项卡状态如图 5-215 所示。

5）添加 getEmail 操作（方法或函数）

图 5-216 中包含 Student 类的所有操作。不失一般性，以插入 getEmail 操作（方法或函数）为例说明插入步骤。选中 Class Specification for Student 对话框中的 Operations 选项卡，在 Operations 选项卡的空白编辑区内右击，弹出快捷菜单，单击 Insert 插入一个操作（方法或函数），操作名默认为 opname，如图 5-217 所示。

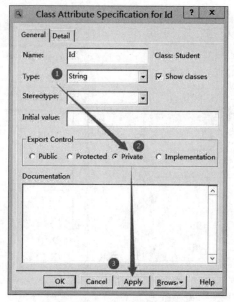

图 5-214 Student 类快捷操作

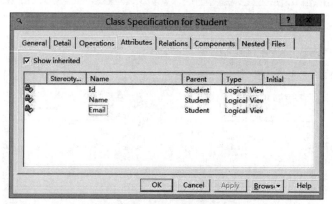

图 5-215 Attributes 选项卡

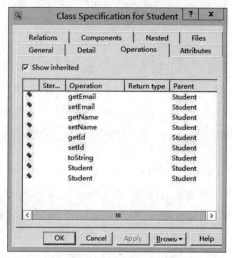

图 5-216 Student 类中的操作(方法或函数)

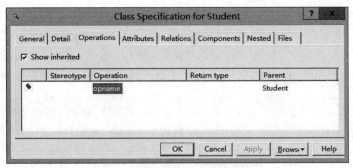

图 5-217　插入一个默认方法

鼠标左键双击图 5-217 中的 opname，弹出 Operation Specification for opname 对话框，在 Name 文本框中输入 getEmail，在 Return Type 文本框中输入 String，Export Control 默认为 Public，单击 Apply 按钮，如图 5-218 所示。getEmail 操作设置应用后如图 5-219 所示。

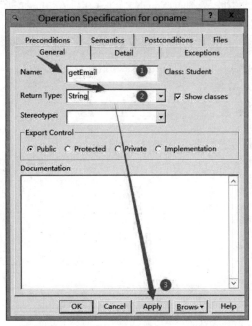

图 5-218　设置 getEmail 方法及其返回值

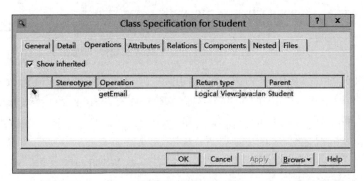

图 5-219　getEmail 操作添加完成后的 Operations 选项卡

6) 向 setEmail()方法中添加输入参数

鼠标左键双击图 5-220 中的 setEmail 操作,弹出 Operation Specification for setEmail 对话框,选中 Detail 选项卡,在 Arguments 空白编辑区中右击,弹出如图 5-221 所示的快捷菜单。选择图 5-221 中的 Insert 选项,添加一个默认参数 argname,如图 5-222 所示。

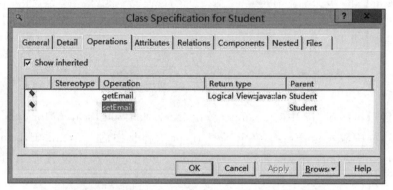

图 5-220　添加 setEmail()方法完成后的 Student 说明

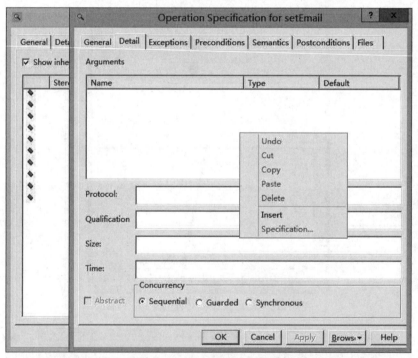

图 5-221　向 setEmail 函数中插入参数操作路径

鼠标左键双击图 5-222 中的 argname,弹出 Argument Specification for argname 对话框,在 Name 文本框中输入 email,在 Type 文本框中输入 String,最后单击 Apply 按钮,如图 5-223 所示。单击图 5-223 中的 Apply 按钮后,返回到 setEmail 操作参数编辑界面,此时可见输入参数 email,如图 5-224 所示。

类 Student 所有操作添加和设置完成的类 Operation 说明如图 5-225 所示。类 Student 的原型、属性和操作添加和设置完成后的表示如图 5-226 所示。

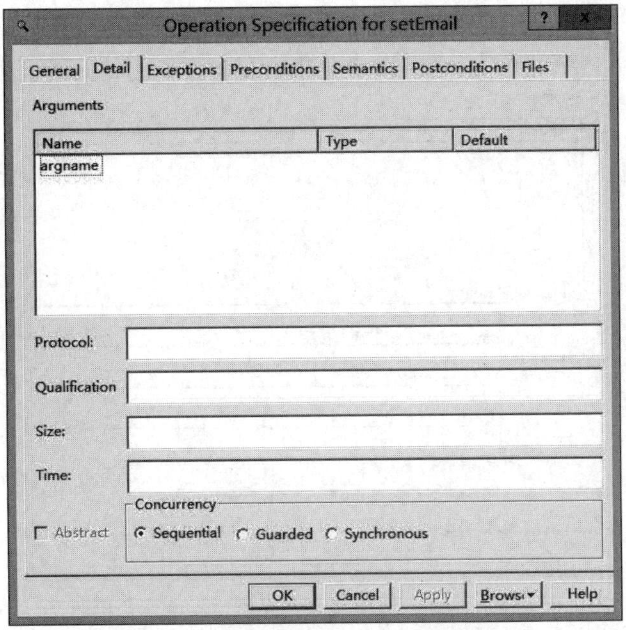

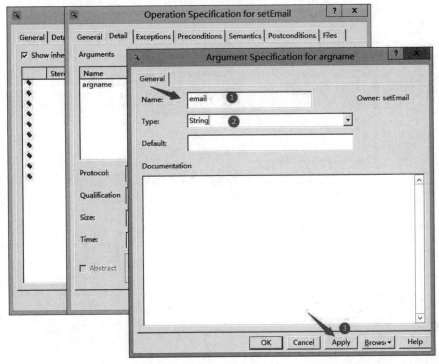

图 5-222　setEmail 函数中插入默认参数 argname

图 5-223　将默认参数 argname 修改为 email 操作路径

2. 顺序图

为便于区分,先将类图的名字由 Package Hierarchy 改成 ClassDiagram,如图 5-227 所示。接下来,以用户在浏览器中执行 findall 为例说明顺序图的建立过程。

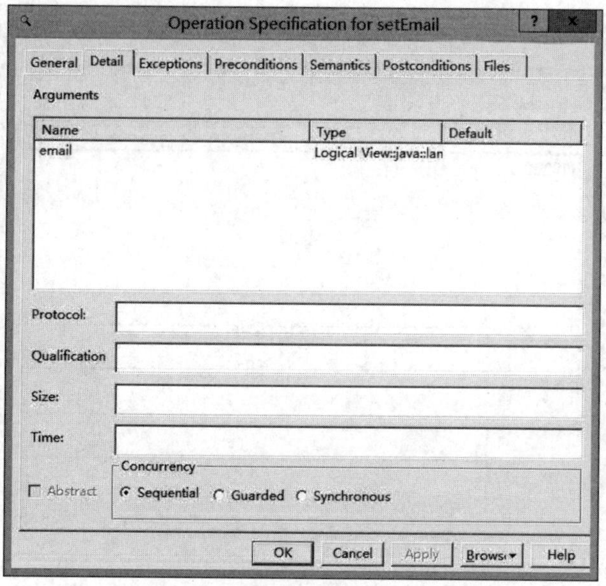

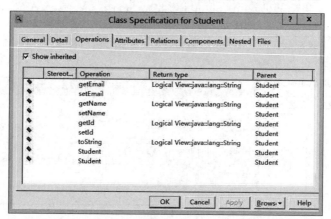

图 5-224　email 应用完成后的 setEmail 操作说明

图 5-225　Student 类的所有操作设置完成后的类说明

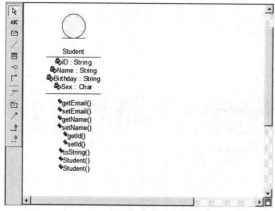

图 5-226　Student 类设置完成后的图形表示

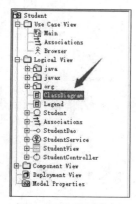

图 5-227　类图改名

1）向 Logical View 中插入顺序图 SequenceDiagramFindAll

如图 5-228 所示，选中 Logical View，右击，在弹出的快捷菜单中选择 New→Sequence Diagram 选项，把新增的顺序图重命名为 SequenceDiagramFindAll，如图 5-229 所示。

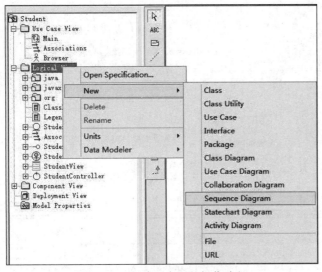

图 5-228　新建顺序图的操作路径

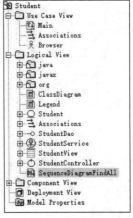

图 5-229　重命名顺序图

2）向 SequenceDiagramFindAll 中拖入参与者和类

用鼠标按住左侧需要的图元拖入顺序图白色编辑区中，首先拖入参与者 Browser，然后依次拖入 4 个类：StudentView、StudentController、StudentService 和 StudentDao，4 个类被拖入后 Rose 将这 4 个类实例化为对象。

3）从前到后按时间顺序用消息将对象连接起来

浏览者对象 Browser 利用浏览器向控制器对象 StudentController 发送同步消息 findall，控制器对象 StudentController 收到消息后调用业务逻辑对象 StudentService 处理，业务逻辑对象 StudentService 调用 StudentDao 对象的 findall 接口，StudentDao 对象从 findall 接口收到消息后向数据库发起一次查询。

4）从后向前按消息返回时间顺序将返回消息和类型标记在两个对象之间

数据库把查询结果返回给 StudentDao 对象的 findall 接口后，StudentDao 对象将结果返回给业务逻辑对象 StudentService，业务逻辑对象 StudentService 收到查询结果后，将结果返回给控制器对象 StudentController，控制器对象 StudentController 收到查询结果后，将数据填充到视图 StudentView，填充完毕后将视图 StudentView 返回给浏览器供浏览者查看。

综上，顺序图的建立结果如图 5-230 所示。

3. 构件图

1）源程序级

项目案例调试源程序前安装并启动了 SQL Server 数据库服务器实例 LHB2008_1，利用 SQL Server Management Studio 在服务器实例 LHB2008_1 中建立了 branch 数据库，branch 数据库添加了项目案例所需的 Student 表。项目 Eclipse Maven 案例在 Maven

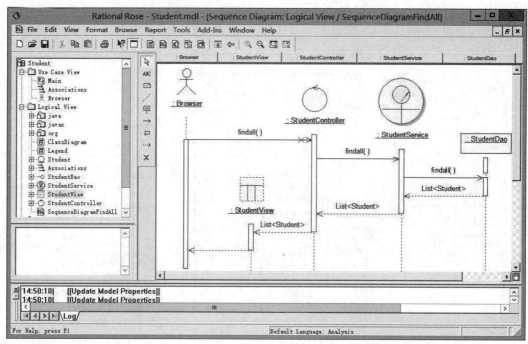

图 5-230　顺序图 SequenceDiagramFindAll

Preferences 的 Setting 项中设置了 pox.xml 内指明的第三方依赖包库安装位置,由 Spring Boot 添加 Tomcat 服务器。项目案例源程序中建有 mvc 包,其内有运行启动类和三个子包。项目案例访问 branch 数据库的参数被记录在 application.property 文件中。综上,建立顶层构件图,如图 5-231 所示。将 mvc 展开后,向其中添加的构件和依赖关系如图 5-232 所示。展开子包 service,向其中添加 StudentService.java 子程序,如图 5-233 所示。

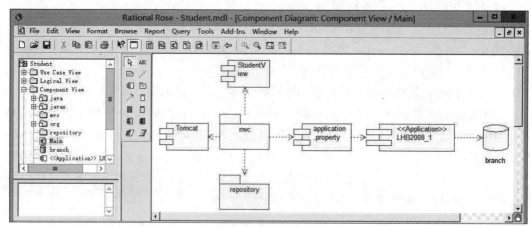

图 5-231　顶层构件图

2) 运行级

首先将组件图名称由 Main 改成 MainSource,然后新增名称为 MainRun 的组件图。这样,MainRun 为运行级的组件图,而 MainSource 为源程序级组件图。运行级组件图如图 5-234 所示。

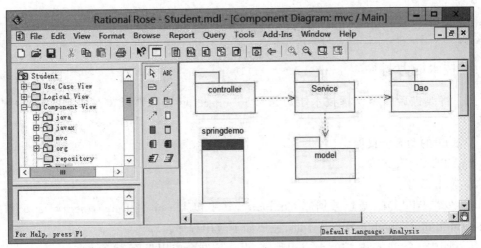

图 5-232　mvc 包内构件

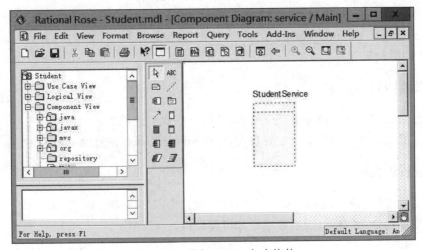

图 5-233　子包 service 包内构件

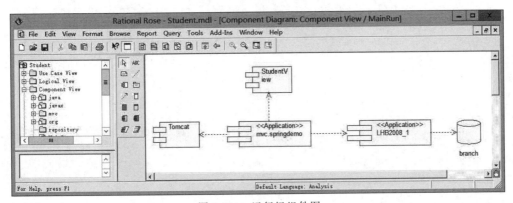

图 5-234　运行级组件图

5.6 导 产 导 研

5.6.1 技术能力题

（1）将改进后的第 4 章技术能力题目 Fibonacci 函数分别封装在如下的构件中予以实现。

① C++ 的动态链接库。

② ATL COM 组件。

③ Web 服务。

（2）安装 MySQL，新建数据库 Company，其中包含一个表 Department（Department_Name，Building，Telephone）。基于此，完成如下应用程序。

① 利用 VS2022 C++ 控制台应用程序，设计控制台应用界面，实现对 Department 的增加、删除、修改和查询。

② 利用 J2EE 的 SSM 框架，设计网页，实现对 Department 的增加、删除、修改和查询。

（3）运用 IBM Rational Rose，对（2）题进行 UML 软件建模，给出用例图、类图、增加的顺序图、构件图和部署图。

5.6.2 思政题目

（1）评估 5.6.1 节（1）的互联互通能力，分析互联成本的优劣。

（2）分析 5.6.1 节（2）界面的友好程度，分析两种界面风格的社会可行性。

5.6.3 拓展研究题

分别运用 VUE、React、Bootstrap、小程序、微信小程序框架实现 5.6.1 节（2）界面，然后分析高内聚低耦合性、自适应性、兼容性和可移植性。

软件的生命周期

软件生命周期概念的提出,旨在化解软件开发的复杂性和多样性,消除软件相关方理解的不一致,使用自动化的分析、设计、测试和管理工具进行建模和测试。软件生命周期贯穿软件工程的始终。

6.1 导学导教

6.1.1 内容导学

本章内容导学图如图 6-1 所示。

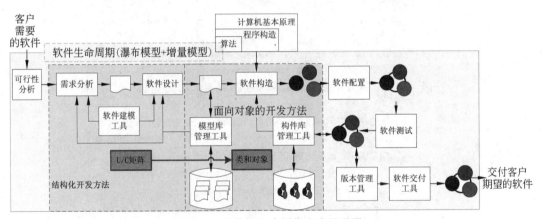

图 6-1 软件的生命周期内容导学图

6.1.2 教学目标

1. 知识目标

掌握软件生命周期提出的背景、基本含义和基本过程,掌握各种模型的内容、区别和联系,掌握软件生态环境的定义和演化路线。

2. 能力目标

能够根据项目实际,恰当选用软件生命周期模型、开发方法和开发工具。

3. 思政目标

了解云环境对于可持续发展的支撑作用,调研并分析国内 IaaS 和 PaaS 提供商提供的服务,撰写专业规范的调研报告。

6.2 软件特性及其影响

1. 软件层次和特性

《华尔街日报》曾刊登了著名投资家(前 Netscape 创始人)马克·安德森(Marc Andreessen)的文章《为什么软件正在占领全世界》,文中的基本观点是:没有软件,一切皆不可想象。在计算机系统中,软件是灵魂,硬件是物质基础,软件在计算机系统中的层次结构如图 6-2 所示。

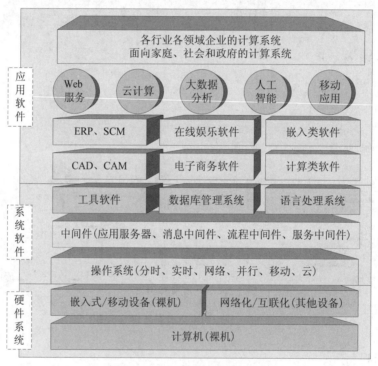

图 6-2 计算机系统的软件层次

从图 6-2 中不难看出,软件不仅是程序,而且是更为复杂的系统,是基于某种结构或者过程而组织起来的生态环境,具有复杂性、不可见性、模糊性和可塑性。

软件是复杂的,是人类思维和智能的一种延伸和在异体上的再现,远比任何以往人类的创造物都要复杂得多。软件的复杂性是软件的固有属性、本质特性。软件是不可见的,它是客观世界空间和计算机空间之间的一种逻辑实体,不具有物理的形体特征。软件本身是利用一套严密的二进制指令所构成的程序进行任务处理二进制的系统,是非常精密的。但程序员编程时具有模糊性和误差,需要经过跟踪、调试和排错,不可能一次性运行程序而获得正确的结果。软件的可塑性支持人们迭代编程、逐步求精和增量式开发,直至交付合格的软件。

2. 软件特性的影响

秋千制作过程的漫画(如图 6-3 所示)最早出现在 20 世纪 70 年代。后来秋千漫画出现了许多变种,都是用来比喻软件开发过程和管理的漫画。秋千漫画描述了为满足制作秋千这个客户需求过程中,各个部门之间的理解、配合及最后完成需求的差异。

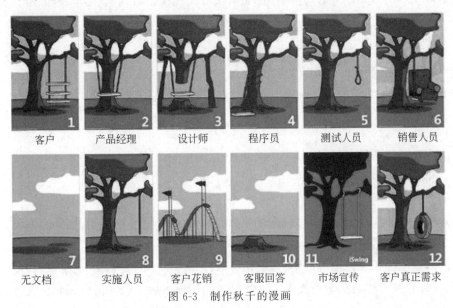

图 6-3 制作秋千的漫画

该漫画的主题是描述软件开发项目中的感知差距。这幅漫画也在企业的管理层中流行起来,主要用于在项目出现问题时找出问题所在。

一个秋千的制作可以引发各个部门对该秋千理解和实际完成的差异性,这些差异性的存在有的人认为是沟通问题,例如,听不明白客户的需求等。与此同时,该漫画也揭示了产品开发中的一些问题,并提醒任何项目参与者什么该做和什么不该做。

先来看看如图 6-3 所示这幅漫画,下面按照从左到右从上到下的顺序依次来叙述每幅画的寓意。

1) 客户

我家有三个小孩,需要一个能三个人用的秋千。它将一条绳子吊在我园子里的树上。客户在描述需求时倾向于提供过多的信息。

2) 产品经理

秋千实在太简单了,将一块板子两边用绳子吊起来,挂在两个树枝上。

3) 设计师

按照产品经理的要求设计产品。两个树枝上挂上秋千哪还能荡漾起来?除非是把树从中截断再支起来,这样就满足要求了。

4) 程序员

开始写程序。两条绳,一块板,一棵大树,接在树的中段;太简单了,工序完成。

5）测试人员

收到开发部门的产品进行测试。对一根在末端系了个圈的绳子进行测试。

6）销售人员

产品终于完成,销售人员开始向客户推销：通过人体工程力学多方面研究,本着为顾客服务出发,我们的秋千产品让您如同坐沙发一样舒适。

7）查阅文档

当需要文档时,总找不到。这么小的工程没有文档很正常,只要需求说明书与合同就可以了。

8）实施人员

交付产品时只要把绳子系在树上就可以了。

9）客户花销

花了这么多钱,真的能和过山车相媲美了。

10）客服

解决问题的方法简单粗暴。

11）市场宣传

做的广告是相当的高大上。

12）客户真正需求

客户真正想要的只是一个简单的轮胎秋千。

如何消除软件相关方理解的不一致、化解软件相关工作的复杂性、满足软件开发的多样性、保证软件相关工作的正确衔接呢？解决措施是用模型表达软件需求和软件设计,以消除客户描述、产品经理理解、设计师设计、软件编程测试与实施的不一致,把复杂多样的软件系统分解为若干过程,过程之间用工程化的文档衔接,运用自动化的工具保证相关过程衔接的正确性,如图 6-4 所示。

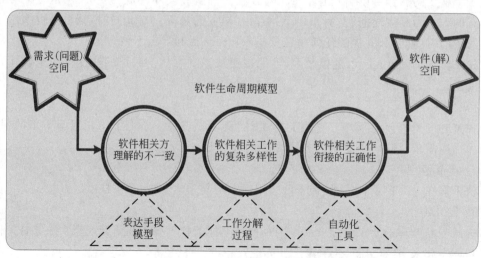

图 6-4　软件相关问题的解决措施

6.3 软件的生命周期及基本过程

软件生命周期是软件从产生到报废的生命周期,包括开发策划、需求分析、软件设计(概要设计与详细设计)、软件编程、软件测试(单元测试、集成测试、系统测试、验收测试)、运营维护 7 个阶段,概括起来,包括软件策划、软件开发和运行维护 3 个时期。

(1)开发策划。主要完成问题定义、可行性论证、制订开发计划和项目申报立项,明确"要解决什么问题"。

(2)需求分析。需求分析和定义阶段的任务不是具体地解决问题,而是确定软件须具备的具体功能和性能等,即"必须做什么"及其他指标要求。

(3)概要设计。主要设计软件的总体(外部)结构、组成模块、模块层次结构、调用关系及功能,并设计总体数据结构等。

(4)详细设计。对模块功能和性能等进行具体技术描述,并转换为过程描述。

(5)软件编程。又称编码(具体实现),将模块的控制结构转换成程序代码。

(6)软件测试。为了保证软件需求和质量,在设计测试用例基础上对软件进行检测。

(7)运营维护。对交付并投入使用的软件进行各种维护,并记录保存文档。

6.4 软件生命周期模型

模型是对现实系统本质特征的一种抽象、模拟、简化和描述,用于表示事物的重要方面和主要特征,包括描述模型、图表模型、数学模型和实物模型。根据软件开发工程化及实际需要,软件生存周期的划分有所不同,形成了不同的模型,分为瀑布模型、快速原型模型、增量模型、面向对象的模型、螺旋模型、喷泉模型和统一过程模型,其中,前 4 种模型相对而言比较常用。

软件生命周期模型具有以下 4 个方面的作用。

(1)指导人们分解软件相关工作,将软件划分为若干过程。

(2)指导人们确立每一过程的任务和结果。

(3)指导人们研究每一任务执行结果的表达方法。

(4)指导人们研究每一任务正确结果的获取方法。

6.4.1 瀑布模型概述

如图 6-5 所示,瀑布模型将生存期分为计划时期、开发时期和运行时期。计划时期可分为问题定义、可行性分析两个阶段。开发时期分为需求分析、软件设计(概要设计和详细设计)、软件编程、软件测试 4 个阶段。运行时期则需要不断进行运行维护,需要不断修改错误、排除故障,或因用户需求、运行环境的改变进行调整。

使用瀑布模型开发软件具有如下 3 个优点。

(1)开发过程的顺序性。

瀑布模型开发适用于软件需求明确、开发技术成熟、工程管理较严格的场合下使用。为项目提供了按阶段划分的检查点。它提供了一个模板,这个模板使得分析、设计、编码、测试

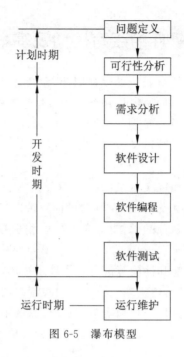

图 6-5 瀑布模型

和支持的方法可以在该模板下有一个共同的指导。

（2）统筹兼顾不过早编程。

当软件分析与设计完成后,才进入软件实现阶段,避免匆忙编程而返工。

（3）严格要求保证质量。

为确保质量,各阶段必须按照要求认真完成规定的文档,各阶段须对完成文档进行复审,及时发现隐患并排除。

瀑布模型硬性地分为多个阶段相互重叠的软件开发过程,随着开发软件规模的增加,隐患大增。而且,各个阶段的划分完全固定,通过过多的强制完成日期和里程碑来跟踪各个项目阶段,阶段之间产生大量的文档,极大地增加了工作量。最后由于开发模型是线性的,用户只有等到整个过程的末期才能见到开发成果,从而增加了开发风险,不能迅速适应用户需求的变化。

6.4.2 快速原型模型概述

快速原型模型又称为原型模型,是增量模型的另一种形式;它在开发真实系统之前,构造一个原型,在该原型的基础上,逐渐完成整个系统的开发工作,如图 6-6 所示。快速原型模型的第一步运用快速原型工具(Axure RP、墨刀、Invision、Proto.io、Mockplus 等)建造一个快速原型,实现客户或未来的用户与系统的交互,用户或客户对原型进行评价,进一步细化待开发软件的需求。通过逐步调整原型使其满足客户的要求,开发人员可以确定客户的真正需求是什么;第二步则在第一步的基础上开发客户满意的软件产品。

快速原型模型克服了瀑布模型的缺点,减少了由于软件需求不明确带来的开发风险。这种模型适合预先不能确切定义需求的软件系统的开发。其缺点是所选用的开发技术和工具不一定主流,快速建立起来的系统结构加上连续的修改可能会导致产品质量低下。使用这

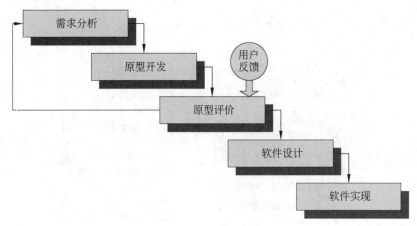

图 6-6 快速原型模型

个模型的前提是要有一个展示性的产品原型,因此在一定程度上可能会限制开发人员的创新。

6.4.3 增量模型概述

增量模型把待开发的软件系统构件化,将模块作为一个增量组件,从而分批次地分析、设计、编码和测试这些增量组件。运用增量模型的软件开发过程是递增式的过程。相对于瀑布模型而言,采用增量模型进行开发,开发人员不需要一次性地把整个软件产品提交给用户,而是可以分批次进行提交。

增量模型又称为渐增模型,也称为有计划的产品改进模型,它从一组给定的需求开始,通过构造一系列可执行中间版本来实施开发活动。每一个版本纳入一部分需求,直到系统完成。每个中间版本都要执行必需的过程、活动和任务。

增量模型是瀑布模型和原型进化模型的综合,它在整体上按照瀑布模型的流程实施项目开发,以方便对项目的管理;但在软件的实际创建中,则将软件系统按功能分解为许多增量构件,并以构件为单位逐个地创建与交付,直到全部增量构件创建完毕,并都被集成到系统之中交付用户使用。

如同原型进化模型一样,增量模型逐步地向用户交付软件产品,但不同于原型进化模型的是,增量模型在开发过程中所交付的不是完整的新版软件,而只是新增加的构件。图 6-7所示是增量模型的工作流程,它被分成以下三个阶段。

(1)在系统开发的前期阶段,为了确保所建系统具有优良的结构,仍需要针对整个系统进行需求分析和概要设计,需要确定系统的基于增量构件的需求框架,并以需求框架中构件的组成及关系为依据,完成对软件系统的体系结构设计。

(2)在完成软件体系结构设计之后,可以进行增量构件的开发。这个时候,需要对构件进行需求细化,然后进行设计、编码测试和有效性验证。

(3)在完成了对某个增量构件的开发之后,需要将该构件集成到系统中,并对已经发生了改变的系统重新进行有效性验证,然后再继续下一个增量构件的开发。

增量模型的最大特点就是将待开发的软件系统组件化。基于这个特点,增量模型具有以下优点。

(1)将待开发的软件系统组件化,可以分批次地提交软件产品,使用户可以及时了解软

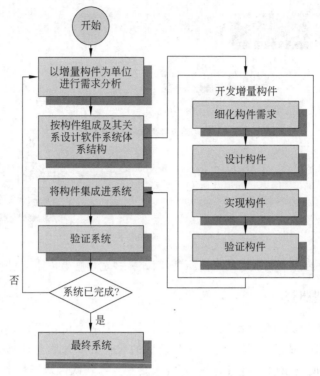

图 6-7 增量模型的工作流程

件项目的进展。

（2）以组件为单位开发软件降低了风险。一个开发周期内的错误不会影响整个软件系统。

（3）开发顺序灵活。开发人员可以对组件的实现顺序进行优先级排序,先完成需求稳定的核心组件。当组件的优先级发生变化时,还能及时地对实现顺序进行调整。

增量模型的缺点是要求待开发的软件系统可以被组件化。如果待开发的软件系统很难被组件化,那么将会给增量开发带来很多麻烦。

增量模型适用于如下 4 个软件开发场景。

（1）软件产品可以分批次地进行交付。

（2）待开发的软件系统能够被组件化。

（3）软件开发人员对应用领域不熟悉,难以一次性地进行系统开发。

（4）项目管理人员把握全局的水平较高。

同瀑布模型和原型模型相比,增量模型具有非常显著的优越性。但是,增量模型对软件设计有更高的技术要求,特别要求软件体系结构具有很好的开放性与稳定性,才能够顺利地实现构件的集成。在把每个新的构件集成到已建软件系统的结构中的时候,一般要求这个新增的构件应该尽量少地改变原来已建的软件结构。因此增量构件要求具有相当好的功能独立性,其接口应该简单,以方便集成时与系统的连接。

6.4.4 基于面向对象的模型

面向对象技术应用非常广泛,构件重用就是其重要技术之一。强调了类的创建与封装,一个类在创建与封装成功后，便可在不同的应用系统中被重用。面向对象技术为基于构件的软件过程模型提供了强大的技术框架。基于面向对象的模型，综合了面向对象和原型方法及重用技术，其工作流程如图6-8所示。

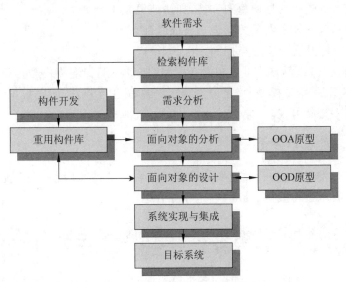

图 6-8　基于面向对象模型的工作流程

6.4.5　软件开发模型的选择

1. 开发模型与开发方法及工具的关系

应用软件的开发过程主要包括系统规划、需求分析、软件设计、实现四个阶段。软件的开发方法多种多样，结构化方法和面向对象的方法是常用的最基本的开发方法。当采用不同的开发方法时，软件的生存周期过程将表现为不同的过程模型。为解决开发工程中大量复杂的手工劳动，提高软件的开发效率，还要采用计算机辅助软件工程 CASE 开发工具来支持整个开发过程。软件的开发模型与开发方法、开发工具之间的关系如图6-9所示。

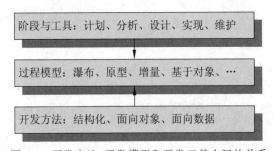

图 6-9　开发方法、开发模型和开发工具之间的关系

2. 软件开发模型选取

常用的是瀑布模型和原型模型，其次是增量模型。各种模型各有其特点和优缺点。选择具体模型时需要综合考虑以下 6 点。

（1）符合软件本身的性质,包括规模、复杂性等。

（2）满足软件应用系统整体开发进度要求。

（3）尽可能控制并消除软件开发风险。

（4）具有计算机辅助工具快速的支持,如快速原型工具。

（5）与用户和软件开发人员的知识和技能匹配。

（6）有利于软件开发的管理与控制。

通常情况下,面向过程方法可使用瀑布模型、增量模型和螺旋模型进行开发;面向对象方法可采用快速原型、增量模型、喷泉模型和统一过程进行开发;面向数据方法一般采用瀑布模型和增量模型进行开发。

3. 软件开发模型的修定

在实际软件开发过程中,开发模型的选定并非直接照抄照搬、一成不变,有时还需要根据实际开发目标要求进行裁剪、修改、确定和综合运用。

6.5　软件开发模型与方法论

如图 6-10 所示,在软件生命周期的各个阶段中建立模型和选择合适方法论的目标是交付客户期望的软件。模型与建模方法,解决一个具体模型如何建立以及如何表达的问题,包括用哪些概念、哪些符号和哪些图形来表达一个具体模型。方法论与体系结构解决一个系统需要建立哪些模型、什么时候建立以及各种模型之间的相互影响关系。

图 6-10　模型和方法论的作用示意图

结构化思维与方法是自顶向下逐层分解的思维方法,用图形表达思维结果。这些图形有业务流程图、数据流程图、HC 图、IPO 图、结构化英语、决策树、判断表、程序流程图、PAD 图。

面向对象的思维与方法识别软件系统中的对象和类,以对象为中心设计和实现软件,用UML 建模表达思维结果。UML 图形有用例图、类图、顺序图、协作图、活动图、状态图、构件图和部署图。

6.6　软件工程生态环境

6.6.1　软件工程生态环境的定义

软件工程生态环境由软件工程环境和软件环境两部分组成,如图 6-11 所示。

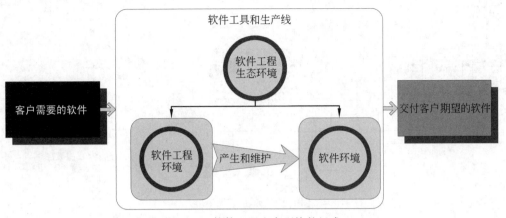

图 6-11　软件工程生态环境的组成

1. 软件工程环境

软件工程环境由以下内容构成。

1）软件生命周期

软件生命周期的 6 个过程：需求分析、概要设计、详细设计、软件编程、软件测试、软件维护。

2）配置管理

配置管理界定软件的组成项目，对每个项目的变更进行版本控制，并维护不同项目之间的版本关联，以使软件在开发过程中任一时间的内容都可以被追溯，包括某些具有重要里程碑意义的组合。

软件配置管理贯穿于整个软件生命周期，它为软件研发提供了一套管理办法和活动原则。软件配置管理无论是对于软件企业管理人员还是研发人员都有着重要的意义。软件配置管理可以提炼为三个方面的内容：版本控制、变更控制和过程支持。

3）项目管理

软件项目管理包括项目人员组织管理、软件测量、软件项目计划、风险管理、软件质量保证、软件过程能力评估、软件配置管理等。这些方面贯穿并交织在整个软件开发过程中，其中人员的组织和管理侧重于项目组人员的组成和优化；软件测量侧重于定量方法，评估软件开发中的成本、生产率、进度和产品质量是否符合预期，包括过程测量和产品测量；软件项目计划主要包括工作量、成本和开发时间的估计，并根据估计值制定和调整项目组的工作；风险管理预测未来可能危及软件产品质量的潜在因素，采取预防措施；软件质量保证是有计划、有组织的活动，以确保产品和服务完全满足消费者的要求；软件过程能力评估是衡量软件开发能力的水平；软件配置管理为开发过程中人员和工具的配置和使用提出了管理策略。

软件工程环境如图 6-12 所示。

2. 软件环境

1）软件构造技术

软件构造技术有函数、对象与类、模块与构件、系统与子系统。

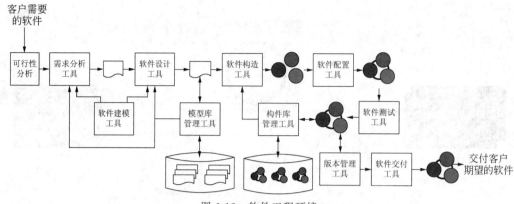

图 6-12　软件工程环境

2）面向对象框架集

主流的面向对象框架集有.NET Framework 和 J2EE，Visual Basic/C++/C♯ 和 ASP. NET 支持.NET Framework，而 Java 支持 J2EE 下的 SSH 和 SSM。

3）开发环境、测试环境和生产环境

三个环境是系统开发的三个阶段：开发→测试→生产，其中，生产环境也就是通常说的真实环境。

（1）开发环境：程序员专门用于开发的服务器，配置可以比较随意，为了开发调试方便，一般打开全部错误报告。

（2）测试环境：一般是复制一份生产环境的配置，一个程序在测试环境下工作不正常，则不能把它发布到生产机上。

（3）生产环境：包含所有功能的环境，任何项目所使用的环境都以这个为基础，然后根据客户的个性化需求来做调整或者修改，正式提供对外服务，一般关掉错误报告，打开错误日志，依靠日志进行软件运行状态跟踪记录。

6.6.2　软件本身生态环境的演化

软件本身生态环境的演化路线是由单一构件向多构件集成、由单机向网络化、由网络化向云服务的方向发展，如图 6-13 所示。

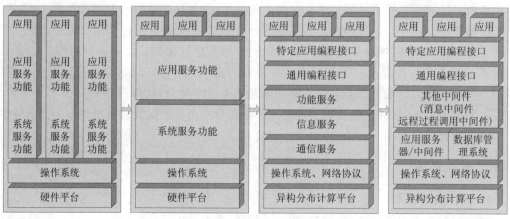

图 6-13　软件本身生态环境的演化

1. 单机单构件应用程序

早期的数据处理系统,利用操作系统的文件进行数据存储和访问,操作系统提供的文件系统调用屏蔽了磁盘操作的物理细节,程序员根据需要调用操作系统的文件服务对文件进行打开、读取、写入或关闭。数据处理系统示例如图 6-14 所示。

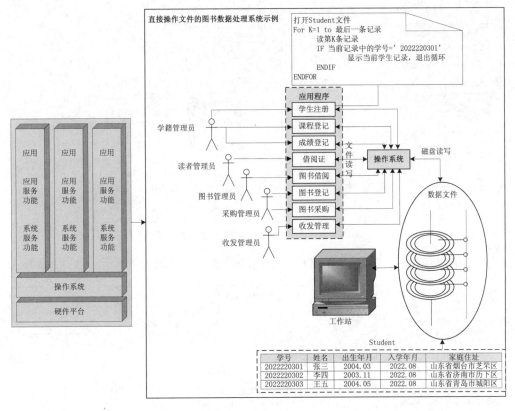

图 6-14　早期的单机单构件数据处理系统示例

2. 基于数据库管理系统的应用程序

由文件系统管理数据,完整性、安全性、并发性、一致性等均由应用程序完成,既增加了应用程序的复杂性和编程工作量,同时又很难保证可靠性,因而数据库管理系统应运而生。数据库管理系统(Database Management System,DBMS)提供了一组访问数据的程序和高效组织和访问数据的方式,又保证了数据的完整性、安全性、并发性、一致性。此时,应用程序只需要专注业务逻辑功能本身,数据的访问控制由数据库管理系统完成。基于数据库管理系统的应用示例如图 6-15 所示。

3. 基于通用编程接口的应用程序

由于不同厂商提供的数据库管理系统提供的数据库操纵语言不尽相同,为了以一致的方式访问不同的数据库管理系统,以降低编写应用程序的负担,便出现了基于 Microsoft Visual Basic/C++/C♯访问数据库的通用编程接口 ODBC 和 Java 语言访问数据库的

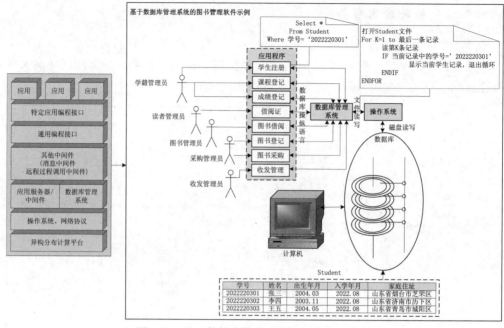

图 6-15　基于数据库管理系统的图书管理系统

JDBC。基于访问数据库通用编程接口的应用示例如图 6-16 所示。

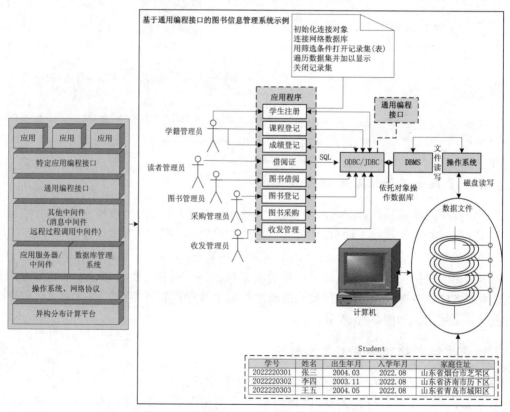

图 6-16　基于 ODBC/JDBC 的图书管理系统

6.6.3 软件开发和运行环境示例

典型的软件环境为 Spring 开发集成框架、Webx 框架、Rails 开发框架和 AJAX 框架。针对通用概念结构,可用于相应分层开发技术和 Spring 框架实现的概念分层如图 6-17 所示。

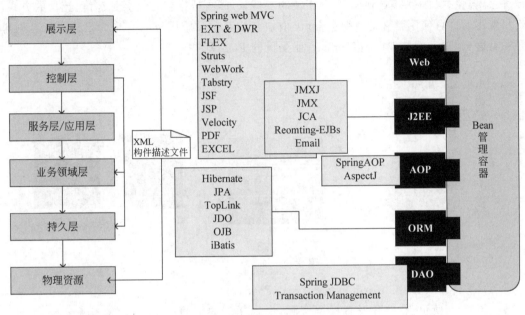

图 6-17 软件开发环境示例

6.6.4 软件之云环境

1. 云计算的定义

云计算是各种虚拟化、效用计算、服务计算、网格计算、自动计算等概念的混合演进并集大成之结果。它从主机计算开始、历经小型计算机计算、客户机/服务器计算、分布式计算、网格计算、效用计算进化而来,它既是技术上的突破(技术上的集大成),也是商业模式上的飞跃。对于用户来说,云计算屏蔽了 IT 的所有细节,用户无须对云端所提供服务的技术基础设施有任何了解或任何控制,甚至根本不用知道提供服务的系统配置和地理位置,只需要"打开开关"(接上网络),坐享其成即可。云计算在技术和商业模式两个方面的巨大优势,确定了其将成为未来的 IT 产业主导技术与运营模式。

云计算是分布式计算的一种,指的是通过网络"云"将巨大的数据计算处理程序分解成无数个小程序,然后,通过多部服务器组成的系统进行处理和分析这些小程序得到结果并返回给用户。云计算早期,就是简单的分布式计算,解决任务分发,并进行计算结果的合并。因而,云计算又称为网格计算。通过这项技术,可以在很短的时间内(几秒钟)完成对数以万计的数据的处理,从而达到强大的网络服务。

云计算采用计算机集群构成数据中心,并以服务的形式交付给用户,使得用户可以像使用水、电一样按需购买云计算资源。从这个角度看,云计算与网格计算的目标非常相似。

2. 云计算的分类

针对服务层次和服务类型,云计算分为 IaaS、PaaS 和 SaaS。

(1) 基础设施即服务(Infrastructure as a Service,IaaS)。

如图 6-18 所示,用户可以根据需要,进入基础设施服务云平台,选择 CPU 核数、内存容量、硬盘容量、操作系统类型、带宽和相关的支持软件,再根据包月/包年或者包流量的方式,支付费用后即可使用弹性计算服务器,国内知名的基础设施服务云有华为云、腾讯云、阿里云和百度云,国外的基础设施服务云有亚马逊的 EC2 等。

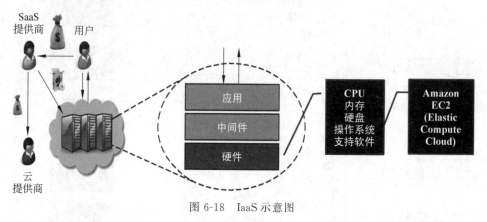

图 6-18　IaaS 示意图

(2) 平台即服务(Platform as a Service,PaaS)。

如图 6-19 所示,软件开发者根据实际,进入相应的中间件平台云,订购自己的开发平台,如国外的 Microsoft Azure、Saleforce 的 Force.com、Google App Engine,国内的华为云、腾讯云、百度云和阿里云对公众有偿提供中间件和数据库。

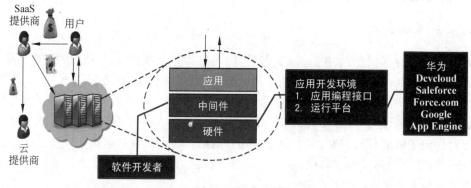

图 6-19　PaaS 示意图

(3) 软件即服务(Software as a Service,SaaS)。

如图 6-20 所示,SaaS 软件以最小的开支为客户提供更多对软件的间接和可伸缩式的访问。SaaS 软件的例子包括基于云服务项目的客户关系管理(CRM)解决方案、用于聊天和视频会议的协作平台、在线生产力套件和费用管理软件等。所有那些都提供更多的与传统授权版本相同或类似的功能,同时更易于管理。对于软件开发人员来说,SaaS 商业模式意味着更快捷、更高效的经常性收入商业模式。

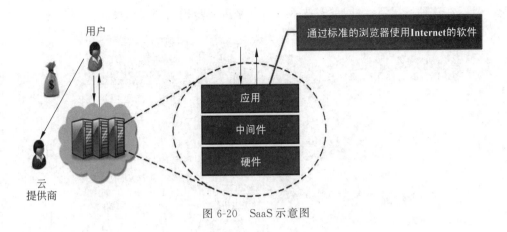

图 6-20　SaaS 示意图

3. 云计算的公共特征

首先,云计算是弹性的,即云计算能根据工作负载大小动态分配资源,而部署于云计算平台上的应用需要适应资源的变化,并能根据变化做出响应。

其次,相对于强调异构资源共享的网格计算,云计算更强调大规模资源池的分享,通过分享提高资源复用率,并利用规模经济降低运行成本。

最后,云计算需要考虑经济成本,因此硬件设备、软件平台的设计不再一味追求高性能,而要综合考虑成本、可用性、可靠性等因素。

基于上述比较并结合云计算的应用背景,云计算的特征归纳为如下 5 点。

1）弹性服务

服务的规模可快速伸缩,以自动适应业务负载的动态变化。用户使用的资源同业务的需求相一致,避免了因为服务器性能过载或冗余而导致的服务质量下降或资源浪费。

2）资源抽象

利用虚拟化技术,以共享资源池的方式统一管理资源,将资源分享给不同用户,资源的放置、管理与分配策略对用户透明。

3）按需付费

以服务的形式为用户提供应用程序、数据存储、基础设施等资源,并可以根据用户需求,自动分配资源,而不需要系统管理员干预。服务可计费。监控用户的资源使用量,并根据资源的使用情况对服务计费。

4）泛在接入

用户可以利用各种终端设备(PC、笔记本电脑、智能手机等)随时随地通过互联网访问云计算服务。

5）快速部署

云计算的环境中资源和应用规模变化大,部署过程所支持的软件系统形式多样,系统结构各不相同,因此对快速部署的要求较高,云计算使用了并行部署或者协同部署技术。

如图 6-21 所示,并行部署是同时执行多个部署任务,将虚拟机同时部署到多个物理机上。并行部署可以成倍地减少部署所需时间,但存储镜像文件所在的部署服务器的读写能力或者部署系统的有线网络带宽却制约实际的并行程度即部署速度。部署多个任务带宽速度会变慢,在这种情况下,协同部署技术可以用来进一步提高部署速度。

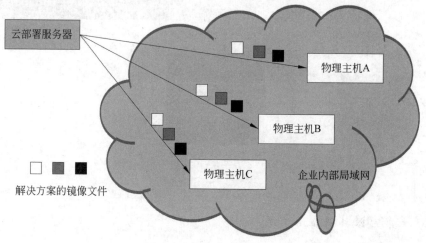

图 6-21　并行部署示意图

协同部署技术的核心思想是将虚拟机镜像在多个目标物理机之间的网络中传输,从而提高部署速度。通过协同部署,部署服务器的网络带宽不再成为制约部署速度的瓶颈,部署的速度上限取决于目标物理机之间的网络带宽的总和。基于虚拟化技术和协同部署技术,可以构建一个协同部署系统,从而保证大规模数据中心中服务的部署速度、效率和质量。协同部署系统的架构包括部署服务器结点和被部署结点,关键模块包括部署控制器、镜像复制器、协同部署器和协同控制器等。

正是因为云计算具有上述 5 个特性,使得用户通过云计算存储个人电子邮件、存储照片、从云计算服务提供商处购买音乐、存储配置文件和信息、与社交网站(QQ、Facebook、LinkedIn、MySpace)互动、通过云计算查找驾驶及步行路线、开发网站以及与云计算中其他用户互动,使用户处理生活、工作等事务更加便捷快速。这些是云计算能在短时间内迅速流行发展起来的重要因素。

6.7　拓展研究题

调研国内 IaaS 和 PaaS 提供商提供服务情况,分析我国的云计算力建设,撰写专业规范的调研报告。

第7章

可行性分析与开发计划

在初步调研的基础上定义软件的功能、性能和使用范围和领域,进而展开经济可行性、社会可行性和技术可行性分析,以尽可能少的投入获得软件能否立项的结论,对于降低立项风险具有重要意义。

7.1 导学导教

7.1.1 内容导学

本章内容导学图如图 7-1 所示。

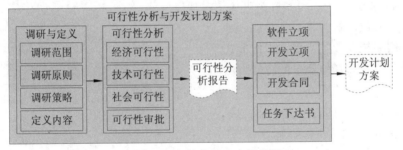

图 7-1 可行性分析内容导学图

7.1.2 教学目标

1. 知识目标

掌握软件项目调研的范围、遵守的原则和采取的策略和所应定义的内容,理解经济可行性、技术可行性和社会可行性分析的内容和意义,了解软件立项与合同的内容。

2. 能力目标

能够根据项目实际,具体而准确地分析经济可行性、技术可行性和社会可行性,撰写专业规范的可行性分析报告,科学地给出是否准予立项的结论。对于准予立项的项目,能够下达专业规范的任务书。

3. 思政目标

理解专业规范的可行性分析报告、立项合同和任务书对于减少开发成本、消除不必要的分歧和不必要的误会、提高开发效率的重要意义。

7.2 软件问题的调研和定义

7.2.1 开发问题的初步调研

对拟研发软件情况(市场需求)先要进行调研和具体细化确认,通过可行性分析确认后才能立项开发。初步调研澄清确定的问题包括拟研发软件相关对象及范围、原因、背景、问题、目标、行业属性、社会环境、应用基础、技术条件、时限要求、投资能力等。

1. 确定调研的范围

对拟研发软件(系统)进行调研,需要事先做好准备,确定调研的具体对象、范围和问题。调研的主要对象是现行系统及相关业务部门,需要深入业务数据处理现场实地观察、收集与阅读相关资料,并以发放问卷调查表、座谈会或交谈等调研方式,对原系统的数据处理过程进行分析、归纳、整理、描述,以获取拟研发新软件涉及的各种具体需求。

调研的范围分为 7 类,可实际视具体情况加以调整。

(1)用户的组织机构和业务功能。

(2)现行系统及业务流程与工作形式。

(3)管理方式和具体业务的管理方法。

(4)数据与数据流程,包括各种计划、单据和报表调研。

(5)管理人员决策的方式和决策过程。

(6)各种可用资源和要求(限制)条件。

(7)目前业务处理过程中需要改进的环节及具体问题。

2. 调研策略及原则

(1)自顶向下/自底向上逐步展开的策略。

(2)坚持实事求是的原则。

(3)工程化的工作方式。

(4)重点与全面结合的方法。

(5)主动沟通与友好交流。

3. 调研报告的内容

在对系统进行调研结束后,应撰写"系统调研报告",主要内容如下。

(1)企事业客户的发展目标及规划(总体目标及具体目标、规划及计划)。

(2)组织机构层次(组织结构图)和业务功能与计划。

(3)主要系统流程(系统流程图)及对信息的需求,包括各种计划、单据和报表样品。

（4）现有系统的管理方式、具体业务环节、管理方法、管理人员决策的方式和决策过程。

（5）现有系统软硬件的配置、使用效率和存在问题。

（6）现有系统存在的主要具体问题和薄弱环节，如功能、性能等。

7.2.2　软件问题定义的概念

软件问题定义是指在对拟研发软件进行可行性分析和立项之前，对有关的主要需求问题进行初步调研、确认和描述的过程。其主要包括提出问题、初步调研、定义问题、完成"问题定义报告"等。对于拟研发的新软件，输入（准备/基础/要求）是经过初步调研之后形成的一系列软件问题要求（业务处理等具体需求）和软件的结构框架等描述，以及预期软件支持业务过程的说明，最后输出（完成结果）是"问题定义报告"。

通常对企事业机构等客户提出的新软件研发意向，需要先搞清软件的实际要求相关的具体问题。常由企事业用户根据业务处理的实际需求提出，或由软件销售/策划人员经过调研后提出。

7.2.3　软件问题定义的内容

软件问题定义是指在初步调研的基础上，逐步搞清拟研发软件所要解决的具体问题，并以书面形式对所有问题做出确定性描述的过程。不同的软件具有不同的问题定义内容。

1. 确定软件或项目名称

软件名称用于准确描述软件问题的内涵、主要用途及规模的项目名称，应与所开发项目内容一致。

2. 软件项目提出的背景

软件项目提出的背景和具体现状及发展趋势包括软件所服务的行业属性、主要业务及特征、目前存在的主要问题、需要改进的具体方面及要求、本项目开发所能够带来的经济/社会效益和应用前景等。

3. 软件目标及任务

软件目标及任务是指软件项目所要达到的最终目的指标和具体结果，具有可度量性和预测性。从不同角度，主要有以下三种划分方法。

（1）按时间划分，可分为长期目标、中期目标和短期目标。

（2）按目标的综合度划分，可分为总体目标和分项目标。

（3）按性质划分，可分为功能目标和性能目标。

软件开发目标是建立一个应用广泛、功能及性能完备、业务处理过程高效的通用信息平台，为组织的发展战略、业务流程优化和获取竞争优势提供有力支持。

4. 软件类型及性质

软件规模有大、中、小和微型软件 4 种。软件用途分为系统软件、支撑软件和应用软件 3 类。应用类型包含工程计算软件、事务处理软件、工业控制软件和嵌入处理软件等方面。

不同类型的软件采用的开发方法、技术和管理手段不同。软件项目性质用于描述软件的主要特性,还要确定软件的应用特性,如通用软件或专用软件。最后,需要确定软件的角色性质,是面向全程的综合软件,还是处于配套位置的具有单一辅助功能的插件。软件工程应用的层次如表7-1所示。

表7-1　软件工程应用的层次

应用层次	主要特征	主要优势	潜在弱点	面临的挑战
局部开发	运用IT优化重点,增值的企业运作	相对简单的IT开发;帮助理论证明;组织变化的阻力最小	类似组织复制;缺乏组织学习;与过去情况相比较好与一流有差距	明确高价值领域;用一流表现衡量以实现差异化;选择新业绩衡量标准
内部集成	运用IT能力创造无缝企业过程;反映技术集成性和组织相关性	支持全面质量管理;优化组织过程以提高效率和改善提供客户服务的能力	适用于采用新规则的组织,采用历史组织规则进行的自动化可能只发挥有限的作用	关注过程整合和技术集成;确保业绩衡量标准按内部整合度制定;与第一流能力比较
过程重组	对关键过程重组以实现将来的竞争力,而不只对现有过程修补;运用IT及组织能力	以往过程影响为客户提供高价值服务能力;从旧方式转变到新模式的先行优势	只看作对过去或目前过程修改可获得的收益是有限的;过程重组可能受到内外阻力	明确过程重组原则;认识到比选择能支持过程重组的技术平台更重要的是组织问题
网络信息化	通过企业网络提供产品和服务;与合作伙伴联系;开发IT学习能力及合作和控制能力	提高竞争能力;优化组织关系,保持灵活快速反应能力,满足个性化用户需求	不良合作方式可能难以提供差异化竞争力;若内部系统不完善将阻碍外部学习能力	明确信息化重构原则;将信息化重构重要性提到战略地位;合理调整绩效衡量标准

5. 软件服务范围

软件的服务范围主要是指确定软件所应用的行业及领域的界限,软件服务领域用户对象及应用范畴,主要从主要业务上确定软件的具体应用领域和服务范畴。例如,汽车网上销售软件的应用范围是各种汽车及其配件的网上销售,涉及进、销、存和客户及相关业务及其有关的部门等。

例 1　服装销售软件开发教训。某企业投资用于服装网络销售软件的开发,由某高校软件学院承担,经过需求调研各业务部门后分成若干开发小组,分别进行研发。两年后,大部分的功能模块开发完毕,但发现各模块之间的数据不能很好地共享和传输,各类单证的录入、核对和传输比原处理过程还复杂,并随着企业经营规模的扩大和经营方式及业务变化,原有的业务部门也做了调整,所开发的功能模块只有73%能勉强使用。由于大部分学生毕业离校,各模块开发文档资料不全,最后项目无法继续而终止,并因没有按期达到合同规定要求而赔偿损失。

6. 基本需求

基本需求用于明确软件问题定义的主要内容,包括整体需求、功能需求、性能需求和时限要求等。

7. 软件环境

软件环境包括服务领域、运行环境和外部系统等方面。

8. 主要技术

开发软件所需要的主要技术,主要包括规划、分析、建模、设计、编程、测试、集成、切换等相关的软件开发技术,以及软件管理与维护、软件度量、软件支撑等相关技术以及关键技术路线。

9. 基础条件

软件开发的基础条件包括软件的业务基础、技术基础和支撑基础等。

对问题定义的结果应该形成"问题定义报告",主要由软件策划小组起草,需要经过用户认可,反映软件策划小组和用户对问题的一致认识。目前并没有规范统一的问题定义报告格式,"问题定义报告"主要包括软件(项目)名称、项目提出的背景、软件目标、项目性质、软件服务范围、基本需求、软件环境、主要技术、基础条件等。

7.3 可行性分析与评审

对拟研发的软件(市场等需求)进行深入实际的可行性分析,是决策其软件是否可以立项进行研发,并对可行研发的软件项目制定初步方案的重要依据。

7.3.1 可行性分析的概念及意义

1. 可行性分析的概念和特点

可行性分析也称为可行性研究,是对拟研发软件项目分析论证可行性和必要性的过程,主要从技术、经济、社会等方面分析其可行性,确定立项开发的必要性,并在确定可行必要后提出初步方案,形成"可行性分析报告"。之后还需要进行立项并制订出研发计划,以便于进行有效研发。

可行性分析特点是具有预见性、公正性、可靠性、科学性等。

2. 可行性分析的意义

可行性分析工作是软件项目开发前非常重要的一个关键环节,决定整个软件项目的开发成败,具有非常重要的经济意义和现实意义。

3. 可行性分析的目的及结论

可行性分析目的是围绕影响软件项目研发的各种因素的可行性进行全面、系统的分析论证。

可行性分析概括起来有如下 3 种结论。

(1) 可行。"可行"结论表明可以按初步方案和计划进行立项并开发。

(2) 基本可行。对软件项目内容或方案进行必要修改后，可以进行开发。

(3) 不可行。软件项目不能进行立项或确定项目终止。

7.3.2　可行性分析的任务及内容

可行性分析的主要任务是决定软件项目"做还是不做（是否可行）"，及完成对可行项目的"初步方案"。

可行性分析的主要内容是对问题的定义，主要经过调研与初步概要分析，初步确定软件项目的规模和目标，明确项目的约束和限制，并导出软件系统的逻辑模型。然后从此模型出发，确定若干可供选择的主要软件系统初步研发方案。

一般可行性分析的成本只占预期工程成本的 5%～8%。可行性分析包括 5 个方面：技术可行性分析、经济可行性分析、社会可行性分析、开发方案可行性分析和运行可行性分析等。其主要工作如图 7-2 所示，最主要的工作是前 3 项。

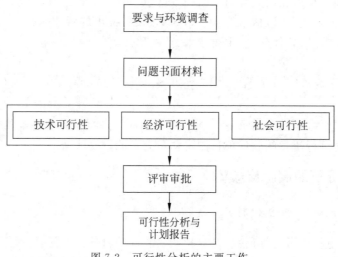

图 7-2　可行性分析的主要工作

1. 技术可行性分析

技术可行性是可行性分析中最关键和最难决断的问题，主要分析在特定条件下技术资源、能力、方法等方面的可用性及其用于解决软件问题的可能性和现实性。软件系统目标、功能和性能的不确定性给技术可行性分析与论证增加了很多困难。

技术可行性分析的内容包括对新软件功能的具体指标、运行环境及条件、响应时间、存储速度及容量、安全性和可靠性等要求；对网络通信功能的要求等；确定在现有资源条件下，技术风险及项目能否实现等。其中的资源包括已有的或可以取得的硬件、软件和其他资源，现有技术人员的技术水平和已有的工作基础。

2. 经济可行性分析

经济可行性分析也称为成本效益分析或投资/效益分析,主要从资源配置的角度衡量软件项目的实际价值,分析研发软件项目所需成本费用和项目开发成功后所带来的经济效益。分析软件的经济可行性,实际就是分析软件项目的有效价值。

其主要任务包括两方面,一方面是市场经济竞争实力及投资分析,另一方面是新软件开发成功后所带来的经济效益分析与预测。

其主要内容是进行软件开发成本的估算,了解软件项目成功取得效益的评估,确定要开发的项目是否值得投资开发。

其主要工作包括进行软件研发成本效益分析,需要估算出新开发软件系统的总成本和总收益,然后对成本和效益进行具体比较,当项目的效益即收益大于成本一定值时才值得开发。

通常研发计算机系统的成本费用包括如下 4 个组成部分。

(1) 购置并安装软硬件及有关网络等设备的费用。

(2) 软件系统开发费用。

(3) 软件系统管理、运行和维护等费用。

(4) 推广及用户使用与人员培训等费用。

估计每个任务的成本时,通常先估计完成该项任务需要用的人力费用,以"人·月"为单位,再乘以每人每月的平均工资得出每项任务的成本,如表 7-2 所示。

经济可行性分析常用的指标有投入产出比、货币的时间价值、投资回收期和纯利润。

表 7-2　开发阶段在生存周期中所占的比重

任　　务	所占比重/%
可行性分析	5～8
需求分析	15～20
软件设计	20～25
编程与单元测试	20～30
综合测试	10～20
总　　计	100

1) 投入产出比

投入产出比指软件项目产出增加值总和与全部投资之比,$R = IN/K$(K 为投资总额,IN 为软件生存期内各年增加值的总和)。

2) 货币的时间价值

由于利率的变化等因素,货币的时间价值能较准确地估算。假设年利率为 i,若项目开发所需经费即投资为 P 元,则 n 年后可得资金数为 F 元: $F = P \times (1+i)^n$。反之,若 n 年后可得效益为 F 元,则这些资金现在的价值为: $P = F/(1+i)^n$。

例 2　假设开发一套企业应用系统需要投资 20 万元,5 年内每年可产生直接经济效益 9.6 万元,设年利率为 5%,试计算投入产出比。考虑到货币的时间价值,5 年的总体收入应当逐年按照上式估算,其每年的收入折算到当前的数据如表 7-3 所示。

表 7-3　货币的时间价值

时间/年	将来收益/万	$(1+i)^n$	当前价值/万	累计当前价值/万
1	9.6000	1.0500	9.1429	9.1429
2	9.6000	1.1025	8.7075	17.8503

时间/年	将来收益/万	$(1+i)^n$	当前价值/万	累计当前价值/万
3	9.6000	1.1576	8.2928	26.1432
4	9.6000	1.2155	7.8979	34.0411
5	9.6000	1.2763	7.5219	41.5630

新软件项目的投入产出比(效益成本比)为：41.5630/20=2.0782。

3) 投资回收期

投资回收期指使累计的经济效益等于最初的投资费用所需的时间。投资回收期越短，利润获得越大越快，项目越值得开发。

两年后收入 17.8513 万元，尚缺 2.15 万元没有收回成本，还需要时间 2.15/8.2928=0.259(年)，即投资回收期(时间)为 2.259 年。

4) 纯利润

纯利润是指在整个生存周期内的累计经济效益(折合成现在值)与投资之差。

5 年纯利润收入为：41.5630－20=21.5630(万元)。

3. 社会可行性分析

社会可行性所涉及的范围较广，包括法律及道德的可行性、安全因素、对经济政策和市场发展趋势的分析、用户组织的管理模式、业务规范、应用操作可行性及产生的后果与隐患等。

在软件开发过程中可能涉及各种合同、侵权、责任以及与法律法规相抵触的各种问题、双方有关规章制度责任等问题，软件的应用操作方式是否可行，是否违背现有的管理制度，对研发人员的素质要求等，以免在研发过程中，出现不必要的纠纷和其他限制问题。

4. 运行可行性分析

新软件运行可行性分析包括如下 5 个方面。

(1) 原业务与新系统流程的相近程度和差异。

(2) 业务处理的专业化程度，功能、性能及接口等。

(3) 对用户操作方式及具体使用要求。

(4) 新软件界面的友好程度以及操作的便捷程度。

(5) 用户的具体实际应用能力及存在的问题等。

5. 开发方案可行性分析

开发方案可行性分析包括资源和时间等可行性分析，主要有以下 4 个方面。

(1) 以正常的运作方式，开发软件项目并投入市场的可行性。

(2) 需要人力资源、财力资源的预算情况。

(3) 软硬件及研发设备等物品资源的预算情况。

（4）组织保障及时间进度保障分析等。

注意可行性分析最根本的任务是对以后研发技术路线提出建议,对于不可行的开发方案应建议重审或暂停,对可行的方案应提出修改完善建议并制订一个初步计划。

7.4 软件立项、合同和任务书

7.4.1 软件立项方法及文档

1. 软件项目立项方法概述

软件项目来源通常有确定立项软件项目和合同两个基本途径。软件项目特别是重大项目对 IT 企业关系到存亡与发展,其立项至关重要,也是对软件开发项目的重大决策,应按照科学和民主决策的程序进行。履行立项审批手续,填写立项申报表(建议书),还可形成开发合同或"用户需求报告",指导软件项目研发、经费使用和验收的重要依据,也是软件策划的基础。

注意:软件项目或产品都是为了实现用户需求中的"功能、性能、可靠性和接口"等主要目标。从软件的立项及研发开始均围绕其目标进行,并在研发过程中及用户需求报告、需求规格说明书、概要设计说明书、详细设计说明书、编码实现、测试用例与测试报告、评审与审计、验收与交付中,认真地进行贯彻落实。

例 3 2016 年年初,某市一软件公司负责人外出期间偶然得知,很多煤矿企业和院校想用地下煤矿操作模拟系统提高实践训练,于是与山西煤院的领导进行洽谈,决定开发"煤矿操作模拟系统"。历经一年,系统开发完毕后,除当初洽谈的院校外,该系统在全国销售很少。主要原因是所开发的系统只是针对山西煤矿的矿下模拟,却未考虑到南北地质、矿下环境、煤矿规模等重要因素。

2. 软件项目的立项文档

软件项目的立项文档是"立项申报表",其"编写格式"不尽一致,可以查阅相关文献及网络资料。

7.4.2 软件项目签订合同和文档

正规的软件开发企业都具有本企业规定的规范"项目合同"文本格式。一般合同的文档有两份,一份是主文件(合同正文),另一份是合同附件(技术性文件),其格式和内容与"立项申报表"的主体部分基本相同,且具有同等效力。

合同正文的主要内容包括合同名称、甲方单位名称、乙方单位名称、合同内容条款、甲乙双方责任、交付产品方式、交付产品日期、用户培训办法、产品维护办法、付款方式、联系人和联系方式、违约规定、合同份数、双方代表签字、签字日期。附件内容应包括系统的具体功能点列表、性能点列表、接口列表、资源需求列表、开发进度列表等主要事项。

"软件项目投标书"编写参考格式见表 7-4。

表 7-4　软件项目投标书编写参考格式

序号	章节名称	章节内容
1	项目概况	按照招标书的内容,陈述项目概况
2	总体解决方案	网络结构总体方案 系统软件配置方案 应用软件设计方案 系统实施方案
3	项目功能、性能、可靠性和接口描述	应用软件的具体功能点列表 应用软件的具体性能及可靠性点列表 应用软件的具体接口列表
4	项目工期、进度和经费估算	项目工期(单位:人月)估算 项目进度估算:需求、设计、编程、测试、验收时间表 项目经费(单位:元)估算
5	项目质量管理控制	质量标准 质量管理控制方法 项目开发和管理的组织结构及人员配备
6	附录	

7.4.3　任务下达的方式及文档

软件开发任务的下达,需要至少满足下列 3 个条件之一。

(1) 软件企业已签订了"项目合同"。

(2)"立项申报表(建议书)"已通过项目评审和审批。

(3) 经过审批的指令性软件研发项目计划或合作性项目。

对于针对跨组织跨部门企业的一些大型软件系统项目,如大型电子商务平台的研发,如淘宝,可以根据情况由系统总体设计机构分配项目的具体软件需求。"任务书"与"合同"或"立项申报表(建议书)"同样重要,是该项目的第二份管理文档。

通常下达任务的方式及文档为任务书正文和附件。

(1)"任务书"的正文。其主要包括任务下达的对象、内容、要求、完成日期、决定投入的资源、任命项目经理(技术经理和产品经理)、其他保障及奖惩措施等。

(2)"任务书"的附件。一般为软件"合同"或"立项申报表(建议书)",如果是指令性计划,它的格式和内容,也应与"合同"或"立项申报表(建议书)"基本相同。

7.5　软件开发计划及方案

7.5.1　软件开发计划的目的及分类

软件开发计划也称为软件项目计划,是指在正式进行软件开发之前,制订的具体指导软件开发的实施计划,是指导软件开发工作的纲领。软件开发计划制订的依据是问题定义报告。在问题定义中,需要确定软件目标、性质、范围、基本需求、环境、主要技术、基础条件和开发的时限要求等。

"软件开发计划"是指导组织、实施、协调和控制软件研发与建设的重要文件,也是软件工程中的一种管理性文档,主要使项目成员有明确的分工及工作目标,并对拟开发项目的费用、时间、进度、人员组织、硬件设备的配置、软件开发和运行环境的配置等进行说明和计划,是对项目进行运作和管理及解决客户与研发团队间冲突的依据,据此对项目的费用、进度和资源进行管理控制,有助于项目成员之间的交流沟通,也可作为对项目过程控制和工作考核的基准。

软件项目计划分类包括进度计划、质量保证计划、费用计划、风险管理计划、人力计划等。对于大型项目分别制定以上计划,小型项目可将以上内容合并为一个计划。

7.5.2 软件开发计划的内容及制定

1. 软件开发计划主要内容

软件开发计划是一个管理性文档,主要内容包括如下 5 个方面。

(1) 项目概述。

(2) 实施计划。

(3) 人员组织及分工。

(4) 交付产品。

(5) 其他内容。

2. 软件开发计划的制订

软件开发计划的制订应着重考虑项目规模、类型、特性、复杂度、熟悉程度等。选择最佳方案的主要依据包括技术、工作量、时间、进度、人员组织、费用、软硬件开发及运行环境等方面综合达到最佳。软件开发计划着重考虑以下 5 个事项。

(1) 软件项目主要问题。

(2) 软件开发的主要问题。

(3) 工作阶段及任务。

(4) 主要资源需求为人力资源和环境资源。

(5) 进度计划的制订。

软件项目计划是一个软件项目进入系统实施的启动阶段,主要工作包括确定详细项目实施范围、明确递交工作成果、评估实施过程中主要风险、制订项目实施时间计划、成本和预算计划、人力资源计划等。

制订项目计划是软件项目管理过程中的一个关键活动,是软件开发工作的第一步。项目计划的制订过程如图 7-3 所示。项目计划的目标是为项目负责人提供一个框架,使之能合理地估算软件项目开发所需的资源、经费和开发进度,并控制软件项目开发过程按此计划进行。

软件项目计划包括两个方面:研究确定和估算。即通过研究确定该软件项目的主要功能、性能和系统界面,估算相关费用和进度。

对项目不同知识领域有不同计划,应根据实际项目情况,编制不同的计划。其中,开发计划、范围说明书、工作分解结构、活动清单、网络图、进度计划、资源计划、成本估计、质量计

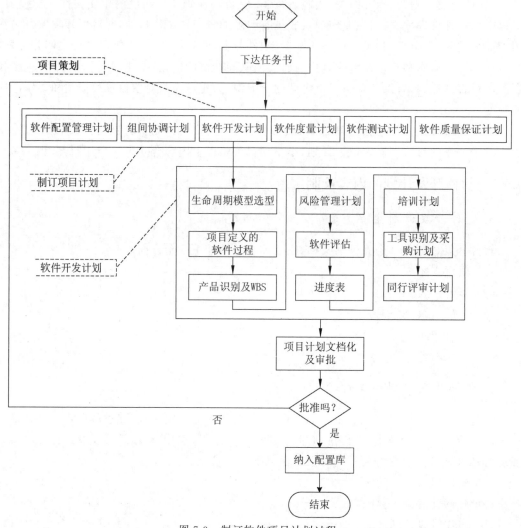

图 7-3　制订软件项目计划过程

划、风险计划、沟通计划、采购计划等是项目计划过程常见的输出,应重点把握与运用。

7.5.3　软件开发计划书及方案

1. 软件开发计划书的编写

"软件开发计划"的具体内容和文档格式,可参考国家标准 GB/T 8567—2006《计算机软件文档编制规范》中的"软件开发计划(SDP)",结合具体软件项目的规模、类型、条件等特点进行适当调整。其中的 SDP 是向需求方提供了解和监督软件开发过程、所使用的方法、每项活动的途径、项目的安排、组织及资源的一种手段。计划的某些部分可视实际需要单独编制成册,例如,软件配置管理计划、软件质量保证计划和文档编制计划等。

2. 软件开发方案选择及文档

可行性分析完成后,系统分析员需要对制订的几个软件研发初步方案中选取的最佳方案进行计划,据此撰写软件方法方案书。选择最佳方案的主要依据包括技术、工作量、时间、进度、人员组织、费用、软硬件开发及运行环境等方面综合达到最佳。软件开发方案书包括项目描述、开发方案、保密约定、开发费用、交付内容和方式、维护方式、违约处理等。

7.6　技术能力题

(1) 某单位使用了办公自动化管理软件,减少了人工方式造成的时间及费用支出,每年大约节省 25 000 元。假设该软件生存期为 5 年,而开发办公自动化管理软件共投资 50 000 元。

① 分析该管理软件的货币时间价值。

② 分析该管理软件的投资回收期。

③ 分析该管理软件的纯利润。

(2) 对下面的案例描述进行社会可行性和技术可行性分析。

20 世纪 90 年代中期,建设部某直属煤气设计单位因为同行业的龙头企业成功实施了设计信息化告别了晒蓝图时代。当该企业在与实施设计信息化的龙头企业竞标时,即使原来具有优势的煤气管道项目也因晒出的蓝图无法与绘图仪出图相提并论而败给这些龙头企业。为此,该企业采取了四步走战略推进信息化建设。

首先招聘了计算机科班出身的两名本科生和一名专科生。当新入职的 3 名计算机科班大学生进入计算中心站的前 6 个月,原计算中心站的自学函授夜大出身的计算机操作员因害怕被顶岗,设置计算机开启密码,不让 3 名大学生使用计算机。单位一把手知情后,改变了组织结构,把计算中心站由一级部门降为二级部门由总工办代管,撤换了计算中心站负责人。同时,一把手直接组织向建设部申请信息化建设专项资金的工作,3 个月后建设部拨款 110 万用作信息化建设专项资金。拨款到位后,一把手授意总工办派出 3 名计算机科班大学生去龙头企业学习取经,然后单位利用专项资金购买了 486 个人微机 40 台、绘图仪器 1 台、扫描仪 1 台、打印机 2 台,更新了办公桌椅,布置了新的机房,购买了北京建筑设计研究院的建筑设计和土木设计软件(此前在全国已经销售了四千多套)。最后,对全单位的设计师(最低是专科文凭)进行了建筑设计软件、土木设计软件和 AutoCAD 的普及工作。单位一把手全程参加了培训学习,成为第一个会利用计算机设计软件绘图的设计师。其他设计师们感觉到不学习计算机绘图就无法立足,因而学习热情高,不足两个月,应用计算机设计绘图就达到了 100%。在接下来的优势领域项目竞标中,很少出现因信息化程度不足而败北的情况。

软件需求分析

例1 全球第一台使用图形用户界面(GUI)和鼠标的个人计算机 Apple Lisa(以乔布斯女儿的名字命名)在 1983 年上市时售价为 9995 美元(约相当于今天的两万多美元),远远超过市场用户的承受能力,而且运行速度缓慢,性价比太低。因此,其销量远低于苹果的预期,企业用户更愿意选择价格更低的 IBM 计算机。很明显,产品在做需求的时候,忽略了非常重要的价格因素,导致产品研发失败。

8.1 导学导教

8.1.1 内容导学

本章内容导学图如图 8-1 所示。

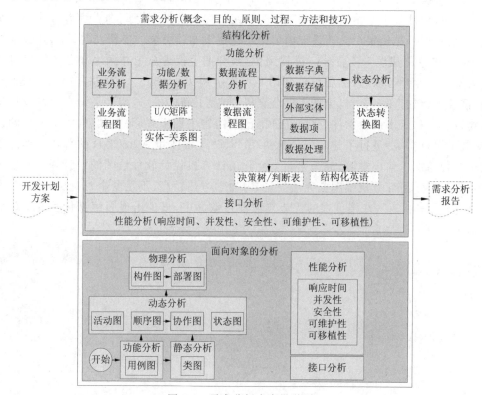

图 8-1 需求分析内容导学图

8.1.2　教学目标

1. 知识目标

掌握软件需求分析的概念、目的、原则、任务、过程、方法,理解软件需求分析的技巧。掌握结构化分析的基本概念和相关建模工具。

2. 能力目标

能够运用结构化建模工具进行业务流程分析、数据流程分析、功能/数据分析。能够运用结构化英语、决策树或决策表表达数据处理。能够建立详实的数据字典。

3. 思政目标

能够撰写专业规范的结构化需求分析报告,展开团队沟通、交流与合作,为软件设计打下良好的基础。

8.2　软件需求分析概述

需求分析(Requirements Analysis)主要是搞清软件应用用户的实际具体需求,包括功能需求、性能需求、数据需求、运行环境和将来可能的业务变化及拓展要求等,并建立系统的逻辑模型,写出"软件需求规格说明(SRS)"等文档。

8.2.1　软件需求分析的概念

1. 软件需求分析概述

IEEE 的软件工作标准术语表(1990)将需求定义如下。

(1)用户解决问题或达到目标所需的条件或能力。

(2)系统或部件要满足合同、标准、规范或其他正式规定文档所需具有的条件或能力。

(3)一种反映上面或所描述的条件或能力的文档说明。

需求是用户的需要,包括用户要解决的问题、达到的目标以及实现这些目标所需要的条件,它是一个程序或系统开发工作的说明,表现形式一般为文档形式。

软件需求分为 4 个层次:业务需求、用户需求、功能需求、性能需求。

(1)业务需求:业务需求反映组织机构或客户对系统和产品高层次的目标要求,它们在项目视图与范围文档中予以说明。

(2)用户需求:用户需求是从用户角度描述系统所完成的任务或者是用户期望有的产品属性。用户需求文档用于描述用户使用软件产品要完成的任务。

(3)功能需求:功能需求描述系统所提供的功能或服务。即定义系统的主要功能、系统的输入/输出信息、系统的约束等。

(4)性能需求:非功能性需求作为功能需求的补充,主要描述那些与系统的具体功能紧密相关,直接反映系统特性的指标,如安全性、可靠性、响应时间、可移植性、可重用性等。

2. 软件需求分析的重要作用

软件需求分析是软件项目立项后的首要工作,是整个软件开发的基础和依据。需求分析的特点和难度,对整个项目的开发成败和质量影响极大。国内外很多软件项目开发失败的原因,绝大部分是需求分析问题所致。软件开发人员在大量的开发教训中,深刻认识到需求分析在软件开发中极为重要。

3. 需求分析的特点

(1)确定问题难。其主要原因有两个方面,一是应用领域的复杂性及业务变化导致问题难以具体确定,二是用户需求所涉及的多因素(如运行环境和系统功能、性能、可靠性和接口等)引起的。

(2)需求时常变化。软件的需求在整个软件生存周期,常随着时间和业务而有所变化。有的用户需求经常变化,一些企业可能正处在体制改革与企业重组的变动期和成长期,其企业需求不成熟、不稳定和不规范,致使需求具有动态性。

(3)交流难以达到共识。需求分析涉及的人事物及相关因素多,与用户、业务专家、需求工程师和项目管理员等进行交流时,不同的背景知识、角色和观点等因素使交流共识较难。

(4)获取的需求难以达到完备与一致。由于不同人员对系统的要求认识不尽相同,所以对问题的表述不够准确,各方面的需求还可能存在着矛盾,导致难以形成完备和一致的定义。

(5)需求难以进行深入的分析与完善。对需求理解不全面难以准确地分析客户环境和业务流程的改变等也会随着分析、设计和实现而不断深入完善,可能在最后重新修订软件需求。分析人员应认识到需求变化的必然性,并采取措施减少需求变更对软件的影响。对必要的变更需求要经过认真评审、跟踪和比较分析后才能实施。

8.2.2 软件需求分析的目的和原则

1. 软件需求分析的目的及重点

软件需求分析的主要目的是获取用户及项目的具体需求,通过对实际需求的获取、分析、文档化和验证等需求分析过程,为软件设计和实现提供依据。

需求分析首先根据用户和项目的需求,按软件功能、性能等相关需求分类、逐一细化。接着检查和解决不同需求之间存在的矛盾或不一致问题,尽量达到均衡和优化,进而确定软件的边界及范围,以及软件与环境的相互作用方式等。最后对需求文档化并进行最后验证与确认。

2. 软件需求分析的原则

需求分析的基本原则概括为如下两点。

(1)功能分解,逐层细化。

(2)建立模型(业务模型、功能模型、性能模型、接口模型等),表达理解问题的数据域和功能域。

8.3 软件需求分析的任务及过程

8.3.1 软件需求分析的任务

需求分析的基本任务是通过软件开发人员与用户的交流和讨论,准确地分析理解原系统,定义新系统的功能、性能、开发时间、投资情况、人员安排等,并形成需求规格说明书。具体任务如下。

1. 确定目标系统的具体要求

在可行性研究的基础上,双方通过交流,确定对问题的综合需求。这些需求包括功能需求、性能需求、接口需求、环境需求和用户界面需求。双方在讨论这些需求内容时一般通过双方交流、调查研究来获取,并达到共同的理解。

(1) 确定功能需求,画出功能结构图,完成新系统的功能点列表,即功能模型。有时将性能模型、界面模型和接口模型的内容都合并其中,功能模型可用 Use Case 矩阵/图表示。

(2) 获取性能需求。性能需求是为了保证软件功能的实现和正确运行,对软件所规定的效率、可靠性、安全性等规约,包括响应时间、可靠性、安全性、适用性、可移植性、可维护性和可扩充性等方面的需求,还应考虑业务发展的扩展及更新维护等。

(3) 明确处理关系,列出接口列表。应用软件可能还与机构内部的其他应用软件集成,因此,需要明确与外部应用软件数据交换的内容、格式与接口,以实现数据及功能的有机结合。

(4) 确定系统运行环境及界面。环境需求包括硬件的机型和外设、软件的操作系统、开发与维护工具、数据库管理系统、服务器及核心计算机与网络资源(系统软件、硬件和初始化数据)的配置计划、采购计划、安装调试进度、人员培训计划等内容。

(5) 界面需求包括:界面的风格、用户与软件的交互方式、数据的输入/输出格式等。

2. 建立目标系统的逻辑模型

软件系统的逻辑模型分为数据模型、功能模型和行为模型。可用层次方式对逻辑模型进行细化,并采用相应的图形以及数据字典进行描述。

(1) 数据模型:采用 E-R 图来描述。

(2) 功能模型:常用数据流程图来描述。

(3) 行为模型:常用状态转换图来描绘系统的各种行为模式(状态)和不同状态间的转换。

(4) 数据字典:用来描述软件使用或产生的所有数据对象。

3. 编写需求文档,验证确认需求

(1) 编写需求规格说明书(Software Requirement Specification),描述系统的数据、功能、行为、性能需求、设计约束、验收标准,以及其他与系统需求相关的信息。

（2）编写初步用户使用手册。使用手册反映系统的功能界面和用户使用的具体要求，用户手册能强制分析人员从用户使用的观点考虑软件。

（3）编写确认测试计划，作为今后确认和验收的依据。

（4）完善开发计划。在需求分析阶段对开发的系统有了更进一步的了解，因此对原计划要进行适当修正并加以完善。

8.3.2 软件需求分析的过程

软件需求分析的过程也称为需求开发，可分为需求获取、综合与描述、需求验证和编写文档等步骤，是一个不断深入与完善的迭代过程。通常从用户获取的初步需求存在模糊和片面等问题。通过进一步调研，对需求进行修改、补充、细化、删减和整合，最后得出全面且可行的软件需求。需求分析应有用户参加，随时进行沟通交流，并最终征得用户认可。

根据实际项目的规模和特点，确定合适的需求分析的常规过程如下。

（1）需求获取：对需求进行调研，采取座谈、问卷、查阅资料等方式进行。

（2）需求综合与描述：从系统角度理解需求，确定综合要求、需求实现条件和需求应达到的标准。

（3）需求验证：由客户对需求检验或评审。

（4）完成需求文档。

8.4 软件需求分析方法

8.4.1 软件需求分析方法的分类

在整个软件生命周期中，软件需求通常会随着时间和业务而变化。一些用户的需求经常变化。一些公司可能正处于变革和成长的时期，进行系统改革和公司重组，存在需求不成熟、不稳定和不规则的现实因素，从而使需求具有动态性。需求分析涉及许多人、事物和相关因素。与用户、业务人员、需求工程师和项目经理进行沟通时，不同的背景知识、角色和观点使沟通共识变得困难。这样，需要统一的需求分析方法分析需求，分析方法有功能分析方法、数据流分析方法、面向对象分析方法、信息建模分析方法、面向本体分析方法和形式化分析方法，其中，功能分析方法、数据流分析方法、信息建模方法和面向对象分析方法最为常用。

1. 功能分析方法

功能分析法（即功能分解法）是以系统提供的功能为中心来组织系统。功能分解＝功能＋子功能＋功能接口。首先定义各种功能，然后把功能分解为子功能，同时定义功能之间的接口。数据结构是根据功能/子功能的需要而设计的。其基本策略是以分析员的经验为依据，确定新系统所期望的处理步骤或子步骤，然后将问题空间映射到功能和子功能上。

2. 数据流分析方法

数据流分析方法也叫结构化分析，结构化分析＝数据流＋数据处理（加工）＋数据存储＋端点＋处理说明＋数据字典。其基本策略是研究问题域中数据如何流动以及在各个环节上进行何种处理，从而发现数据流和加工。问题域被映射为由数据流、加工、文件以及端点等成分构成的数据流程图，并用数据字典对数据流和加工进行详细说明。这种方法的关键是动态跟踪数据流动。

3. 信息建模分析方法

信息建模分析方法的核心概念是实体和关系，主要工具是语义数据模型，其基本策略是找出现实世界中的对象，然后用属性来描述对象，增添对象与对象之间的关系，定义父类与子类，用父类型/子类型提炼属性的共性，用关联对象关系做细化的描述，最后进行规范化处理。其实质是将问题空间直接映射成模型中的对象。模型包括功能模型、信息模型、数据模型、控制模型、决策模型等。描述工具为 E-R 图。

4. 面向对象分析方法

面向对象分析的基本策略是通过信息隐藏将比较容易变化的元素隐藏起来，分析员基于比较稳定的元素建立其思想和规格说明的总体结构。面向对象分析的主要特性是加强了对问题域和系统责任的理解；改进与分析有关的各类人员之间的交流；对需求的变化具有较强的适应性；支持软件复用。面向对象分析的基本概念有对象、类与封装、结构与连接、继承与多态、消息通信与事件。

5. 面向本体分析方法

面向本体的需求分析，是面向对象分析方法的有效补充和提升。面向本体方法强调相关领域的本质概念以及这些概念之间的关联。其实质是在面向对象方法中引入对象关联，并给出各种关联的语义语用。

面向本体分析方法由 4 个阶段来完成。第一阶段：用一种自然语言 BIDL(Business Information Description Language)描述事务。第二阶段：确认隐含在 BIDL 文本中的本体和对象。第三阶段：将这些本体和对象转换成另一种语言 Ononet(Ontology and Object-Ori-ented Network)，得到用 Ononet 书写的需求预定义。第四阶段：在采用 Ononet 作为知识表示形式的领域本体知识库中搜索相关的知识，并和前面的需求预定义合并，得到软件完整的需求定义。

6. 形式化分析方法

形式化分析方法广义上讲，是应用数学的手段来设计、模拟和分析，得到像数学公式那样精确的表示。从狭义上讲，就是使用一种形式语言进行语言公式的形式推理，用于检查语法的良构性并证明某些属性。在需求分析阶段，利用形式化方法得到需求规格说明书，可以规范软件开发过程，为获得更好的系统性能提供重要保证。

三种需求分析的方法优缺点和适用范围对比，如表 8-1 所示。

表 8-1　需求分析方法对比

方　　法	目　　的	优　缺　点	适　用　范　围
面向功能分析	获取功能模型	简单明了	系统软件和应用软件
面向对象分析	获取对象模型	精确抽象	系统软件和应用软件
结构化分析	获取数据模型	直抓数据	管理软件系统

8.4.2　软件需求分析技巧

需求分析是分析师与用户双方配合的项目，需要密切交流合作。在微观/宏观上都应以业务流程为主，注重事实，坚持客观调研，不应偏听偏信。

基于管理层次构建需求金字塔。管理层次有高层决策、中层管理和基层操作。高层决策提出宏观上的统计、查询、决策需求，中层管理提出业务管理和作业控制需求，基层操作提出录入、修改、提交、处理、打印、界面、传输、通信、时间与速度等方面的操作需求。

注重主动征求各层的意见和建议，一般需求分析过程需要集中汇报 2～3 次。

8.5　结构化分析方法

8.5.1　结构化分析的基本概念

结构化开发方法（Structured Developing Method）是软件开发方法中最成熟、应用最广泛的方法，主要特点是快速、自然和便捷。结构化开发方法由结构化分析方法（Structured Analysis，SA）、结构化设计方法（Structured Design，SD）及结构化程序设计方法（Structured Program，SP）构成。

1. 结构化分析方法的指导思想

结构化分析方法是面向数据流的需求分析方法。SA 方法根据软件内部的数据传递、变换关系，自顶向下、逐层分解，绘出满足功能要求的模型，其基本原则是抽象与分解。

1）分解

常将复杂的问题分解为几个相对易于解决的小问题，然后再分别解决。分解方法可分层进行，原理是忽略细节先考虑问题最本质的方面，形成问题的高层概念，然后再逐层添加细节，如图 8-2 所示。

2）抽象

分析问题时先考虑问题本质的属性，暂把细节略去，以后再逐层添加细节，直至涉及最详细的内容。

2. 结构化分析的步骤

（1）分析组织结构，业务与组织的关系，做出反映当前物理模型的业务流程图和组织业务图。

（2）推导出等价的逻辑模型的数据流程图，设计新系统的数据流程图。

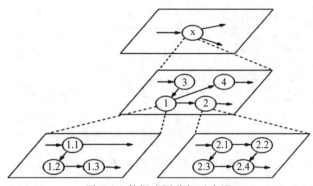

图 8-2 数据流图分解示意图

（3）根据数据流程图,进行数据分析和建模,生成数据字典和基本描述。

（4）建立人机接口,提出可供选择的目标系统物理模型的软件系统流程图。

（5）确定各种方案的成本和风险等级,据此对各种方案进行分析,选择一种方案。

（6）建立完整的需求规约。

8.5.2 结构化分析建模工具

需求建模工具的选择通常与具体需求分析方法和阶段有关,面向过程和面向数据的分析方法常用的描述工具有业务流程图、U/C 矩阵、数据流程图、实体-关系图、数据字典和状态转换图。面向对象的分析方法则主要采用 UML 和用例图、类图、活动图、时序图、状态图等。

1. 业务流程图

对软件系统的组织结构和功能进行分析后,从各个实际业务流程的角度将系统调查中有关该业务流程的资料都串起来做进一步的分析,业务流程分析可以帮助分析人员了解该业务的具体处理过程,发现和处理系统调查工作中的错误和疏漏,修改和删除原系统中不合理的部分,在新系统基础上优化业务处理流程。

业务流程分析是在业务功能的基础上将其细化,利用系统调查的资料将业务处理过程中的每一个步骤用一个完整的图形串起来。在绘制业务流程图的过程中发现问题、分析不足,优化业务处理过程。所以说绘制业务流程图是分析业务流程的重要步骤。

业务流程图(Transaction Flow Diagram,TFD)是用一些规定的符号及连线来表示某个具体业务处理过程。业务流程图的绘制基本上按照业务的实际处理步骤和过程绘制。换句话说是一"本"用图形方式来反映实际业务处理过程的"流水账",绘制出这本"流水账"对于开发者理顺和优化业务过程是很有帮助的。

业务流程图是一种用尽可能少、尽可能简单的方法来描述业务处理过程的方法。由于它的符号简单明了,所以非常易于阅读和理解业务流程。业务流程图的基本图形符号如图 8-3 所示。

业务处理表示具体的业务处理功能。信息传递过程是业务流程所涉及的物流、资金流或信息流的具体内容和流动方向。业务参与者是业务流程的具体执行者,表达某项任务的

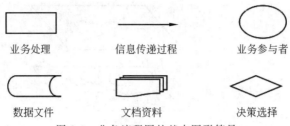

图 8-3　业务流程图的基本图形符号

参与人员。文档资料主要指业务流程过程形成的纸质信息载体,如报表、凭证、文件或文书档案信息。数据文件是业务运行过程中形成的电子数据或信息,如数据文件、电子表格等电子化的信息。决策选择根据业务的具体情况,对业务流程的转向进行判断或决策。

业务流程分析是管理软件系统详细分析的第一步,主要对详细调查结果进行整理和分析,最后业务人员进行确认,以全面地反映现行系统的业务运作情况。业务流程分析采用的是自顶向下的方法,首先画出高层管理业务的流程图,对于组织的业务流程做整体描述;然后对综合性较强或较为烦琐的业务流程进行分解,画出详细的业务流程图,直至业务较为简单、易于理解为止。

例 2　某宾馆实行总经理负责制,下设服务副总经理和后勤副总经理。其中,服务副总经理主管该宾馆的餐饮部、客房部和前厅部;后勤副总经理负责财务部、采购部、保安部和人事部的工作。该宾馆客房部对外提供住宿预约服务,基本流程如下:客户联系前台负责预约,前台工作人员首先查看是否有符合客户要求的空房,若有,则进行预约登记,填写预约登记表并收取押金,然后将预约凭证交给客户。预约到期时若客户没有前来入住,系统提醒前台工作人员询问客户是否需要续约,如需要,则延长预约时间;否则取消该预约。请绘制客房预订业务流程图。

该宾馆预订房间业务的流程如图 8-4 所示。

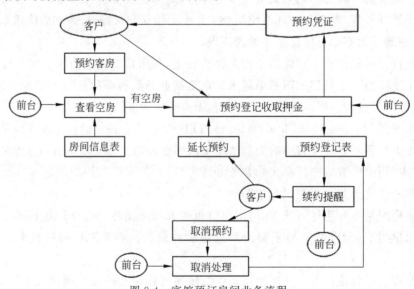

图 8-4　宾馆预订房间业务流程

2. U/C 矩阵

数据是信息的载体,是今后系统要处理的主要对象,因此,必须对需求调查中所收集的数据以及统计和处理数据的过程进行分析和整理。如果有没弄清楚的问题,应立即返回去弄清楚,如果发现有数据不全、采集过程不合理、处理过程不畅、数据分析不深入等问题,应在本分析过程中研究解决。数据与数据流程分析是今后建立数据库系统和设计功能模块处理过程的基础。

为确定数据具体形式以及整体数据的完备程度、一致程度和无冗余的程度,需先对这些数据进行进一步的分析。分析可借用 BSP 方法中所提倡的 U/C 矩阵来进行。U/C 矩阵本质上是一种聚类方法,它可以用于过程/数据、功能/组织以及功能/数据等各种分析,其作用如下。

(1) 通过 U/C 矩阵的正确性检验及时发现前期分析和调查工作的疏漏和错误。

(2) 通过 U/C 矩阵的正确性检验分析数据的正确性和完整性。

(3) 通过对 U/C 矩阵的求解过程最终得到子系统的划分。

(4) 通过对子系统之间的联系(U)可以确定子系统之间的共享数据。

1) U/C 矩阵的建立过程

首先进行系统化,自顶向下地划分;接着逐个确定其具体的功能(或功能类)和数据(或数据类);最后填上功能/数据之间的关系,即完成了 U/C 矩阵的建立过程。

2) U/C 矩阵的正确性检验

完备性检验指对具体的数据项而言,必须有一个产生者(Creator,C)和至少一个使用者(User,U),功能则必须有产生或使用(U 或 C)发生。一致性检验指具体的数据项必须有且仅有一个产生者(C)。无冗余性检验指 U/C 矩阵中不允许有空行和空列。

3) U/C 矩阵的求解

U/C 矩阵的求解是对系统结构划分的优化过程。子系统划分应相互相对独立,且内部凝聚性高这一原则之上的一种聚类操作。U/C 矩阵的求解过程常通过表上作业法来完成。

调整表中的行或列,使得"C"元素尽量地朝对角线靠近,沿对角线一个接一个地调整和校对,既不能重叠,又不漏掉任何一个数据和功能。对角线附近的小方块划分是任意的,但必须将所有的 C 元素都包含在小方块内。在求解后的 U/C 矩阵中划出一个个的小方块,每一个小方块即为一个子系统。

例 3 图 8-5 是一个综合生产管理系统的 U/C 矩阵,首先运用 U/C 矩阵的完备性、一致性和无冗余性检查方法进行检查和修正,接着采用表上移动作业法对修改后的 U/C 矩阵进行子系统的划分,最后说明人事管理子系统与其他子系统之间的数据联系。

客户和销售管理交叉值改为 C,物料清单和样品开发交叉值改为 U,质量标准和样品开发交叉值改为 U,委外厂商和外加工处理交叉值改为 C,委外厂商和生产管理交叉值改为 U。图 8-6 所示为综合生产管理系统的子系统的划分,分别为生产管理子系统、销售管理子系统、车间控制子系统、人事管理子系统。人事管理子系统引用生产管理子系统的生产能力数据,生产管理子系统引用人事管理产生的职工数据和工作日历数据,车间控制子系统引用人事管理的职工和工作日历数据。

数据 / 功能	客户	供应商	职工	原材料	物料清单	用量定额	质量标准	成品	半成品	委外厂商	工作能力	工作日历
样品开发	U	U	U	U	C	C	C					
采购管理	U	C		C	U	U		U	U			
生产管理					C		U	U	U	C	C	U
外加工处理			U	U	U				U			
销售管理	U			U	U		U					
仓库管理		U		U	U		U	U				
车间控制			U	U	U	U	U	C	C	U	U	U
品质管理				U			C	U	U			
人事管理			C								U	C

图 8-5　综合生产管理系统的 U/C 矩阵

	用量定额	供应商	原材料	物料清单	工作能力	委外厂商	客户	成品	半成品	质量标准	职工	工作日历
样品开发							U			U	U	
采购管理			生产管理子系统				U	U	U			
生产管理								U	U	U		U
外加工处理									U		U	
销售管理			U	U			C			U		
仓库管理		U	U	U								
车间控制	U		U	U	U	U			车间控制子系统		U	U
品质管理			U									
人事管理					U						人事管理子系统	

图 8-6　综合生产管理系统的子系统划分

3. 数据流程图

数据分析之后就是对数据流程的分析,即把数据在组织(或原系统)内部的流动情况抽象地独立出来,舍去了具体组织机构、信息载体、物资、材料等,单从数据流动过程来考察实际业务的数据处理模式。数据流程分析主要包括对信息的流动、传递、处理、存储等的分析。数据流程分析的目的就是要发现和解决数据流通中的问题,这些问题是数据流程不畅、前后数据不匹配以及数据处理过程不合理等。问题产生的原因有的是属于原系统管理混乱,数据处理流程本身有问题;有的也可能是分析人员调查了解数据流程有误或作图有误。总之,这些问题都应该尽量地暴露并加以解决。一个通畅的数据流程是今后新系统用以实现这个业务处理过程的基础。

数据流程分析多是通过分层的数据流程图(Data Flow Diagram,DFD)来实现的。其具体的做法是按业务流程图理出的业务流程顺序,将相应调查过程中所掌握的数据处理过程,绘制成一套完整的数据流程图,一边整理绘图,一边核对相应的数据和报表、模型等。如果有问题,则定会在这个绘图和整理过程中暴露无遗。

常见的数据流程图有两种,一种是以方框、连线及其变形为基本图例符号来表示数据流动过程;另一种是以圆圈反连接弧线作为其基本符号来表示数据流动过程。这两种方法实际表示一个数据流程时,大同小异,但是针对不同的数据处理流程却各有特点。方框图图形表示法符号如图 8-7 所示。

1) 外部实体/端点

外部实体用一个小方框并外加一个立体轮廓线表示,在小方框中用文字注明其编码和

图 8-7 数据流程的方框图图形符号

名称。如果该外部实体还出现在其他数据流程中,则可在小方框的右下角画一斜线,标出相对应的数据流程图编号。

2)数据流

数据流用直线、箭头加文字说明组成,例如,销售报告送销售管理人员、库存数据送盘点处理等。

3)数据处理

数据处理用小方框表示。方框内必须标示清楚三方面的信息:一是综合反映数据流程业务过程以及处理过程的编号;二是处理过程文字描述;三是该处理过程的进一步详细说明。因为处理过程一般比前几种图例所代表的内容要复杂得多,故必须在它的下方再加上一个信息注释,用它来指出进一步详细说明具体处理过程的图号。

4)数据存储

数据存储是对数据记录文件的读写处理,一般用一个右边不封口的长方形来表示。它必须标明数据文件的标识编码和文件名称两部分信息。

由于实际数据处理过程常常比较繁杂,故应该按照系统的观点,自顶向下地分层展开绘制。即先将比较繁杂的处理过程(不管有多大)当成一个整体处理块来看待;然后绘出周围实体与这个整体块的数据联系过程;再进一步将这个块展开。如果内部还涉及若干个比较复杂的数据处理部分的话,又将这些部分分别视为几个小"黑匣子",同样先不管其内部,而只分析它们之间的数据联系。这样反复下去,以此类推,直至最终搞清了所有的问题为止。也有人将这个过程比喻为使黑匣子逐渐变"灰",再到"半透明"和"完全透明"的分析过程。

例 4 库存管理系统中,入库信息通过"入库信息录入"操作,得到"入库单",输入给"库存记账"模块。同样,出库信息通过"出库信息录入"操作,得到"出库单",输入给"库存记账"。"库存记账"模块输出"库存记账"经"库存查询"模块输出"在库信息"。经过对"库存记账"的进一步分析,入出库单需要输入给"入出库记账"模块,输出"临时库存流水账","临时库存流水账"经"过账/复核"操作后生成"库存总账"和"正式流水账","盘点在库信息"后重新"初始化"库存。暂不考虑外部实体(端点),请绘制库存管理系统的分层数据流程图。

库存管理顶层数据流程图如图 8-8 所示。由顶层到第一层的库存管理数据流程图如图 8-9 所示。

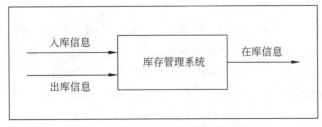

图 8-8 库存管理顶层数据流程图

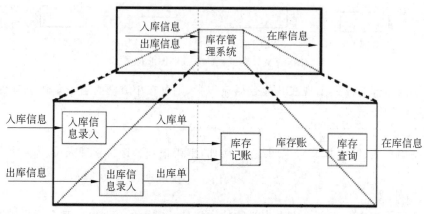

图 8-9   由顶层到第一层的库存管理数据流程图

4. 实体-关系图

实体-关系图(Entity-Relationship Diagram,E-R 图)是目前最常用的数据建模方法,主要用于在需求分析阶段清晰地表达目标系统中数据之间的联系及其组织方式,建立系统数据的概念模型,即实体-关系模型。

实体-关系模型可以在软件实现时转换成各种不同数据库管理系统所支持的数据概念模型,由实体、联系和属性三个基本成分组成。

(1) 实体:是指客观世界存在的,且可以相互区分的事物。实体既可以是人,也可以是物,还可以是抽象概念。例如,学生、课程、产品都是实体。

(2) 属性:也称为性质,是指实体某一方面的特征。一个实体通常由多个属性值组成,如学生实体具有学号、姓名、出生年月、入学日期、专业等属性。

(3) 联系:是指实体之间的相互关系。实体之间的联系可主要划分为一对一、一对多和多对多三类。

一个学院有且仅有一名院长,一名院长只能在一个学院工作,这属于一对一(1:1)的联系。每个出版社出版多本书,但是每本书名只能出自一个出版社,这属于一对多(1:n)的联系。学生与课程之间的联系是多对多(m:n)的关系,一个学生可以学多门课程,每门课程有多个学生学。

E-R 图由带有分割线的矩形、菱形、椭圆及连线组成。带有分割线的矩形上部为实体集的名字,下部为属性列表,每个属性占一行,一般最上面的属性为主码,主码用下画线标识。菱形表示关系,椭圆表示联系的属性。连线带有箭头的一方表示一方,不带箭头的一方表示多方。

例如,学生实体集的主码为学号,用于唯一识别一个学生。一门课程由课程号唯一表示。一个学生可以选多门课程,可由多个学生选修,选课属于多对多的联系,每个学生的每门课程都有一个考核成绩。一个教师由工号唯一识别。一个教师可教多门课程,一门课程只能有一名老教师讲授,教课关系属于多对一。成绩管理系统的 E-R 图如图 8-10 所示。

5. 数据字典

数据流程图只能给出系统逻辑功能的一个总体框架,而缺乏详细具体的内容。数据流

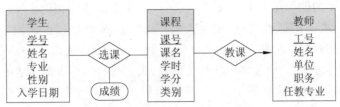

图 8-10 成绩管理系统的 E-R 图

程图上所有成分的定义和解释的文字集合就是数据字典(Data Dictionary,DD)。数据字典对数据流程图的各种成分起注释、说明的作用,给这些成分赋予实际的内容,还对需求分析中其他需要说明的问题进行定义和说明,是一本可供查阅的关于数据的字典。

数据字典是关于数据流程图中的外部实体、数据项、数据结构、数据存储和数据流的定义及说明的集合。数据字典要求完整性、一致性和可用性。数据项类目是数据的最小单位,描述数据的静态特性,包括编号、名称、说明、取值范围和含义、长度、有关的数据结构。数据流类目是由一个或一组固定的数据项组成,包括编号、名称、来源、去向、组成、平均流量和最大流量。数据存储是描述数据的逻辑存储结构,包括编号、名称、说明、数据存储的输入与输出、数据存储的构成和有关的数据处理过程等。"外部实体"条目是由编号、名称、简述及有关数据流的输入与输出。数据处理过程条目是运用恰当的处理逻辑工具描述数据的加工过程,包括编号、标识与名称、输入/输出数据流、概括。

6. 数据处理的描述工具

数据流程图中对比较简单的处理逻辑用文字描述,对比较复杂的处理逻辑用文字描述就存在不足之处。描述处理逻辑的工具有决策树、判断表和结构化描述语言。

决策树又称为判定树,是一种呈树状的图形工具,适合于描述处理中具有多种策略,要根据若干条件的判定,确定所采用策略的情况。决策树的优点是清晰直观;缺点是当条件多而且互相组合时,不容易清楚地表达判断过程。

判断表又称为决策表,是一种呈表格状的图形工具,适用于描述处理判断条件较多、各条件又相互组合、有多种决策方案的情况。条件的取值一般有 Y、N 和-三种,分别表示是、否、无关。当把所有条件的所有值组合在一起时,有时需要合并。合并时取相同行动的 n 列,若有某个条件 C_i 在此 n 列的取值正好是该条件取值的全集,而其他条件在此 n 列都取相同的值,则此 n 列可以合并。

结构化描述语言是受结构化程序设计思想启发而扩展出来的。结构化程序设计只允许三种基本结构,即顺序、选择判断、循环三种结构。结构化语言也只允许三种基本语句,即简单的祈使句、判断语句及循环语句,用 IF-ENDIF、DO CASE-ENDCASE、DO WHILE-ENDDO 等关键字描述。

例 5 一等奖学金条件:成绩为 A 的课程比例大于或等于 70%,且成绩为 D(及格)的比例小于或等于 15%,思想表现为优良的。二等奖学金条件:成绩为 A 的课程比例大于或等于 70%,且成绩为 D 的比例小于或等于 15%,思想表现为一般的;成绩为 A 的课程比例大于或等于 70%,且成绩为 D 的比例小于或等于 20%,思想表现为优良的;成绩 A 的课程比例大于或等于 50%,且成绩为 D 占比例小于或等于 15%,思想表现为优良的。三等奖学金条件：成绩为 A 的课程比例大于或等于 70%，且成绩为 D 的比例小于或等于 20%，思想表现为一般的；成绩 A 的课程比例大于或等于 50%，且成绩为 D 占比例小于或等于 15%，思想表现为一般的；成绩 A 的课程比例大于或等于 50%，且成绩为 D 的比例小于或等于 20%，思想表现为优秀的。请分别用结构化语言、决策树和判断表描述学生奖学金评定。

选择结构化语言的判定如下。

```
IF 成绩为 A 的比例>=课程总门数的 70% THEN
        IF  成绩为 D 的比例<=15%   THEN
                IF 思想表现=优良 THEN   一等奖学金
                ELSE IF 思想表现=一般 THEN   二等奖学金
                ENDIF
        ELSE IF 成绩为 D 的比例<=20%   THEN
                IF 思想表现=优良 THEN 二等奖学金
                ELSE IF 思想表现=一般 THEN   三等奖学金
                ENDIF
        ENDIF
ELSE IF 成绩为 A 的比例>=50%
    IF  成绩为 D 的比例<=15%   THEN
        IF 思想表现=优良 THEN   二等奖学金
        ELSE IF 思想表现=一般 THEN 三等奖学金
        ENDIF
    ELSE IF 成绩为 D 的比例<=20% THEN
        IF 思想表现=优良 THEN 三等奖学金 ENDIF
    ENDIF
ENDIF
```

运用决策树和判断表的判定分别如图 8-11 和表 8-2 所示。

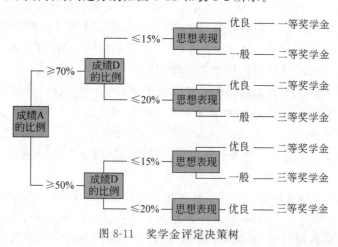

图 8-11　奖学金评定决策树

7. 状态转换图

在对软件系统进行需求分析时，除建立系统的数据模型和功能模型外，有时还需要建立系统的行为模型，例如，系统中的某些数据对象在不同状态下会呈现不同的行为方式，此时应分析数据对象的状态，画出状态转换图，以便正确认识数据对象的行为。状态代表系统的一种行为模式。状态转换图中的状态分为初始状态、终态、结束状态和中间状态，其符号表示如图 8-12 所示。航空订票状态图示例如图 8-13 所示。

表 8-2 奖学金评定判断表

条件	成绩 A 的比例	≥70%	Y	Y	Y	Y	Y	Y	Y	N	N	N	N	N	N	N
		≥50%	—	—	—	—	—	—	—	Y	Y	Y	Y	Y	N	N
	成绩 D 的比例	≤15%	Y	Y	Y	N	N	N	N	Y	Y	Y	N	N	N	N
		≤20%	—	—	—	Y	Y	Y	N	—	—	—	Y	Y	Y	N
	思想政治表现	优良	Y	N	N	Y	N	N	Y	Y	N	N	Y	Y	N	N
		一般	—	Y	Y	—	Y	Y	—	—	Y	Y	—	Y	—	N
结果	一等奖学金		Y													
	二等奖学金			Y		Y				Y						
	三等奖学金							Y				Y		Y		

初始态　　中间状态　　终止态

图 8-12 不同状态的符号表示

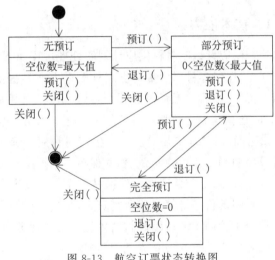

图 8-13 航空订票状态转换图

8.6 软件需求文档

8.6.1 软件需求文档概述

在需求分析阶段内,由需求分析人员对新研发的软件系统进行需求分析,确定对该软件的各项功能、性能需求和设计约束,确定对文档编制的要求,作为本阶段工作的结果,需要编写出软件需求分析文档,可以根据软件规模和复杂情况进行确定。

软件需求分析文档主要包括系统(子系统)需求规格说明、软件需求规格说明、接口需求规格说明、数据需求说明、软件需求相关说明书的评审记录表、需求变更管理表等。

8.6.2 软件需求文档编写

系统/子系统需求规格说明(软件＋非软件)主要介绍整个软件项目必须提供的系统总

体功能和业务结构、软硬件系统的功能、性能、接口、适应性、安全性、操作需求和系统环境及资源需求等。

软件需求规格说明主要用于中小规模且不太复杂的应用软件的需求分析。对于需求分析,除了说明需求内容外,还需要一些相关的辅助信息,如需求来源、类别、基本原理、验证方法、验收测试和变更历史等。

《计算机软件文档编制规范 GB/T 8567—2006》为软件需求分析文档提供了规范化的编制方法。此外,《IEEE 推荐的软件需求规格说明书(IEEE 标准)》的编写方法,可以参考作为一个涉外应用软件的"软件需求规格说明书"模板格式及应用案例。

注意:通常在软件开发的总工作量中,需求分析的工作量约占 30%,软件设计的工作量占 30%,编码和单元测试的工作量一般占 30%,其他测试的工作量占 5%,返工修改的工作量通常占 5%。切忌"需求分析不重要、设计可不做、急于编程序"的想法和做法。

8.7 导产导研

8.7.1 技术能力题

(1) 供应科编制材料供应计划的处理过程如下。

① 计算生产材料用量。供应科根据生产科提供的生产计划和工艺科提供的材料消耗定额,计算出各种产品的材料需要量,经分类、合并后,得到生产材料用量表;这个表除保存自用外,还要复制送厂部。

② 计算材料净需用量。根据生产材料用量和库存文件中材料起初库存、储备定额等数据计算材料净需用(采购)量表,并保存。

③ 制订采购资金计划。根据材料净需用量表中需要采购的各种材料数量,及库存文件中各种材料的价格计算采购所需资金,形成采购资金计划,并送财务科。

请分别绘制供应科编制材料供应计划的业务流程图和数据流程图。

(2) 礼品销售 App 的销售过程如下。

App 接收用户的订单,根据礼品目录检查订单的正确性,并由顾客档案确定新老顾客及信誉情况验证是否合格。验证正确的订单,暂存放在待处理的订单文件中。集中后对订单进行成批处理,对于有货的订单将通过短信给用户发送送货信息,对缺货的订单发送供应商。店铺经理可以统计销售情况。

请绘制礼品销售 App 的数据流程图。

(3) 基本教务系统的数据需求描述如下。

一个学生可以选择多门课程,一门课程可由多个学生选择。一个教师可以主讲多门课程,一门课程仅能由一名老师主讲。每个学生的每门选课期末都有一个成绩。学生由学号、姓名、性别、专业、入学日期这 5 个属性描述,其中,学号唯一确定一个学生。教师由工号、姓名、部门、职称、学历和出生日期 6 个属性刻画,其中,工号唯一表示一名教师。课程的描述属性有课号、课名、学分、学时、类别、开课学期,其中,课号用于唯一区分不同课程。

① 请对该教务系统建立 E-R 模型。

② 请分别建立学生和课程的状态图。

（4）某厂对一部分职工重新分配工作的原则如下。

① 年龄不满 20 岁，文化程度是小学者脱产学习，文化程度是中学者当电工。

② 年龄满 20 岁但不足 50 岁，文化程度是小学或中学者，男性当钳工，女性当车工；文化程度是大学者当技术员。

③ 年龄满 50 岁及 50 岁以上，文化程度是小学或中学者当材料员，文化程度是大学者当技术员。

请分别用决策树、判断表和结构化英语表达职工重新分配工作的原则。

8.7.2 综合实践题

（1）实践任务：分析相关行业和领域的状况及问题。

（2）实践方法：选择感兴趣的行业和领域（如老人看护、防火救灾、医疗服务、婴儿照看、出行安全、机器人应用等）开展调查研究，分析这些行业和领域的当前状况和未来需求，包括典型的应用、采用的技术、存在的不足、未来的关注。

（3）实践要求：调研要充分和深入，分析要有证据和说服力。

（4）建模方法：结构化分析。

（5）实践结果：行业和领域需求分析报告。

8.7.3 拓展研究题

查阅课外资料和公开的数字资源，深入研究面向本体的分析方法和形式化分析方法，说明 8.7.1 节的技术能力题能否用面向本体的分析方法和形式化分析建模。如果能，请用这两种方法分别建模 8.7.1 节的 4 个题目。

第9章

软件设计

例1 "千年虫"问题的根源始于20世纪60年代。当时计算机存储器的成本很高,用四位数字表示年份,比两位数字年份就要多占用存储器空间,相应地内存成本会增加,因而程序员采用两位数字表示年份。随着计算机技术的迅猛发展,存储器的价格不断下降,但计算机系统中使用两位数字表示年份的习惯被沿袭下来,年复一年,直到2000年即将来临之际,人们才突然意识到用两位数字表示年份将无法正确辨识公元2000年及其以后的年份。1997年,信息界开始拉起了"千年虫"警钟,并很快引起了全球关注。在2000年来临的前几年,一些政府和企业就耗费了不计其数的资金来解决千年虫问题。同时,有关千年虫的恐怖预测使许多公司、代理机构、学校、商店以及普通市民为了避免即将来临的2000年灾难总共花费了数以亿计的美元。

9.1 导学导教

9.1.1 内容导学

本章内容导学图如图9-1所示。

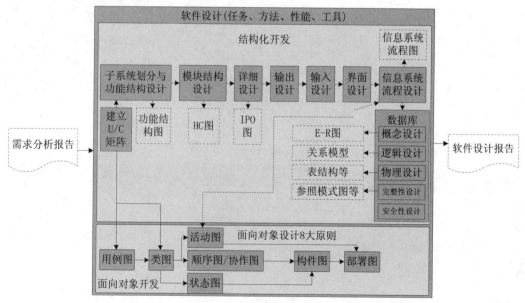

图 9-1 软件设计内容导学图

9.1.2 教学目标

1. 知识目标

掌握软件设计的任务、方法、性能和工具,理解面向对象软件设计应遵守的七大原则产生的设计优势。

2. 能力目标

(1) 运用 U/C 矩阵划分子系统和功能结构设计。

(2) 依据 U/C 矩阵和数据字典运用 UML 建模类图设计。

(3) 依据功能设计运用 HC 图表达模块结构设计。

(4) 运用 IPO 图建模详细设计。

(5) 根据检索需要对数据项进行代码设计。

(6) 运用程序流程图、PAD 图或决策树/判断表/结构化英语表达处理过程。

(7) 统筹设计输出、输入和界面。

(8) 运用 E-R 图表达数据库概念设计。

(9) 运用关系模型表达数据库逻辑设计。

(10) 把数据库逻辑设计转换成物理设计。

3. 思政目标

牢固树立安全意识,能够对数据库进行访问权限控制,能够运用 MD5 对数据项进行加密。

9.2 软件设计概述

9.2.1 软件设计任务

软件设计也称为系统设计,是应用各种软件技术和方法,设计新软件"怎么做"的物理方案。根据软件需求分析阶段所确定的新系统的逻辑模型,综合考虑各种约束,利用一切可用的技术手段和方法,进行各种具体设计,提出一个能在计算机上实现的新系统的实施方案,解决"系统怎样做"的问题。其总体目标是将需求分析阶段得到的逻辑模型转换为物理模型,设计结果是软件设计文档(含实现方案)。

1. 软件设计的主要任务

(1) 软件的总体结构和模块外部设计。

(2) 模块详细设计。

(3) 数据总体结构设计

(4) 网络及接口概要设计。

(5) 性能概要设计,依据需求设计软件系统的吞吐量、用户请求响应时间、可靠性、安全性等。

（6）输入和输出设计。

（7）代码设计。

（8）出错处理概要设计。

（9）维护概要设计。

（10）系统设计报告。

2. 软件设计的阶段

软件设计分为总体设计和详细设计两个阶段。总体设计主要确定总体架构、总体设计文档和方案。详细设计是具体细化，确定组成模块及联系、处理过程、数据库及网络、界面设计、软件设计文档(含具体方案)等。

9.2.2 软件设计方法

软件设计方法可以分为三大类：一是面向数据流的设计，即结构化设计方法，也称为过程驱动设计；二是面向数据结构设计，也称为数据驱动的设计；三是面向对象设计。

1. 结构化设计方法

结构化设计(Structured Design,SD)方法是一种典型的面向数据流(核心和关键)的设计方法，主要完成软件总体结构设计。软件具有层次性和过程性特征。软件的层次性反映了其整体性质，常用分层结构图表示。而过程性则反映了其局部性质，常用框图等表示。

SD法分为总体设计和详细设计两个阶段。

1）总体设计

总体设计过程要解决系统的模块结构，确定系统模块的层次结构。SD法的总体设计有步骤如下两步。

（1）从DFD图导出初始的模块结构图。

（2）改进初始的模块结构图。

2）详细设计

详细设计阶段的任务是对模块图中每个模块的过程进行描述。常用描述方式有流程图、N-S(结构流程)图、PAD图等。

SD法总体设计过程需要从DFD图导出初始模块结构图，首先要分析DFD图的类型，对不同类型的DFD图，采用不同的技术将其转换为初始的模块结构图。一般将DFD图分为中心变换型和事务处理型两种典型类型。中心变换型(Transform Center)的特点是DFD图可以明显分为"输入—处理—输出"三部分，对这种类型的DFD图的转换采用变换分析技术。事务是指完成作业要求功能处理的最小单元。事务型数据流程图如图9-2所示，输入流在经过某个"事务中心"时接收输入数据并分析确定其类型，然后根据所确定的类型为数据选择其中的一条加工路径。

2. 面向数据结构的设计方法

Jackson开发方法是一种典型的面向数据结构的分析与设计方法。其基本设计步骤分为如下3步。

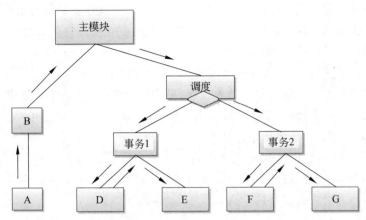

图 9-2　事务型数据流程图转换而来的分层模块结构图

(1) 建立数据结构。

(2) 以数据结构为基础,对应地建立程序结构。

(3) 列出程序中要用到的各种基本操作,再将这些操作分配到程序结构中适当的模块。

这三步分别对应结构化方法的需求分析、总体设计和详细设计。

3. 面向对象的设计方法

面向对象的设计方法改进了结构化等设计方法。它是按照同传统软件开发一样的步骤,同样要经历分析、设计、实现和测试的生命周期,可以复用。

大部分面向对象软件开发模型包括如下的内容。

(1) 分析用户的需求,提炼对象。

(2) 将现实问题领域的对象抽象成软件中的对象。

(3) 分析并描述对象之间的关系。

(4) 根据用户的需求,不断地修改并完善。

面向对象软件工程方法是 1992 年 I.Jacobson 在其出版的专著《面向对象的软件工程》中提出的。它采用 5 类模型建立目标系统,将面向对象的思想应用于软件工程中。这 5 类模型如下。

(1) 需求模型(Requirements Model,RM),由 UML 的用例图表示。

(2) 分析模型(Analysis Model,AM),由 UML 的类图表示。

(3) 设计模型(Design Model,DM),由 UML 的动态模型描述(顺序图、协作图、活动图、状态图)。

(4) 实现模型(Implementation Model,IM),由 UML 的物理模型刻画(构件图和部署图)。

(5) 测试模型(Testing Mode,TM)。

9.2.3　面向对象软件设计遵守的七大原则

1. 开闭原则

开闭原则(Open-Closed Principle,OCP)是指一个软件实体如函数、类和构件应该对扩展开放,而对修改关闭。这是面向对象思想的最高境界,是设计者应该给出对于需求变化进行扩展的模块,而永远不需要改写已经实现的内部代码或逻辑。它包括如下两个基本特点。

(1) 模块的行为可以被扩展,以满足新的需求。

(2) 模块的源代码是不允许进行改动的。

实现 OCP 的核心思想就是面向抽象编程,强调用抽象构建框架,用实现扩展细节,提高软件系统的可复用性及可维护性。OCP 法则是面向对象设计的真正核心,符合该原则便意味着最高等级的复用性和可维护性。

例 2　假设动物都有跑的行为,把跑的行为抽象为所有动物统一的接口行为 run,由具体类狗实现狗的 run 行为,进一步需要给新狗类加上其自身的具体行为,只需要在具体类狗的基础上拓展,而不需要改变具体类狗的程序实现,程序如下。

```java
public interface Animal {
    void run();
}
public class Dog implements Animal{
    @Override
    public void run() {
        System.out.println("Dog is running");
    }
}
public class NewDog extends Dog{
    public void newRun(){
        System.out.println("NewDog is happy running");
    }
}
```

2. 依赖倒置原则

依赖倒置原则(Dependence Inversion Principle,DIP)是程序要依赖于抽象接口,不要依赖于具体实现。高层模块不应该依赖低层模块,二者都应该依赖其抽象。通过依赖倒置,可以减少类与类之间的耦合性,提高系统的稳定性,提高代码的可读性和可维护性,并能够降低修改程序所造成的风险。

抽象接口描述对象的概貌,而这种概貌是从现实世界普遍规律中提炼出来的,因此能够做到最大限度的稳定,也因此很容易从抽象对对象进行扩展,可以这样认为:扩展的基础越具体,扩展的难度就越大,具体类的变化无常势必造成扩展类的不稳定。

DIP 使细节和具体实现都依赖于抽象,抽象的稳定性决定了系统的稳定性。从物理上可以这样解释,如例 3 所示,一个基础稳定的系统要比一个基础不稳定的系统在整体上更"稳定"一些。

例 3　假如汽车工厂生产 BM 和 BC。将汽车工厂抽象为类,生产 BM 和 BC 为汽车工厂的行为,程序如下。

```java
public class CarFactory {
    void generateBM(){System.out.println("CarFactory is generateBM");}
    void generateBC(){System.out.println("CarFactory is generateBC");}
}
public static void main(String[] args) {
```

```
        CarFactory carFactory = new CarFactory();
        carFactory.generateBM();
        carFactory.generateBC();
    }
```

若此时汽车工厂还想生产 AD,则除了在 CarFactory 类(低层)添加 generateAD()方法,还需要在调用的地方(高层)调用。解决方案是创建抽象接口,而不同的车型实现相同接口。

```
public interface IGenerate {
    void generate();
}
public class BM implements IGenerate{
    @Override
    public void generate() {
        System.out.println("CarFactory is generateBM");
    }
}
public class BC implements IGenerate{
    @Override
    public void generate() {
        System.out.println("CarFactory is generateBC");
    }
}
public class AD implements IGenerate{
    @Override
    public void generate() {
        System.out.println("CarFactory is generateAD");
    }
}
```

一种常用的方式将具体类对象作为接口方法的实参注入,叫作依赖注入。

```
public class CarFactory {
    void generate(IGenerate generate){
        generate.generate();
    }
}
public static void main(String[] args) {
        CarFactory carFactory = new CarFactory();
        carFactory.generate(new BM());
        carFactory.generate(new BC());
        carFactory.generate(new AD());
}
```

注入的方式还有构造器方式,即将具体类对象作为构造函数的实参代入,如下面的程序段所示。

```
public class CarFactory2 {
    private static IGenerate generate;
    public CarFactory2(IGenerate iGenerate) {
        this.generate = iGenerate;
    }
    public void generate() {
        generate.generate();
```

```
        }
        public static void main(String[] args) {
            CarFactory2 bm = new CarFactory2(new BM());
            bm.generate();
            CarFactory2 bc = new CarFactory2(new BC());
            bc.generate();
            CarFactory2 ad = new CarFactory2(new AD());
            ad.generate();
        }
    }
```

最后,注入的方式还可通过 setter 方式,如下面的 CarFactory3 的定义和实现所示。

```
public class CarFactory3 {
    private static IGenerate generate;
    public static void setGenerate(IGenerate generate) {
        CarFactory3.generate = generate;
    }
    public void generate() {
        generate.generate();
    }
    public static void main(String[] args) {
        BM bm = new BM();
        CarFactory3 bmFc = new CarFactory3();
        bmFc.setGenerate(bm);
        bmFc.generate();
        BC bc = new BC();
        CarFactory3 bcFc = new CarFactory3();
        bcFc.setGenerate(bc);
        bcFc.generate();
        AD ad = new AD();
        CarFactory3 adFc = new CarFactory3();
        adFc.setGenerate(ad);
        adFc.generate();
    }
}
```

3. 单一职责原则

单一职责原则(Simple Responsibility Principle,SRP)是一个 Class/Interface/Method 只负责一项职责,不要存在多于一个导致类变更的原因。例如,一个 Class 负责两个职责,一旦发生需求变更,修改其中一个职责的逻辑代码,有可能会导致另一个职责的功能发生故障。于是可以给两个职责分别用两个 Class 来实现,进行解耦,即使以后需求变更维护也互不影响。这样做可以降低类的复杂度,提高类的可读性,提高系统的可维护性,降低变更引起的风险。

例 4 假设 CarFactory 类既要生成 small Car 又要生成 big Car,承担了两种处理逻辑,类的具体定义和实现如下。

```
public class CarFactory {
    void generate(Integer type) {
        if(type == 1) {  System.out.println("generate small Car");  }
          else {System.out.println("generate big Car"); }
```

```
    }
        public static void main(String[] args) {
            CarFactory carFactory = new CarFactory();
            carFactory.generate(1);
            carFactory.generate(2);
        }
    }
```

此时,若要生产不同类型的 Car,则需要修改代码,造成不可控的风险。解决方案是对职责进行分离解耦。

```
public class SmallCar {
    void generate() {
        System.out.println("generate small Car");
    }
}
public class BigCar {
    void generate() {
        System.out.println("generate big Car");
    }
}
public static void main(String[] args) {
    SmallCar smallCar = new SmallCar();
    smallCar.generate();
    BigCar bigCar = new BigCar();
    bigCar.generate();
}
```

单一职责原则要求的条件比较苛刻,一个类真的只能有一个功能而一点儿其他功能也不能具有?答案同样是否定的。多个功能在一个类中是可以同时存在的,但有一个前提:是否能够成为变化的方向。如果成为单独的变化方向,则应按照 SRP 进行类职责的拆分,否则可以保留功能共存。

4. 接口隔离原则

接口隔离原则(Interface Segregation Principle,ISP)是指使用多个专门的接口,而不使用单一的总接口,客户端不应该依赖它不需要的接口。接口隔离原则符合常说的高内聚低耦合的设计思想,从而使得类具有很好的可读性、可扩展性和可维护性。注意点有如下3点。

(1) 一个类对一个类的依赖应该建立在最小的接口之上。

(2) 建立单一接口,不要建立庞大臃肿的接口。

(3) 尽量细化接口,接口中的方法尽量少(要适度)。

例 5 Bird 不具备 run 的行为,Dog 不具备 fly 的行为,但下面的接口设计为多用。

```
public interface IAnimal {
    void eat();
    void fly();
    void run();
}
public class Bird implements IAnimal {
    @Override
```

```
    public void eat() {}
    @Override
    public void fly() {}
    @Override
    public void run() {}
}
public class Dog implements IAnimal {
    @Override
    public void eat() {
    }
    @Override
    public void fly() {
    }
    @Override
    public void run() {
    }
}
```

显然,上面的多用接口给具体类的实现增加了不必要的负担。此时,应该针对不同动物
行为来设计不同的接口。

```
public interface IEatAnimal {
    void eat();
}
public interface IFlyAnimal {
    void fly();
}
public interface IRunAnimal {
    void run();
}
```

不同的动物选择不同的接口实现,从而达到接口隔离原则,符合高内聚低耦合的设计
思想。

```
public class Dog implements IRunAnimal,IEatAnimal {
    @Override
    public void eat() {}
    @Override
    public void run() {}
}
public class Bird implements IFlyAnimal,IEatAnimal {
    @Override
    public void eat() {}
    @Override
    public void fly() {}
}
```

接口隔离原则符合"高内聚、低耦合"的设计思想,使得类具有很好的可读性、可扩展性
和可维护性。

5. 迪米特法则/最少知道原则

迪米特法则/最少知道原则(Low of Demeter,LoD/Least Knowledge Principle,LKP)
是指一个对象应该对其他对象保持最少的了解,尽量降低类与类之间的耦合。主要强调只

和朋友交流,不和陌生人说话。出现在成员变量、方法的输入、输出参数中的类都可以称之为成员朋友类。而出现在方法体内部的类不属于朋友类。

例 6　校长如果需要知道学生的信息,应由老师进行统计报告。但下面的 Principal 类做了 Teacher 类做的事情,与 Student 类产生关联关系。

```java
class Student {
    public String name;
    public int age;
    public Student(String name, int age) {
        this.name = name;
        this.age = age;
    }
}
class Teacher {
  /*** 报告学生信息 * /
    void report(List<Student> studentLists) {
        studentLists.stream().forEach(student -> {
            System.out.println("name : " + student.name + " age : " + student.age);
        });
    }
}
class Principal {
    void statistics(Teacher teacher) {
        ArrayList<Student> students = new ArrayList<>();
        students.add(new Student("张三", 18));
        students.add(new Student("李四", 19));
        teacher.report(students);
    }
    public static void main(String[] args) {
        Principal principal = new Principal();
        Teacher teacher = new Teacher();
        principal.statistics(teacher);
    }
}
```

根据 LoD/LKP,Principal 只关心 Teacher 反馈的结果,不需要与 Student 联系,修改后的程序如下。

```java
class Student {
    public String name;
    public int age;
    public Student(String name, int age) {
        this.name = name;
        this.age = age;
    }
}
class Teacher {
    /*** 报告学生信息 * /
    void report() {
        ArrayList<Student> students = new ArrayList<>();
        students.add(new Student("张三", 18));
```

```
            students.add(new Student("李四", 19));
            students.stream().forEach(student -> {
                System.out.println("name : " + student.name + " age : " + student.age);
            });
        }
    }
    class Principal {
        void statistics(Teacher teacher) {
            teacher.report();
        }
        public static void main(String[] args) {
            Principal principal = new Principal();
            Teacher teacher = new Teacher();
            principal.statistics(teacher);
        }
    }
```

6. 里氏替换原则

里氏替换原则(Liskov Substitution Principle,LSP)是指一个软件实体如果适用一个父类的话,那一定适用于其子类,所有引用父类的地方必须能透明地使用其子类的对象,子类对象能够替换父类对象,而程序逻辑不变。

子类可以扩展父类的功能,但不能改变父类原有的功能。也就是说,子类继承父类时,除添加新的方法完成新增功能外,尽量不要重写父类的方法。有如下4点值得注意。

(1) 子类可以实现父类的抽象方法,但不能覆盖父类的非抽象方法。

(2) 子类中可以增加自己特有的方法。

(3) 当子类的方法重载父类的方法时,方法的前置条件(即方法的输入参数)要比父类的方法更宽松。

(4) 当子类的方法实现父类的方法时(重写/重载或实现抽象方法),方法的后置条件(即方法的输出/返回值)要比父类的方法更严格或相等。

例7 假设动物都有跑的行为,后来需要对该行为进行修饰,重新定义了父类方法,程序如下。

```
public interface Animal {
    void run();
}
public class Dog implements Animal{
    @Override
    public void run() {
        System.out.println("Dog is running");
    }
}
public class NewDog extends Dog{
    public void run(){
        System.out.println("NewDog is happy running");
    }
}
```

正确的做法是增加方法,而不是覆盖父类的方法。

```java
public class NewDog extends Dog{
    public void newRun(){
        System.out.println("NewDog is happy running");
    }
}
```

7. 合成复用原则

合成复用原则(Composite/Aggregate Reuse Principle,CARP)是指尽量使用对象组合(has-a)或聚合(contanis-a),而不是继承关系达到软件复用的目的。这样可以使系统更加灵活,降低类与类之间的耦合度,一个类的变化对其他类造成的影响相对较少。

继承又叫作白箱复用,相当于把所有的实现细节暴露给子类。组合/聚合也称为黑箱复用,对类以外的对象无法获取到实现细节。

例 8 使用继承的数据库连接定义如下。

```java
public class DBConnection {
    public String getConnection(){
        return "connection";
    }
}
public class MyLDao extends DBConnection {
    public void save(Object obj) {
        String connection = super.getConnection();
        System.out.println("获取连接: " + connection + " ,进行保存");
    }
}
```

改造为合成复用原则。使用构造注入,也可以使用 Setter 注入。

```java
public class DBConnection {
    public String getConnection(){
        return "connection";
    }
}
public class MyLDao {
    private DBConnection dbConnection;
    public MyLDao (DBConnection dbConnection) {
        this.dbConnection = dbConnection;
    }
    public void save(Object obj) {
        String connection = dbConnection.getConnection();
        System.out.println("获取连接: " + connection + " ,进行保存");
    }
}
public static void main(String[] args) {
        MyLDao myLDao = new MyLDao(new DBConnection());
        myLDao.save(new Object());
}
public class MyLDao {
    private DBConnection dbConnection;
```

```
        public void setDbConnection(DBConnection dbConnection) {
            this.dbConnection = dbConnection;
        }

        public void save(Object obj) {
            String connection = dbConnection.getConnection();
            System.out.println("获取连接: " + connection + ",进行保存");
        }
    }
    public static void main(String[] args) {
            MyLDao myLDao = new MyLDao();
            myLDao.setDbConnection(new DBConnection());
            myLDao.save(new Object());
    }
```

假如业务变化,要求使用 Oracle,可以创建新的 Oracle 数据库连接继承原有连接,原有代码无须进行修改,而且还可以很灵活地增加新的数据库连接方式。

```
public class OracleDBConnection extends DBConnection {
    public String getConnection() {
        return "Oracle Connection";
    }
}
public class MyLDao {
    private DBConnection dbConnection;
    public void setDbConnection(DBConnection dbConnection) {
        this.dbConnection = dbConnection;
    }
    public void save(Object obj) {
        String connection = dbConnection.getConnection();
        System.out.println("获取连接: " + connection + ",进行保存");
    }
}
public static void main(String[] args) {
        MyLDao myLDao = new MyLDao();
        myLDao.setDbConnection(new OracleDBConnection());
        myLDao.save(new Object());
}
```

其实 DBConnection 还不是一种抽象,不便于系统扩展,在设计之初可将 DBConnection 变成抽象类,若有新的需求只需要实现具体逻辑。

```
public abstract class DBConnection {
    public abstract String getConnection();
}
public class MySQLConnection extends DBConnection {
    @Override
    public String getConnection() {
        return "MySQL";
    }
}
public class OracleConnection extends DBConnection {
    @Override
    public String getConnection() {
```

```
            return "Oracle";
        }
    }
    public class MyLDao {
        private DBConnection dbConnection;
        public void setDbConnection(DBConnection dbConnection) {
            this.dbConnection = dbConnection;
        }
        public void save(Object obj) {
            String connection = dbConnection.getConnection();
            System.out.println("获取连接: " + connection + " ,进行保存");
        }
    }
    public static void main(String[] args) {
            MyLDao myLDao = new MyLDao();
            myLDao.setDbConnection(new OracleConnection());
            myLDao.save(new Object());
    }
```

9.2.4　软件设计满足的基本性能

1. 可靠性

软件系统的规模越做越大越复杂,其可靠性越来越难保证。应用本身对系统运行的可靠性要求越来越高,软件系统的可靠性也直接关系到设计自身的声誉和生存发展竞争能力。软件可靠性意味着该软件在测试运行过程中避免可能发生故障的能力,且一旦发生故障后,具有解脱和排除故障的能力。软件可靠性和硬件可靠性的本质区别在于:后者为物理机理的衰变和老化所致,而前者是由于设计和实现的错误所致。故软件的可靠性必须在设计阶段就确定,在生产和测试阶段再考虑就很难实现了。

2. 健壮性

健壮性又称为鲁棒性,是指软件对于规范要求以外的输入能够判断出这个输入不符合规范要求,并能有合理的处理方式。软件健壮性是一个比较模糊的概念,但是却是非常重要的软件外部量度标准。软件设计的健壮与否直接反映了设计人员的水平。

3. 易理解

软件的可理解性是其可靠性和可修改性的前提。它并不仅仅是文档清晰可读的问题,更要求软件本身具有简单明了的结构。这在很大程度上取决于设计者的洞察力和创造性,以及对设计对象掌握的透彻程度,当然它还依赖于设计工具和方法的适当运用。

4. 可测试

可测试性就是设计一个适当的数据集合,用来测试所建立的系统,并保证系统得到全面的检验。

5. 高效率

软件的效率性一般用程序的执行时间和所占用的内存容量来度量。在达到原理要求功能指标的前提下,程序运行所需时间愈短和占用存储容量愈小,则效率愈高。

6. 标准化

在结构上实现开放,基于业界开放式标准,符合国家和信息产业部的规范。

7. 可扩展

软件设计完要留有升级接口和升级空间。对扩展开放,对修改关闭。

8. 安全性

安全性要求系统能够保持用户信息、操作等多方面的安全要求,同时系统本身也要能够及时修复、处理各种安全漏洞,以提升安全性能。

9.2.5 软件设计工具

设计软件,需要一个方便高效的软件设计平台可视化展示设计的结果,下面是 6 款软件设计工具。

1. 墨刀

1) 在线设计编辑原型的工具

墨刀功能强大,适合一些高保真原型图、线框图、移动端原型、视觉稿、网页原型以及一些迭代频繁的产品。其优点是协同办公效率比较高。目前国内个别大公司和中小企业都在使用。编辑的产品直接保存在云端,不会有文件丢失,非常方便。墨刀适配各类移动电子产品、网页设计、后台信息管理、小程序、活动原型等。

2) 在线一体化产品设计协作平台

墨刀在设计方面相当于一个在线协作的 Sketch,易于使用,易于创建,方便操作体验,快速完成设计想象力,功能相当强大,可轻松满足用户需求。

使用墨刀所制作的流程图可以用简单的方式来完成复杂的工作,很好地连接工作的基本要素,对团队项目结构进行梳理和优化,快速梳理工作中的关键结点和步骤,图形使信息列表一目了然,避免了工作沟通中的歧义。

墨刀目前拥有原型版、终身版和企业原创协作版。原型版只要注册之后首年可以免费试用,之后年付低至 17 元/月,而终身版只需要 999 元,便可以永久免费,无须再充值;企业原创协作版一年只需 349 元,平均一天下来不到 1 元钱,设计师们用这个协作版制作出一套精美的原型一单便可以把会员费挣回来,可谓性价比非常高。墨刀所支持的下载系统很多,客户端的 Windows、macOS 和 Ubuntu,移动端与插件的 iOS 和 Android,Sketch 都全面支持,任何设备均可使用。

2. Axure

Axure 是一款专业的原型设计平台。Axure 作为一款高效的原型设计工具,可以帮助负责定义需求和规范、设计功能和接口的专家快速创建应用软件或网站的线框、流程图、原型和规范文档。它创建原型的效率非常高,并且可以同时支持多人同时从事一个项目,拥有强大的后台管理系统。该平台还拥有灵活的画布,适用于多种小部件,基于浏览器的原型,无须再进行编码等复杂操作,并且 Axure 还是一个高级私人管家,拥有托管 Axure RP 设计文件和图像项目的功能。

Axure 目前拥有三个版本:Axure RP 专业版、Axure RP 团队版和 Axure 企业版。除了企业版只有年付,其余版本都可以选择年付或者月付。Axure RP 专业版月付 290 元或者年付 2500 元;Axure RP 团队版月付 490 元,年付 4000 元;Axure 企业版年付 10 000 元,总体来说,Axure 的性价比还不算是很高。Axure 现在只支持计算机版,有 Windows 正式版和 Mac 正式版。

3. Figma

Figma 是一款以浏览器为基础的 UI 设计平台,比较适用于高保真原型、线框图、Web 线框图和网页原型。在如今社会上对于 Figma 的支持者越来越多,可以跨平台运行,Windows 系统、Mac 系统和 Linux 系统运行无边界,设计之后无须保存,不用因忘记保存而苦恼,所设计出来的文件不再以文件形式保存,而是一条链接。在网页上面进行设计普通的平台都会有些许的烦琐,而 Figma 软件让设计变得简便易操作,系统也会帮助用户布局。

Figma 有两个版本,前期可以免费试用,之后有专业版和团队版,专业版每个月是 12 美元,团队版则是每个月 45 美元,可结合该软件的功能进行选择。

4. Uxpin

Uxpin 软件比较适用于高保真原型、线框图和 Web 线框图,它拥有一些很吸引人的其他功能,如自带的交互效果、无障碍功能、CSS 样式等。

这款软件前期可以免费试用,拥有四个版本:基础版本、高级版本、专业版本和企业版本。基础版本是 19 美元/月,高级版本是 29 美元/月,专业版本是 69 美元/月,而企业版本需要发邮件与销售人员交流才能获得名额。

5. JustinMind

这是一款让很多新手都可以轻松上手的软件。它操作简单,使用移动端就可以进行工作,做高保真交互与 Axure 相比很有优势,但是在使用方面可能会出现卡顿。

这款软件目前有三个版本,前期也可以免费使用,标准版是 9 美元/月,专业版是 19 美元/月,团队版与 Uxpin 一样,需要与工作人员交流问价。

6. 即时设计

北京雪云锐创科技有限公司成立于 2016 年 9 月,2017 年 3 月开发完成并正式上线"即时原型"平台,2020 年 9 月正式上线"即时设计"平台,已累计服务数百万用户。

即时设计是一款在线工具,打开浏览器即可使用。即时设计工具版本自动更新,设计内容实时保存,原生中文、支持中文字体,具备渐变填充、矢量图形编辑、钢笔工具、布尔运算、蒙版等精细化设计能力,同时还拥有多人实时协作、丰富的设计资源、原生标注、可随时追溯的永久历史版本等超实用功能。设计师可以在"即时设计"中直接完成创作、评审、对接、管理迭代等所有工作流程。

即时设计不仅是一个独立的设计工具,更是一个团队协作平台。在"即时设计"中,多人可以进入同一个文件进行编辑,并且能实时看到对方的所有操作,毫秒级同步,始终保持统一规范,不必将每个人的工作内容手动合并。

9.3 结构化总体结构设计

9.3.1 子系统的划分与功能结构

子系统的划分原则是使得子系统相对独立、子系统之间数据的依赖性尽量小、子系统的划分结果使得数据冗余较小和便于子系统分阶段实现。为此,根据数据分析建立的 U/C 矩阵,按业务功能划分子系统的原则,对初步的 U/C 矩阵按功能进行调整,把处理功能相近的模块尽可能放在一个子系统内,做到层次分明,一目了然,调整之后的 U/C 矩阵如表 9-1 所示。如表 9-1 所示的子系统间的数据联系如表 9-2 所示。

表 9-1 商业银行的 U/C 矩阵

功　能	数　据　类							
	客户	贷款	存款	还款	职工	扣款	设备	工资
前台管理	C	C	C	C	U			
行政管理					C	C	C	U
财务管理		U	U	U		U	U	C

表 9-2 子系统间的数据联系

功　能	数　据　类							
	客户	贷款	存款	还款	职工	扣款	设备	工资
前台管理	前台管理子系统				U			
行政管理					行政管理子系统			U
财务管理	U	U	U		U	U	财务管理子系统	

如表 9-2 所示,商业银行系统划分为前台管理子系统、行政管理子系统和财务管理子系统三个子系统。前台管理子系统引用行政管理子系统创建的职工数据。行政管理子系统引用财务管理子系统创建的工资数据。财务管理子系统分别引用了前台管理子系统创建的贷款、存款和还款数据,以及行政管理子系统的扣款和设备数据。

下文系统的模块结构设计和详细设计均围绕前台管理子系统,系统总体功能结构如图 9-3 所示。图 9-3 中的商业银行系统主要围绕出纳相关的业务展开系统的设计与实施,但需要有支行信息、雇员信息和出纳本身角色被授权做支撑,所以为简化设计与实现,将管理支行信息和出纳角色信息合并给普通的行政办公人员,以减少系统的角色类别。

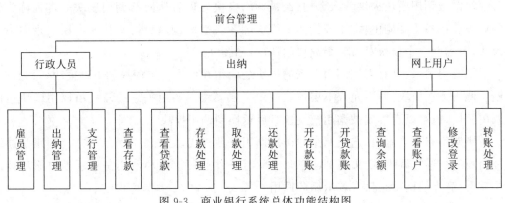

图 9-3　商业银行系统总体功能结构图

9.3.2　模块结构设计

商业银行的每个子系统都需要模块设计,子系统和子系统之间数据的创建和引用关系通过集中共享的关系数据库实现。模块设计的主要目标是在系统总体功能结构的基础上,将数据流程图转换为系统的功能模块结构,并明确各模块之间的控制关系。结构化系统设计采用模块结构图来描述系统的模块结构和模块之间的关系。

1. 模块结构图概述

1）模块

模块是具有输入和输出、逻辑处理功能、运行程序和内部数据四种属性的一组程序。模块一般用一个方框来表示,如图 9-4 所示,框内要写明模块的名称。模块的命名通常由一个动词和作宾语的名词来表示,模块的名称应尽可能如实地反映出模块的主要功能。系统中的任何一个处理功能都可以看成是一个模块。模块的四个属性含义如下。

（1）输入是模块获取的外部信息,输出是经过模块处理后输出的数据。和数据处理过程不同的是,模块的输入来源和输出去向都是同一个调用模块,一个模块从调用模块取得输入数据,加工后再把输出信息返回调用模块。

（2）逻辑处理功能是模块内部完成输入数据转换成输出数据的逻辑功能。

（3）内部数据是模块的程序引用的内部数据,它是仅供该模块本身引用的数据。

（4）程序代码是用来实现模块功能的代码,是模块内部特征的表现。

前两个属性是模块的外部表现特征,即反映模块实现的功能;后两个属性是模块的内部结构特性。在结构化系统设计中,设计人员关心的是外部特性,模块的内部特性是以后要解决的问题,这里只做必要了解。

模块间的关系用模块结构图反映,主要图标有:模块、调用、数据和控制信息,如图 9-5所示。

图 9-4　模块的表示　　　　图 9-5　模块结构图的基本符号

2）模块的调用

模块向被调用模块提供输入数据,经被调用模块处理后返回给调用模块的过程称为模块的调用。在模块结构中,常用连接两个模块的箭头表示调用。箭头从一个模块指向另一个模块,表示前一个模块对后一个模块的调用,如图9-6所示。

根据调用关系,具有直接调用关系的模块之间相互称为上层模块和下层模块,只允许上层模块调用下层模块,而不允许下层模块调用上层模块。调用关系的箭头由调用模块指向被调用模块,也可以理解成被调用模块执行后返回到调用模块。

模块调用有直接调用、选择调用和循环调用三种方式,如图9-7所示。选择调用是通过条件判断进行选择调用,箭头尾部的三角表示有条件调用。循环调用是上层模块循环调用下层模块,箭头的尾部是弧形表示循环调用。

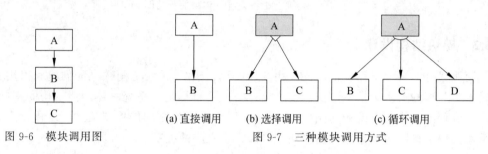

图9-6 模块调用图

(a) 直接调用   (b) 选择调用   (c) 循环调用

图9-7 三种模块调用方式

3）数据

在软件系统的模块结构图中数据分为两类:一类是反映事物某些特征的具体数据,如客户姓名和地址等;另一类是控制信息,为了控制程序下一步的执行,模块间有时必须传送某些控制信息,例如,验证某份合同是否合格。控制信息与数据的主要区别是前者表示数据的某种状态,不必进行处理,而后者表示事物某个属性的值。

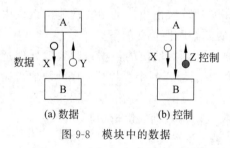

(a) 数据   (b) 控制

图9-8 模块中的数据

在模块结构图中,用尾部带空心圆圈的箭头线表示模块传递给另一个模块的数据,如图9-8(a)所示;用尾部带实心圆圈的箭头线表示模块传递给另一个模块的控制信息,如图9-8(b)所示。数据可以从上层调用模块传递给下层调用模块,被调用模块可以将模块计算结果返回给调用模块,数据名称一般在箭头线旁边标识,数据应是在数据字典中定义过的数据。

4）模块之间的转接

为了对整个模块图有直观的理解,同一模块结构图,应尽可能画在同一张纸上。如果模块之间有调用关系,当一张图上画不下的时候,就需要转接到另一张纸上;或者为了避免线条交叉,或者多个模块图有公共子图时,都可以使用转接符号。转接符号的定义可以由系统设计人员自行定义。

2. 模块结构设计

模块结构设计是把一个软件系统分解成若干紧密联系的模块的设计过程,当遇到复杂的系统时,往往最有效的方法是把复杂的系统分解成若干子系统,对每个子系统进行业务流程分析和数据流程分析,然后将数据流程转换为模块结构图,这种分解的方法就叫作模块化设计。模块化设计是前面需求分析中功能结构设计的细化过程,功能结构站在系统功能用户的角度上设计;模块设计站在系统功能实现者或者开发者的角度上设计。与需求分析的处理过程相比,模块设计更注重具体细节。模块设计的目标是降低系统开发的难度,增加系统的可理解性、可维护性和运行效率等。

在需求分析阶段,采用结构化需求分析方法得到了数据流程图、数据字典、数据处理过程描述等组成系统的逻辑模型。而模块设计过程是由软件数据流程图导出模块结构图的过程。前台管理子系统的模块结构图分别如图 9-9～图 9-13 所示。图 9-9 给出了各模块结构图的身份认证公共子图以减少重复。

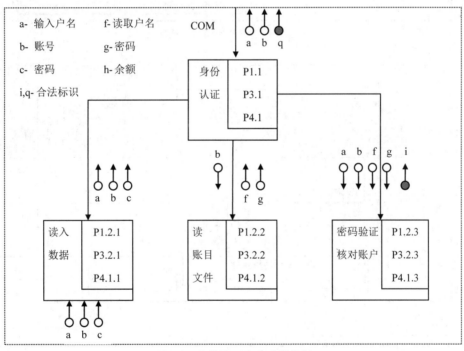

图 9-9　身份认证公共子模块图

模块结构图描述了模块调用和被调用关系以及数据的传递关系。在数据流程图中的数据处理描述中,有三种描述处理过程工具属于逻辑处理的说明。在系统设计中使用 HIPO 图说明各个模块之间的相互关系,对系统的模块处理过程进行更为详细的描述。通过模块内容描述产生的图表,就可以进行具体的软件系统编程实现,即使任何一个没有经历系统设计工作的程序员,也能合理地编制出相应的程序模块。模块设计常常会用到三种重要的图:HIPO 图、流程图和 N-S 图。

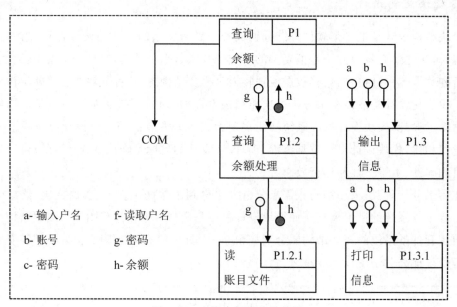

图 9-10　查询余额模块结构图

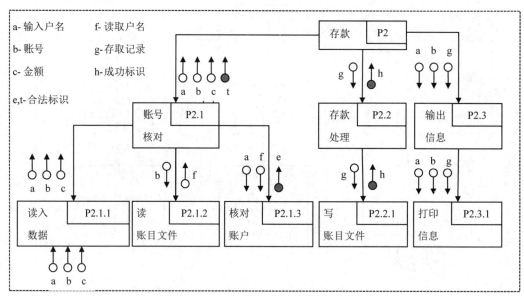

图 9-11　存款的模块结构图

HIPO(Hierarchy Plus Input Processing Output)图即层次化-输入-处理-输出图。HIPO图由一组HC图和一系列IPO图组成。

HC(Hierarchy Chart)图即层次化结构图,描述系统的模块结构关系,由数据流程图转换而来,如图9-10～图9-14所示的查询余额、存款、取款、转账和开存款账户的模块结构图。它是自顶向下的设计过程。

HC图只说明了系统由哪些模块组成、模块间的信息传递及其控制层次结构,并未说明

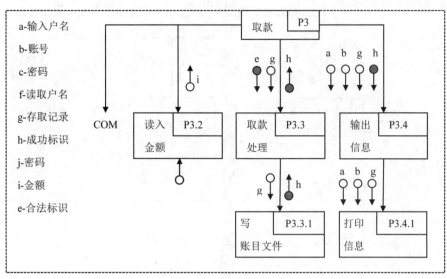

图 9-12 取款的模块结构图

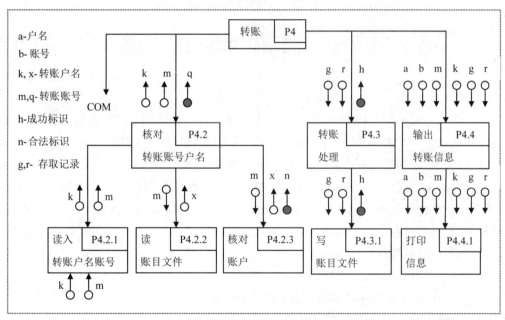

图 9-13 转账处理的模块结构图

模块内部的处理过程。因此,对一些重要模块还必须根据数据流程图、数据字典及 HC 图绘制具体的 IPO 图。HC 图中的每一个模块,均可用一张 IPO 图来描述。IPO 图描述模块的输入、输出和模块的内部处理过程。这种图的优点是直观地显示输入-处理-输出三者之间的关系。IPO 图的输入来源于系统的外部输入、其他模块的运算结果或者从数据库直接读入的数据,输出信息到外部实体、其他模块或者数据库。IPO 的主体是处理逻辑的描述,可以用自然语言、判定树、判定表等工具进行描述。

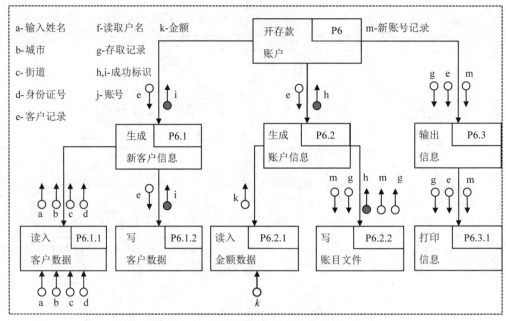

图 9-14　开存款账户的模块结构图

9.4　结构化详细设计

9.4.1　详细设计概述

在总体设计的基础上,需要经过复查确认才可进行详细设计。总体设计的重点是确定构成系统的模块及其之间的联系,详细设计的重点则是根据总体设计提供的文档,对各模块给出详细的过程性描述及其他具体设计等,完成相关文档及实现方案。

详细设计主要完成对软件模块的内部过程的具体设计和描述,解决"具体怎么做"的问题,主要包括模块处理过程设计、代码设计、输入设计、输出设计和界面设计,主要根据总体设计提供的文档,确定每一个模块的算法、内部的数据组织,选定工具表达清晰正确的算法,编写详细设计文档、详细测试用例与计划。

在详细设计过程中,主要根据以下 3 个原则。

(1) 详细设计是为后续具体编程实现做准备。

(2) 处理过程应简明易懂。

(3) 选择恰当的描述工具表述模块算法。

对选择设计工具要求有如下 4 点。

(1) 无歧义。指明控制流程、处理功能、数据组织。

(2) 模块化。支持模块化开发,并提供描述接口的机制。

(3) 强制结构化。设计者采用结构化构件,有助于采用复用技术。

(4) 简洁易编辑。设计描述易学、易用、易读、易编程及维护。

选择合适的工具并正确地使用很重要,模块内部处理过程设计用 IPO 图表达,其内部的处理过程嵌入结构化语言、决策树、决策表、程序流程图、盒图、PAD 图、PDL 等工具表示的具体处理过程。结构化语言最为常用,只用顺序、选择和循环这三种基本控制结构,就能实现任何单入口/出口程序,从而可构成任何模块的流程图。

9.4.2 处理过程设计

IPO 图的其他部分设计比较简单,但是其中的处理过程内容的描述相对来说比较困难。因为一些比较复杂的模块描述起来是不容易的,而且容易引起不同的理解,这些将影响编程工作。

一个管理软件系统,从微观的角度看具有过程性,而从宏观的角度看具有层次性。模块结构图描述系统的层次性,而处理过程描述系统的过程性。系统设计关心层次结构,具体编程考虑过程性。用程序流程图表达的身份认证 IPO 如图 9-15 所示。

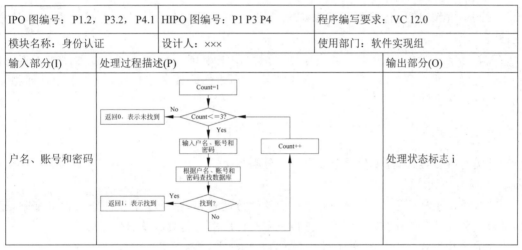

IPO 图编号:P1.2,P3.2,P4.1	HIPO 图编号:P1 P3 P4		程序编写要求:VC 12.0
模块名称:身份认证	设计人:×××		使用部门:软件实现组
输入部分(I)	处理过程描述(P)		输出部分(O)
户名、账号和密码			处理状态标志 i

图 9-15 身份认证模块的 IPO 图

9.4.3 代码设计

在软件系统中,为了便于计算机对系统涉及的各类实体及其属性识别,避免信息的二义性,人们经常采用数字、字母或它们组合的方式表示实体或属性,提高代表事物的确定性,方便地对系统进行信息的分类、统计、检索等。

代码是在一定范围内唯一标识事物属性和状态的符号或者是这些符号的组合。编码的每一位或某几位都有不同的含义。代码设计是系统设计的一项关键内容,必须从整个系统的角度来考虑,既要考虑到组织的各个子系统之间的要求,还要满足系统同组织外的其他组织、系统接口或传递信息的需要。

代码设计的质量反映了设计者对相关实体或属性是否正确理解以及理解的程度,良好的系统编码体系,便于软件系统的组织实施、数据共享和系统集成。软件系统的代码设计需要相关组织、企业的领导和相关部门管理人员的密切配合,需要对企业运作和管理都相当熟悉的基层业务人员参与。

1. 编码原则的性质

1) 唯一性与统一性

尽管编码对象有不同的名称、不同的描述,但编码必须保证一个编码对象仅被赋予一个代码,一个代码只反映一个编码对象。

2) 适应性与可扩性

代码结构必须能适应编码对象不断增加的需要,也就是说,必须为新的编码对象留有足够的备用码。以适应分类编码对象的特征或属性以及其相互关系可能出现的变化。

3) 可识别性与含义性

代码应尽可能反映分类编码对象的特点,以助记忆并便于人们了解和使用,并减少机器处理时间。

4) 稳定性与规范性

代码不宜频繁变动,编码时应考虑其变化的可能性,尽可能保持代码系统的相对稳定性。

编码之前需要分类,分类的基本原则一般可归纳为科学性、系统性、可延性和兼容性。科学性即稳定性。系统性即以合理的顺序排列。可延性即具有足够的空位。兼容性即相关的信息分类体系间的协调性。

2. 分类方法

分类有线分类、面分类和混合分类三种分类方法。

1) 线分类法

线分类法也称为层级分类法,它是将初始的分类对象,按选定的属性作为划分基础,逐次地分成相应的若干个层级类目,并排列成一个有层次的逐级展开的分类体系。

它的表现形式是上位类、同位类、下位类。将分类对象一层一层地具体进行划分,逐级展开。各个类之间构成并列或隶属关系,由一个类目直接区分出来的各类目,彼此称为同位类。同位类类目之间为并列关系,既不重复也不交叉。上位类的类目也叫母项。下位类的类目也叫子项。上位类与下位类之间存在着从属关系,即下位类从属于上位类,也就是子项从属于母项。

目前按线分类法建立起来的国家标准已经不少。比较有代表性的国家标准有GB 2260—2007《中华人民共和国行政区划代码》。在制定 CIMS 信息分类编码标准时,这些标准均可供参考。

2) 面分类法

面分类法是把给定的分类对象,依据其本身固有的各种属性,分成相互之间没有隶属关系的面,每个面中都包含一组类目。将某个面中的一种类目和另一个面的一种类目组合在一起,即组成一个复合类目。面分类法不经常单独使用,往往是同线分类法结合构成混合分类法使用。

例如,奥匹兹分类编码系统的主分类选用了 5 个面:1—零件类别,2—总体形状或主要形状,3—回转面加工,4—平面加工,5—辅助孔、齿成形。

3. 代码的种类

1）顺序码

顺序码又称为系列码,它是一种用连续数字代表编码对象的码,例如,用 1 代表厂长,2 代表科长,3 代表科员,4 代表生产工人等。

顺序码的优点是短而简单,记录的定位方法简单,易于管理。但这种码没有逻辑基础,它本身不能说明任何信息的特征。此外,新加的代码只能列在最后,删除则会造成空码。通常,顺序码作为其他码分类中细分类的一种补充手段。

2）区间码

区间码把数据项分成若干组,每一区间代表一个组,码中数字的值和位置都代表一定意义。典型的例子是邮政编码。

区间码的优点是信息处理比较可靠,排序、分类、检索等操作易于进行。但这种码的长度与它分类属性的数量有关,有时可能造成很长的码。在许多情况下,码有多余的数。同时,这种码的维护也比较困难。

区间码又可分为多面码、上下关联区间码和十进位码三种类型。

（1）多面码。

一个数据项可能具有多方面的特性。如果在码的结构中,为这些特性各规定一个位置,就形成多面码。例如,对于机制螺钉,可做如表 9-3 所示的规定。代码 2342 表示材料为黄铜的 $Q1.5\text{mm}$ 方形头镀铬螺钉。

表 9-3　多面码示例

材　　料	螺钉直径	螺钉头形状	表面处理
1—不锈钢	1～$Q0.5$	1—圆头	1—未处理
2—黄铜	2～$Q1.0$	2—平头	2—镀铬
3—钢	3～$Q1.5$	3—六角形状	3—镀锌
		4—方形头	4—上漆

（2）上下关联区间码。

上下关联区间码由几个意义上相互有关的区间码组成,其结构一般由左向右排列。例如,会计核算方面,用最左位代表核算种类,下一位代表会计核算项目。

资产类——现金（101）——人民币（10101）

　　　　　　　　——美元（10102）

　　　　　　　　——欧元（10103）

（3）十进位码。

此法相当于图书分类中沿用已久的十进位分类码,它是由上下关联区间码发展而成的。例如,610.736,小数点左边的数字组合代表主要分类,小数点右边的数字组合代表子分类。子分类划分虽然很方便,但所占位数长短不齐,不适于计算机处理。显然,只要把代码的位数固定下来,仍可利用计算机处理。

3）助忆码

助忆码用文字、数字或文字数字结合起来描述,其特点是可以通过联想帮助记忆。例如,用 TV-B-12 代表 12 英寸黑白电视机,用 TV-C-20 代表 20 英寸彩色电视机。

助忆码适用于数据项数目较少的情况(一般少于 50),否则可能引起联想出错。此外,太长的助忆码占用计算机容量太多,也不宜采用。

4. 代码结构中的校验位

代码作为计算机的重要输入内容之一,其正确性直接影响到整个处理工作的质量。特别是人们重复抄写代码和将它通过人手输入计算机时,发生错误的可能性更大。为了保证正确输入,有意识地在编码设计结构中原有代码的基础上,另外加上一个校验位,使它事实上变成代码的一个组成部分。

校验位通过事先规定的数学方法计算出来。代码一旦输入,计算机会用同样的数学运算方法将输入的代码数字计算出校验位,并将它与输入的校验位进行比较,以证实输入是否有错。

校验位可以发现以下各种错误。

(1) 抄写错误,例如,1 写成 7。

(2) 易位错误,例如,1234 写成 1324。

(3) 双易错误,例如,26913 写成 21963。

(4) 随机错误,包括以上两种或三种综合性错误或其他错误。

确定校验位值的方法有算术级数法、几何级数法和指数法。

(1) 算术级数法示例如下。

```
原代码        1   2   3   4   5
各位乘以权     6   5   4   3   2
乘积之和       6+10+12+12+10=50
```

以 11 为模去除乘积之和(若余数是 10,则按 0 处理),把得出的余数作为校验码:$50/11=4\cdots\cdots6$,因此代码为 123456。

(2) 几何级数法示例如下。

```
原代码        1    2    3   4   5
各位乘以权     32   16   8   4   2
乘积之和       32+32+24+16+10=114
```

以 11 为模去除乘积之和(若余数是 10,则按 0 处理),把得出的余数作为校验码:$114/11=10\cdots\cdots4$,因此代码为 123454。

(3) 质数法示例如下。

```
原代码        1    2    3   4   5
各位乘以权     17   13   7   5   3
乘积之和       17+26+21+20+15=99
```

以 11 为模去除乘积之和(若余数是 10,则按 0 处理),把得出的余数作为校验码:$99/11=9\cdots\cdots0$,因此代码为 123450。

9.4.4 输出设计

1. 输出设计概述

对信息的基本要求是输出要精确、及时和实用。在输出设计过程中,系统设计人员必须深入了解用户的信息需求,与用户充分协商。输出设计的任务是使管理软件系统输出满足用户需求的信息。输出设计的目的是为了正确及时地反映和组成用于管理各部门需要的信息。信息能够满足用户需要,直接关系到软件系统的使用效果和成功与否。因此,软件设计过程与实施过程相反,不是从输入设计到输出设计,而是从输出设计到输入设计。

(1) 输出的格式要求。

① 每个输出应该有一个标题。

② 每个输出应该标上日期和时间戳,这有助于用户掌握信息的时效性。

③ 报告和屏幕应该包括分段信息的节和标题。

④ 在基于表格的输出中,所有的字段应该清晰地标上标签。

⑤ 在基于表格的输出中,列应该清晰地标上标签。

⑥ 因为节标题、字段名称和列标题有时被缩写以节省空间,报告应该提供这些标题的图例。

⑦ 只打印或者显示需要的信息。在联机输出中,使用信息的隐藏技术,并提供方法来扩展信息的详细程度或综合信息的集成程度。

⑧ 输出的信息不需要经过二次处理,可以直接使用。

⑨ 在报告或显示中,信息布局应该均匀。而且整个输出应该提供充分的边缘和空格,以提高可读性。

⑩ 用户能够方便地找到输出,方便地在报告中前移和后移,以及退出报告。

(2) 输出设计的内容。

① 输出信息使用情况。包括:信息的使用者、使用目的、信息量、输出周期、有效期、保管方法和输出份数、机密与安全性要求。

② 输出信息内容。包括:输出项目、精度、信息形式(文字和数字)、输出格式(表格、报告、图形等)。

③ 输出设备和介质。输出设备包括:显示终端、打印机、磁带机、磁盘机、绘图仪和多媒体设备。输出介质包括:纸张、磁带、磁盘、光盘和多媒体介质等。

(3) 输出的时效性。

输出信息必须在事务或决策需要时到达用户处,这也会对输出设计产生影响。

(4) 输出的可接受性。

计算机输出的内容应该是用户可接受的,因此,需求分析员必须理解用户计划及如何使用输出。对于屏幕输出,还有一些特殊考虑因素,这些因素则总结在表 9-4 中。根据商业银行软件系统的实际,商业银行软件系统将输出设计分为用户登录操作和出纳登录操作两部分。

表 9-4　屏幕输出设计要素

要　　素	要　　求
大小	不同的显示器支持不同的分辨率,设计人员应该考虑使用"最低的常用分辨率",默认窗口尺寸应该小于或者等于用户分辨率最低的显示器
滚动	联机输出的优势是不受实际页面的限制。但是如果重要信息滚出屏幕,这也会成为一个缺点,所以,应该尽可能把重要信息冻结在屏幕顶部

续表

要 素	要 求
导航	用户应该清楚自己是在一个联机屏幕的网络中,所以用户还应该具有在屏幕中导航的能力。Windows 输出显示在被称为表单的窗口中,一个表单可以显示一个记录或者多个记录;滚动条应该指示我们处于报告的什么位置;通常还应该提示按钮,以便在报告的记录之间向前和向后移动,以及退出报告。Internet 输出显示在称为页面的窗口中,一个页面可以显示一个记录或多个记录。可以使用按钮或超链接在记录之间导航,也可以使用定制查询引擎导航到报告的特定分区中
分区	每个表单都独立于其他表单,但可以相互关联,区域可以独立地滚动。Internet 帧是页面中的页面,帧可用多种方式改进报告,可以用于表示报告约定、目录或总结信息
突出显示	报告中可以使用突出显示来唤起用户对出错信息、异常数据或特殊问题的注意,但如果使用不当,突出显示也会分散用户的注意力。有关人的因素的研究将继续指导突出显示的使用。突出显示的例子包括:不同颜色、变化字体、对齐、反显等
打印	许多用户仍然喜欢打印的报告,所以应该向用户提供打印报告永久复制的功能。对于 Internet 用户来说,报告可能按照工业标准格式提供,这可以使得用户使用免费的广泛使用的软件打开和阅读那些报告

2. 商业银行的输出设计示例

1) 输出给用户的示例

用户查询账户余额、用户查询明细和活期转账的输出界面分别如图 9-16～图 9-18 所示。

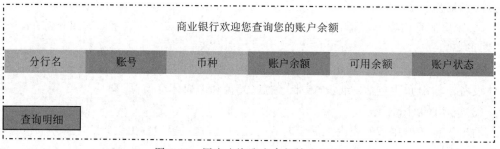

图 9-16　用户查询账户余额输出界面

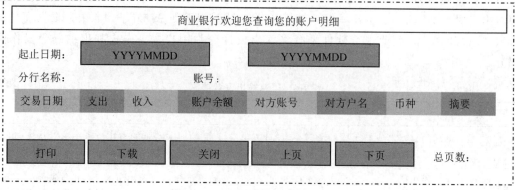

图 9-17　用户明细查询输出界面

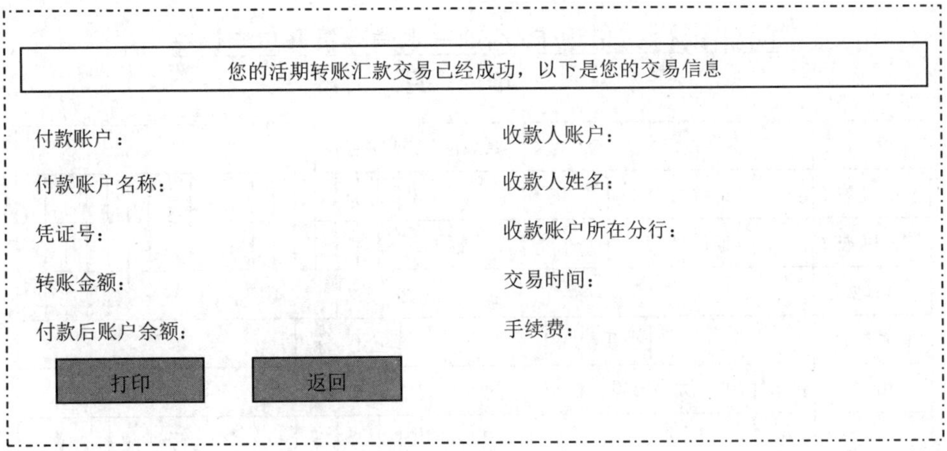

您的活期转账汇款交易已经成功，以下是您的交易信息
付款账户：
收款人账户：
付款账户名称：
收款人姓名：
凭证号：
收款账户所在分行：
转账金额：
交易时间：
付款后账户余额：
手续费：
打印
返回

图 9-18　活期转账输出界面

2）输出给出纳的设计

出纳登录界面的输出界面如图 9-19～图 9-21 所示。

出纳员：　正在查询贷款客户
客户名称
居住街道
所在城市
打印
下载
上页
下页
关闭
总页数：　当前第　页

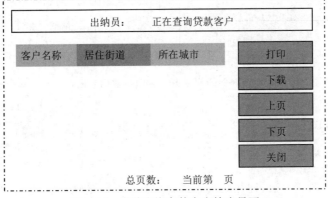

图 9-19　出纳查询存款客户输出界面

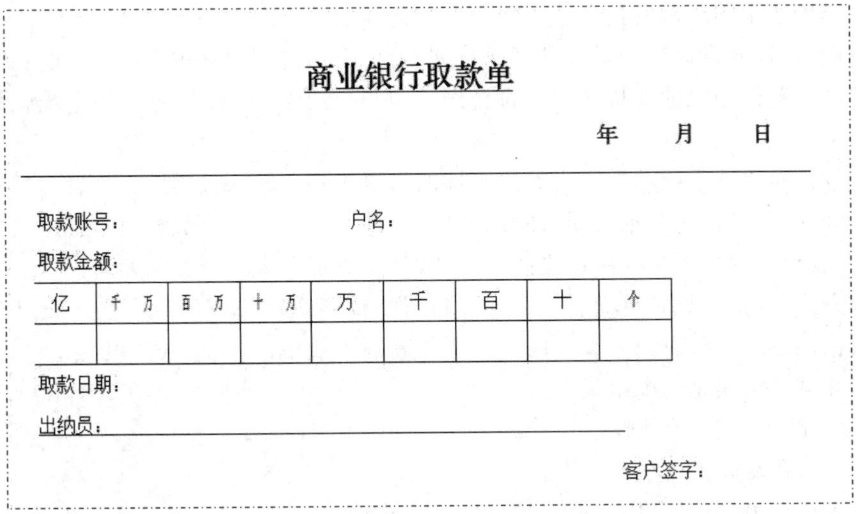

商业银行取款单
年　月　日
取款账号：
户名：
取款金额：
亿
千万
百万
十万
万
千
百
十
个
取款日期：
出纳员：
客户签字：

图 9-20　出纳取款业务输出界面

商业银行　借记卡/活期一本通存折开户申请书
年　月　日

姓名			姓名(英文或拼音)		
发证机关 1	证件种类 1		证件号码 1		
发证机关 2	证件种类 2		证件号码 2		
联系地址				邮政编码	
联系电话		手机		电子信箱	
币种	钞/汇	大写金额		金额	
			亿 千 百 十 万 千 百 十 元 角 分		

以上客户填写，以下银行填写

开户银行名称				
开户银行代码		账户	□ 借记卡	
帐号		类型	□ 活期一本通	

业务主管：　　　　　　　　　　　　　　　经办人：

图 9-21　出纳开存款账户输出界面

9.4.5　输入设计

1. 输入设计概述

软件系统的成功与失败,往往取决于最终用户对系统的认可程度,输入界面是软件系统与用户之间交互的纽带,设计的任务是根据具体业务要求,确定恰当的输入形式,使软件系统获取工作中产生的正确的信息。

一般而言,输入设计对于系统开发人员并不重要,但对用户来说,却显得尤为重要,它是一个软件系统整体印象的直接体现。符合用户习惯、方便用户操作的软件系统就易于被用户接受。

输入设计对软件系统的质量有着决定性的重要影响。输入数据的正确性直接决定处理结果的正确性,如果输入数据有误,即使计算和处理十分正确,也无法获得可靠的输出信息。同时,输入设计是软件系统与用户之间交互的纽带,决定着人机交互的效率。

输入方式有语音识别、键盘、模/数、网络传送、读磁盘/光盘/U 盘。输入设计包括数据规范和数据准备的过程。输入设计的目的是提高输入效率,减少输入错误。在输入设计中,提高效率和减少错误是两个最根本的原则。

1) 输入设计的基本原则

(1) 控制输入量。

在输入设计中,应尽量控制输入数据总量。在输入时,只需输入基本的信息,而其他可通过计算、统计、检索得到的信息则由系统自动产生。

（2）减少输入延迟。

输入数据的速度往往成为提高软件应用效率的瓶颈，为减少延迟，可采用周转文件、批量输入等方式。

（3）减少输入错误。

输入设计中应采用多种输入校验方法和有效性验证技术，减少输入错误。

（4）避免额外步骤。

在输入设计时，应仔细验证现有步骤是否完备和高效，尽量避免不必要的输入步骤。

（5）输入过程应尽量简化。

输入设计在为用户提供纠错和输入校验的同时，保证输入过程简单易用，不能因为查错、纠错而使输入复杂化，增加用户负担。

2）数据出错的校验方法

数据的校验方法有由人工直接检查、由计算机用程序校验以及人与计算机两者分别处理后再相互查对校验等多种方法。常用的方法有以下几种，可单独使用，也可组合使用。

（1）重复校验

这种方法将同一数据先后输入两次，然后由计算机程序自动予以对比校验，如两次输入内容不一致，计算机将显示或打印出错信息。

（2）视觉校验。

输入的同时，由计算机打印或显示输入数据，然后与原始单据进行比较，找出差错。视觉校验不可能查出所有的差错，其查错率为 75%～85%。

（3）检验位校验。

比如代码结构中的校验位。

（4）控制总数校验。

采用控制总数校验时，工作人员先用手工求出数据的总值，然后在数据的输入过程中由计算机程序累计总值，将两者对比校验。

（5）数据类型校验。

校验是数值型还是字符串。

（6）格式校验。

即校验数据记录中各数据项的位数和位置是否符合预先规定的格式。例如，姓名栏规定为 18 位，而姓名的最大位数是 17 位，则该栏的最后一位一定是空白。该位若不是空白，就认为该数据项错位。

（7）逻辑校验。

即根据业务上各种数据的逻辑性，检查有无矛盾。例如，月份最大不会超过 12，否则会出错。

（8）界限校验。

即检查某项输入数据的内容是否位于规定范围之内。例如，商品的单价，若规定在 50～1000 元范围内，则检查是否有比 50 元小及比 1000 元大的数目即可。凡在此范围之外的数据均属出错。

（9）顺序校验。

即检查记录的顺序，例如，要求输入数据无缺号时，通过顺序校验，可以发现被遗漏的记录。又如,要求记录的序号不得重复时,即可查出有无重复的记录。

(10) 记录计数校验。

这种方法通过计算记录个数来检查记录有否遗漏和重复。不仅对输入数据,而且对处理数据、输出数据及出错数据的个数等均可进行计数校验。

(11) 平衡校验。

平衡校验的目的在于检查相反项目间是否平衡。例如,会计工作中检查借方会计科目合计与贷方会计科目合计是否一致。又如,银行业务中检查普通存款、定期存款等各种数据的合计,是否与日报表中各种存款的分类合计相等。

(12) 对照校验。

对照校验就是将输入的数据与基本文件的数据相核对,检查两者是否一致。例如,为了检查销售数据中的用户代码是否正确,可以将输入的用户代码与用户代码总表相核对。当两者的代码不一致时,就说明出错。当然,凡是出现新的用户,都应该先补入用户代码总表。

3) 出错的改正方法

出错的改正方法应根据出错的类型和原因而异。

(1) 原始数据错。

发现原始数据有错时,应将原始单据送交填写单据的原单位修改,不应由键盘输入操作员或原始数据检查员等想当然地予以修改。

(2) 机器自动检错。

① 待输入数据全部校验并改正后,再进行下一步处理。

② 舍弃出错数据,只处理正确的数据。这种方法适用于做调查分析的情况,这时不需要太精确的输出数据,例如,求百分比等。

③ 只处理正确的数据,出错数据待修正后再进行同法处理。

④ 剔除出错数据,继续进行处理,出错数据留待下一运行周期一并处理。此种方法适用于运行周期短而剔除错误不致引起输出信息正确性显著下降的情况。

4) 出错表的设计

为了保证输入数据正确无误,数据输入过程中需要通过程序对输入的数据进行严格的校验。发现有错时,程序应当自动地打印出出错信息一览表。出错表可由以下两种程序打出。

(1) 以数据校验为目的的程序。

(2) 边处理边做数据校验的程序。

5) 原始单据的格式设计

输入设计的重要内容之一是设计好原始单据的格式。研制新系统时,即使原系统的单据很齐全,一般也要重新设计和审查原始单据。设计原始单据的原则有如下三个方面。

(1) 填写量小,版面排列简明、易懂,便于填写。

(2) 单据大小要标准化、预留装订位置,标明传票的流动路径,便于归档。

(3) 单据的格式应能保证输入精度。

6) 输入屏幕设计

从屏幕上通过人机对话输入是目前广泛使用的输入方式。因为是人机对话,既有用户输入,又有计算机的输出。通常人机对话采用菜单式、填表法和应答式三种方式。对话设计的原则如下。

（1）对话界面要美观、醒目。

（2）提示要清楚、简单,不能有二义性。

（3）要便于操作和学习,有帮助功能。

（4）能及时反馈错误信息等。

2. 商业银行的输入设计示例

商业银行软件系统的输入内容设计包括输入清单、输入要求、输入完整性控制和输入格式控制。这些内容大部分根据输出要求加以确定,而输入格式主要与数据组织方式及具体的介质有关,同时要考虑方便用户的操作使用。首先需要输入数据的种类,给出输入数据清单。数据清单要列出待输入的数据项的名称、含义,并留出空格,准备填写数据项的具体值。

有了正确的输入数据,才能有正确的输出,以免"垃圾进垃圾出",而完整性控制正是要保证数据形式完整性的重要手段。尽可能简化输入过程,并采用多种校验方法和验证技术以提高输入数据的完整性。例如,数据提交前或控件失去焦点前,系统应根据数据字典的有关条目,自动判断数据的类型、长度、取值范围等,检查输入数据形式的正确性。

根据商业银行普通用户的输出界面和操作功能,用户转账汇款操作的输入设计示例界面如图 9-22～图 9-24 所示。

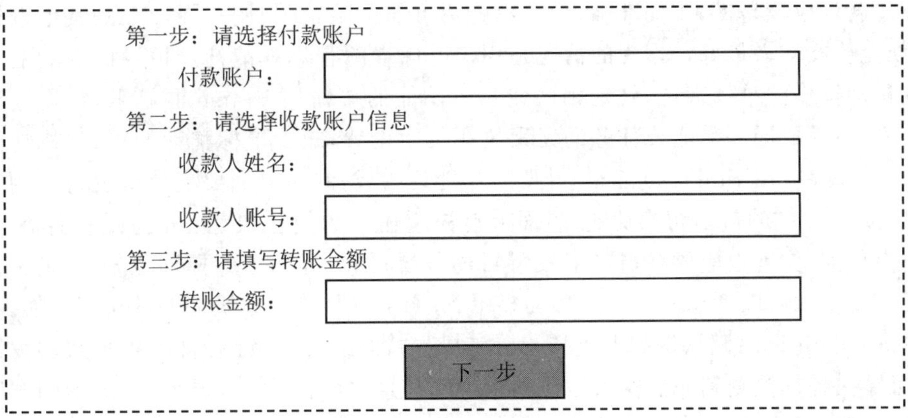

图 9-22　转账汇款输入界面 1

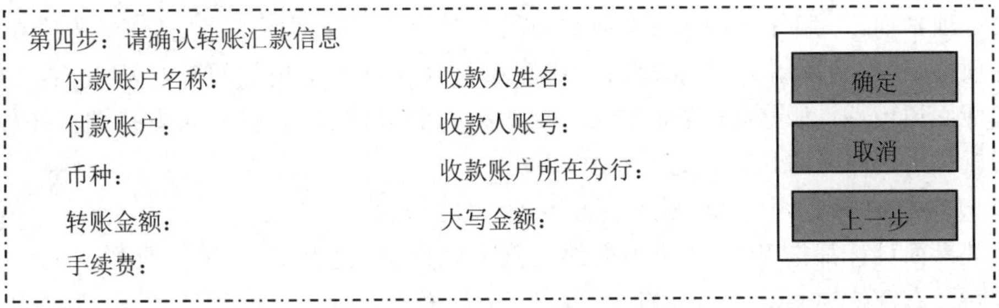

图 9-23　转账汇款输入界面 2

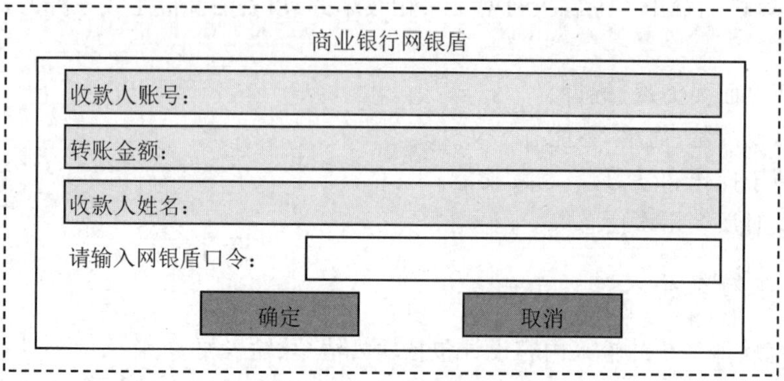

图 9-24　转账汇款输入界面 3

9.4.6　界面设计

1. 界面设计概述

良好的用户界面要遵从易用性原则、规范性原则、帮助设施原则、合理性原则、美观与协调性原则、菜单位置原则、独特性原则、快捷方式的组合原则、排错性考虑原则和多窗口的应用与系统资源原则。

1）易用性原则

按钮名称应该易懂，用词准确，没有模棱两可的字眼，要与同一界面上的其他按钮易于区分，如能望文知义最好。理想的情况是用户不用查阅帮助就能知道该界面的功能并进行相关的正确操作。具体来说，就是相同或相近功能的按钮用 Frame 框起来，常用按钮要支持快捷方式；完成同一功能或任务的元素放在集中位置，减少鼠标移动的距离；按功能将界面划分为局域块，用 Frame 框起来，并要有功能说明或标题；界面要支持键盘自动浏览按钮功能，即按 Tab 键的自动切换功能；界面上首先应输入的信息和重要信息的控件在 Tab 顺序中应当靠前，位置也应放在窗口上较醒目的位置；同一界面上的控件数最好不要超过 10 个，多于 10 个时可以考虑使用分页界面显示；分页界面要支持在页面间的快捷切换，常用组合快捷键 Ctrl+Tab；默认按钮要支持 Enter 操作，即按 Enter 键后自动执行默认按钮对应操作；可输入控件检测到非法输入后应给出说明信息并能自动获得焦点；Tab 键的顺序与控件排列顺序要一致，目前流行总体从上到下，同时行间从左到右的方式；复选框和选项框按选择概率的高低而先后排列；复选框和选项框要有默认选项，并支持 Tab 选择；选项数相同时多用选项框而不用下拉列表框；界面空间较小时使用下拉框而不用选项框；选项数较少时使用选项框，相反则使用下拉列表框；专业性强的软件要使用相关的专业术语，通用性界面则提倡使用通用性词眼；对于界面输入重复性高的情况，该界面应全面支持键盘操作，即在不使用鼠标的情况下采用键盘进行操作。

2）规范性原则

通常界面设计都按 Windows 界面的规范来设计，即包含菜单条、工具栏、工具箱、状态栏、滚动条、右键快捷菜单的标准格式，可以说：界面遵循规范化的程度越高，则易用性相应的就越好。小型软件一般不提供工具箱。

具体来说，就是常用菜单要有命令快捷方式；完成相同或相近功能的菜单用横线隔开放在同一位置;菜单前的图标能直观地代表要完成的操作;菜单深度一般要求最多控制在三层以内;工具栏要求可以根据用户的要求自己选择定制;相同或相近功能的工具栏放在一起;工具栏中的每一个按钮要有及时提示信息;一条工具栏的长度最长不能超出屏幕宽度;工具栏的图标能直观地代表要完成的操作;系统常用的工具栏设置默认放置位置;工具栏太多时可以考虑使用工具箱,工具箱要具有可增减性,由用户自己根据需求定制,工具箱的默认总宽度不要超过屏幕宽度的 1/5;状态条要能显示用户切实需要的信息,常用的有:目前的操作、系统状态、用户位置、用户信息、提示信息、错误信息、使用单位信息及软件开发商信息等,如果某一操作需要的时间较长,还应该显示进度条和进程提示;滚动条的长度要根据显示信息的长度或宽度能及时变换,以利于用户了解显示信息的位置和百分比;状态条的高度以放置 5 号字为宜,滚动条的宽度比状态条的略窄;菜单和工具条要有清楚的界限,菜单要求凸出显示,这样在移走工具条时仍有立体感,菜单和状态条中通常使用 5 号字体;工具条一般比菜单要宽,但不要宽的太多,否则看起来很不协调;右键快捷菜单采用与菜单相同的准则。

3)帮助设施原则

系统应该提供详尽而可靠的帮助文档,在用户使用产生迷惑时可以自己寻求解决方法。具体来说,就是帮助文档中的性能介绍与说明要与系统性能配套一致;打包新系统时,对做了修改的地方在帮助文档中要做相应的修改,做到版本统一;操作时要提供及时调用系统帮助的功能;在界面上调用帮助时应该能够及时定位到与该操作相对的帮助位置;最好提供目前流行的联机帮助格式或 HTML 帮助格式;用户可以用关键词在帮助索引中搜索所要的帮助,当然也应该提供帮助主题词;如果没有提供书面的帮助文档,最好有打印帮助的功能;在帮助中应该提供技术支持方式,一旦用户难以自己解决可以方便地寻求新的帮助方式。

4)合理性原则

屏幕对角线相交的位置是用户直视的地方,正上方四分之一处为易吸引用户注意力的位置,在放置窗体时要注意利用这两个位置。合理性原则是父窗体或主窗体的中心位置应该在对角线焦点附近;子窗体位置应该在主窗体的左上角或正中;多个子窗体弹出时应该依次向右下方偏移,以显示窗体出标题为宜;重要的命令按钮与使用较频繁的按钮要放在界面上注目的位置;错误使用容易引起界面退出或关闭的按钮不应该放在易点位置;横排开头或最后与竖排最后为易点位置;与正在进行的操作无关的按钮应该加以屏蔽;对可能造成数据无法恢复的操作必须提供确认信息,给用户放弃选择的机会;非法的输入或操作应有足够的提示说明;对运行过程中出现问题而引起错误的地方要有提示,让用户明白错误出处,避免形成无限期的等待;提示、警告或错误说明应该清楚、明了、恰当并且应避免英文提示的出现。

5)美观与协调性原则

界面应该大小适合美学观点,感觉协调舒适,能在有效的范围内吸引用户的注意力。美观与协调性原则是长宽接近黄金点比例,切忌长宽比例失调或宽度超过长度;布局要合理,不宜过于密集,也不能过于空旷,合理地利用空间;按钮大小基本相近,忌用太长的名称,免得占用过多的界面位置;按钮的大小要与界面的大小和空间协调,避免在空旷的界面上放置很大的按钮;放置完控件后界面不应有很大的空缺位置;字体的大小要与界面的大小比例协调,通常使用的字体中宋体 9~12 号较为美观,很少使用超过 12 号的字体;前景与背景色搭配合理协调,反差不宜太大,最好少用深色,如大红、大绿等;常用色考虑使用 Windows 界面色调;如果使用其他颜色,主色要柔和,具有亲和力与磁力,坚决杜绝刺目的颜色;大型系统常用的主色有"♯E1E1E1""♯EFEFEF""♯C0C0C0"等;界面风格要保持一致,字的大小、颜色、字体要相同,除非是需要艺术处理或有特殊要求的地方;如果窗体支持最小化和最大化或放大时,窗体上的控件也要随着窗体而缩放;切忌只放大窗体而忽略控件的缩放;对于含有按钮的界面一般不应该支持缩放,即右上角只有关闭功能;通常父窗体支持缩放时,子窗体没有必要缩放;如果能给用户提供自定义界面风格则更好,由用户自己选择颜色、字体等。

6) 菜单位置原则

菜单是界面上最重要的元素,菜单位置照按功能来组织。菜单设置原则是菜单通常采用"常用→主要→次要→工具→帮助"的位置排列,符合流行的 Windows 风格;常用的有"文件""编辑","查看"等,几乎每个系统都有这些选项,当然要根据不同的系统有所取舍;下拉菜单要根据菜单选项的含义进行分组,并且按照一定的规则进行排列,用横线隔开;一组菜单的使用有先后要求或有向导作用时,应该按先后次序排列;没有顺序要求的菜单项按使用频率和重要性排列,常用的放在开头,不常用的靠后放置;重要的放在开头,次要的放在后边;如果菜单选项较多,应该采用加长菜单的长度而减少深度的原则排列;菜单深度一般要求最多控制在三层以内;对常用的菜单要有快捷命令方式,组合原则见(8);对于进行的操作无关的菜单要用屏蔽的方式加以处理,如果采用动态加载方式——即只有需要的菜单才显示——最好;菜单前的图标不宜太大,与字高保持一致最好;主菜单的宽度要接近,字数不应多于四个,每个菜单项的字数能相同最好;主菜单数目不应太多,最好为单排布置。

7) 独特性原则

如果一味地遵循业界的界面标准,则会丧失自己的个性。在框架符合以上规范的情况下,设计具有自己独特风格的界面尤为重要。尤其在商业软件流通中有着很好的潜移默化的广告效用。独特性原则是安装界面上应有单位介绍或产品介绍,并有自己的图标或徽标;主界面最好是大多数界面上要有公司图标或徽标;登录界面上要有本产品的标志,同时包含公司图标或徽标;帮助菜单的"关于"中应有版权和产品信息;公司的系列产品要保持一致的界面风格,如背景色、字体、菜单排列方式、图标、安装过程、按钮用语等应该大体一致;应为产品制作特有的图标并区别于公司图标或徽标。

8) 快捷方式的组合原则

在菜单及按钮中使用快捷键可以让喜欢使用键盘的用户操作得更快一些 在西文 Windows 及其应用软件中快捷键的使用大多是一致的。各类常用的组合如下。

菜单中面向事务的组合包括 Ctrl+D(删除)、Ctrl+F(寻找)、Ctrl+H(替换)、Ctrl+I(插入)、Ctrl+N(新记录)、Ctrl+S(保存)和 Ctrl+O(打开)。列表组合有 Ctrl+G(定位)、Ctrl+Tab(下一分页窗口或反序浏览同一页面控件)。编辑组合有 Ctrl+A(全选)、Ctrl+C(复制)、Ctrl+V(粘贴)、Ctrl+X(剪切)、Ctrl+Z(撤销操作)、Ctrl+Y(恢复操作)。文件操作组合有 Ctrl+P(打印)和 Ctrl+W(关闭)。系统菜单组合有 Alt+A(文件)、Alt+E(编辑)、Alt+T(工具)、Alt+W(窗口)和 Alt+H(帮助)。MS Windows 保留键包括 Ctrl+Esc(任务列表)、Ctrl+F4(关闭窗口)、Alt+F4(结束应用)、Alt+Tab(下一应用)、Enter(默认按钮/确认操作)、Esc(取消按钮/取消操作)和 Shift+F1(上下文相关帮助)。按钮组合包括

Alt＋Y(确定(是))、Alt＋C(取消)、Alt＋N(否)、Alt＋D(删除)、Alt＋Q(退出)、Alt＋A(添加)、Alt＋E(编辑)、Alt＋B(浏览)、Alt＋R(读)和 Alt＋W(写)。这些快捷键也可以作为开发中文应用软件的标准,但也可使用汉语拼音的开头字母。

9) 排错性考虑原则

在界面上通过下列方式来控制出错概率,会大大减少系统因用户人为的错误引起的破坏。开发者应当尽量周全地考虑到各种可能发生的问题,使出错的可能降至最小。如应用出现保护性错误而退出系统,这种错误最容易使用户对软件失去信心。因为这意味着用户要中断思路,并费时费力地重新登录,而且已进行的操作也会因没有存盘而全部丢失。因此,最重要的是排除可能会使应用非正常中止的错误;应当注意尽可能避免用户无意录入无效的数据;采用相关控件限制用户输入值的种类;当用户做出选择的可能性只有两个时,可以采用单选框;当选择的可能性再多一些时,可以采用复选框,每一种选择都是有效的,用户不可能输入任何一种无效的选择;当选项特别多时,可以采用列表框、下拉式列表框;在一个应用系统中,开发者应当避免用户做出未经授权或没有意义的操作;对可能引起致命错误或系统出错的输入字符或动作要加限制或屏蔽;对可能发生严重后果的操作要有补救措施。通过补救措施用户可以回到原来的正确状态;对一些特殊符号的输入、与系统使用的符号相冲突的字符等进行判断并阻止用户输入该字符;对错误操作最好支持可逆性处理,如取消系列操作;在输入有效性字符之前应该阻止用户进行只有输入之后才可行的操作;对可能造成等待时间较长的操作应该提供取消功能;与系统采用的保留字符冲突的要加以限制;在读入用户所输入的信息时,根据需要选择是否去掉前后空格;有些读入数据库的字段不支持中间有空格,但用户切实需要输入中间空格,这时要在程序中加以处理。

10) 多窗口的应用与系统资源原则

设计良好的软件不仅要有完备的功能,而且要尽可能地占用最低限度的资源。在多窗口系统中,有些界面要求必须保持在最顶层,避免用户在打开多个窗口时,不停地切换甚至最小化其他窗口来显示该窗口。在主界面载入完毕后自动卸出内存,让出所占用的 Windows 系统资源。关闭所有窗体,系统退出后要释放所占的所有系统资源。尽量防止对系统的独占使用。

2. 商业银行界面设计示例

1) 银行软件系统登录界面设计

登录主界面设计如图 9-25 所示。

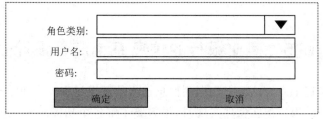

图 9-25　银行软件系统登录界面设计

2）系统管理员主界面的菜单设计

单击图 9-26 中的"支行管理"菜单选项,弹出如图 9-27 所示的对话框。

图 9-26　系统管理员主界面菜单

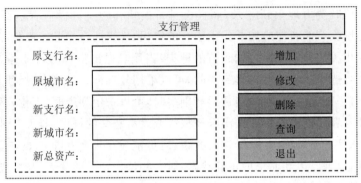

图 9-27　支行管理对话框

在图 9-27 中,如果单击"增加"按钮,则新支行名、新城市名和新总资产对应的控件数据有效,作为新记录添加到数据库。如果单击"修改"按钮,则原支行名、新支行名、新城市名和新总资产对应的控件数据有效,新的记录替换原支行名对应的记录。如果单击"删除"按钮,则原支行名和原城市名对应的控件数据有效。如果单击"查询"按钮,则原支行名和原城市名对应的控件数据有效,并弹出支行查询对话框,该对话框请读者自行设计。主菜单界面的"出纳管理"和"雇员管理"命令界面菜单与"支行管理"界面命令菜单类似。

3）出纳主界面的菜单设计

出纳主界面设计如图 9-28 所示。

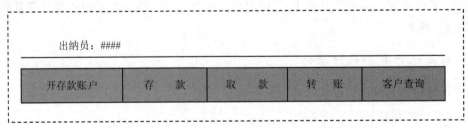

图 9-28　出纳主界面

9.5　商业银行的信息系统流程设计

数据流程图描述了系统从输入数据到信息输出的逻辑过程。模块结构图从功能的角度描述了系统的应用结构。但在软件实现时,还需要了解各个功能模块之间的关系,因此,需要对信息系统流程进行设计。事实上,软件系统中功能模块数据传递大多是以数据库表的形式进行的,本节以数据流程图和模块结构图为基础,应用软件信息系统流程图的方式来描述模块之间的数据关系。

信息系统流程图的主要用途如下。

(1) 对于软件相关的具体主要物理系统的实际描述和表示。

(2) 全面了解系统业务处理过程和进一步分析系统结构的依据。

(3) 系统分析员、管理人员、业务操作人员相互交流确认的工具。

(4) 模拟出软件系统可实现处理的主要部分。

(5) 可利用系统流程图分析业务流程及其合理性。

信息系统流程图的图例如图 9-29 所示。

图 9-29　信息系统流程图图例

信息系统流程图表示计算机系统的处理流程,画法如下。

(1) 根据数据流程图和系统模块结构图,确定模块的边界、人机接口和数据处理方式。

(2) 从数据流程图分析处理过程的数据关系,即数据输入和输出关系。

(3) 将各个数据处理过程连接起来,形成软件系统流程图。

(4) 同系统的实施人员和系统的用户进行交流,修改后,确定最终的软件系统流程图。

商业银行软件系统的余额查询、存款、转账和开存款账户的模块流程图分别如图 9-30～图 9-33 所示。开还款账户的模块流程图与和开存款账户类似。

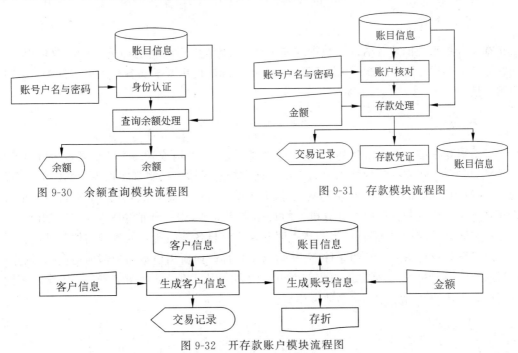

图 9-30　余额查询模块流程图　　　　　图 9-31　存款模块流程图

图 9-32　开存款账户模块流程图

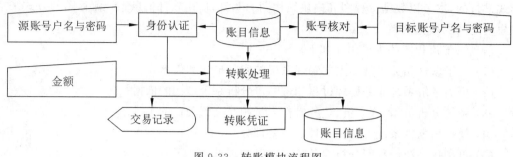

图 9-33　转账模块流程图

9.6　商业银行的数据库设计

　　管理软件系统通过对数据的输入、加工和输出，产生对管理和决策有用的信息，有利于企事业单位利用信息进行计划、组织、领导、控制和创新等管理工作，实现管理软件系统的目的。因此，数据的分析和加工是贯穿软件系统生命周期的工作。需求分析期间数据流程图和数据字典对数据进行了逻辑分析，即数据的逻辑形成过程，而数据库设计主要是通过 E-R 图分析构建数据库的物理模型。

　　数据库设计(Database Design)是指根据用户的需求，在某一具体的数据库管理系统上，设计数据库的结构和建立数据库的过程。它要求能够更有效地表达语义关系的数据模型，为各阶段的设计提供自动或半自动的设计工具和集成化的开发环境，使数据库的设计更加工程化、更加规范化和更加方便易行，使得在数据库的设计中充分体现软件工程的先进思想和方法。一般地，数据库的设计过程大致可分为 6 个步骤。

1. 需求分析

　　查和分析用户的业务活动和数据的使用情况，弄清所用数据的种类、范围、数量以及它们在业务活动中交流的情况，确定用户对数据库系统的使用要求和各种约束条件等，形成用户需求规约。

2. 概念设计

　　对用户要求描述的现实世界(可能是一个工厂、一个商场或者一个学校等)，通过对其分类、聚集和概括，建立抽象的概念数据模型。这个概念模型应反映现实世界各部门的信息结构、信息流动情况、信息间的互相制约关系以及各部门对信息存储、查询和加工的要求等。所建立的模型应避开数据库在计算机上的具体实现细节，用一种抽象的形式表示出来。以扩充的实体联系模型方法为例，第一步先明确现实世界各部门所含的各种实体及其属性、实体间的联系以及对信息的制约条件等，从而给出各部门内所有信息的局部描述(在数据库中称为用户的局部视图)。第二步再将前面得到的多个用户的局部视图集成为一个全局视图，即用户要描述的现实世界的概念数据模型。

3. 逻辑设计

　　主要工作是将现实世界的概念数据模型设计成数据库的一种逻辑模式，即适应于某种特定数据库管理系统所支持的逻辑数据模式。与此同时,可能还需为各种数据处理应用领域产生相应的逻辑子模式。这一步设计的结果就是所谓的"逻辑数据库"。

4. 物理设计

根据特定数据库管理系统所提供的多种存储结构和存取方法等依赖于具体计算机结构的各项物理设计措施,对具体的应用任务选定最合适的物理存储结构(包括文件类型、索引结构和数据的存放次序与位逻辑等)、存取方法和存取路径等。这一步设计的结果就是所谓的"物理数据库"。

5. 验证设计

在上述设计的基础上,收集数据并具体建立一个数据库,运行一些典型的应用任务来验证数据库设计的正确性和合理性。一般地,一个大型数据库的设计过程往往需要经过多次循环反复。当设计的某步发现问题时,可能就需要返回到前面去进行修改。因此,在做上述数据库设计时就应考虑到今后修改设计的可能性和方便性。

6. 运行与维护设计

在数据库系统正式投入运行的过程中,必须不断地对其进行设计过程各个阶段的设计描述评价、调整与修改。

9.6.1 数据需求

用户需求的最初规格说明可以基于同数据库用户的交谈和设计者自己对企业的分析。这一设计阶段产生的描述是定义数据库概念结构的基础。下面列出了银行企业的主要特点。

(1)银行有多个支行。每个支行位于某个城市,由唯一的网点名标识。银行监控每一个支行的资产。

(2)银行的客户通过 custmoer_id(身份证号)来唯一标识。银行存储每个客户的姓名、联系电话和其居住的街道和城市。客户可以有存款,也可以有贷款。客户可能同银行的某个雇员发生联系,该员工作为此客户的贷款负责人或私人助理。

(3)银行雇员通过 employee_id 来唯一标识。银行管理结构存储每个员工的姓名、联系电话、居住的街道和城市及其经理的 employee_id。银行还需要知道雇员开始工作的日期,由此日期可以推知雇员的雇佣期。

(4)银行提供两类存款账户——支票账户和储蓄账户。账户可以由两个或两个以上客户共有,一个客户也可以有两个或两个以上的账户。每个账户被赋予唯一的账户号。银行记录每一个账户的余额和每个账户拥有者访问该账户的最近日期。另外,每个储蓄存款账户有其利率,而每个支票账户也可以有透支额。记载每个储蓄账户和支票账户中每次支出或者存入的金额、日期、支取/存入方式等的交易记录。

(5)每笔贷款由某个支行发放,能被一个或多个客户共有。一笔贷款用唯一的贷款号标识。银行需要知道每笔贷款所贷金额以及逐次还款情况。虽然贷款的还款号并不能唯一地标识所有贷款中的某个特定还款,但可以唯一标识对某贷款的所还款项。对每次的还款需要记录其日期和金额。

9.6.2　概念设计

概念模型是数据库系统的核心和基础。由于各个机器上实现的 DBMS 软件都是基于某种数据模型的,但是在具体机器上实现的模型都有许多严格的限制。而现实应用环境是复杂多变的,如果把实现世界中的事物直接转换为机器中的对象非常不方便。因此,人们研究把现实世界中的事物抽象为不依赖于具体机器的信息结构,又接近人们的思维,并具有丰富语义的概念模型,然后再把概念模型转换为具体的机器上 DBMS 支持的数据模型。概念模型的描述工具通常是使用模型图。该模型不依赖于具体的硬件环境和 DBMS。

概念结构是对现实世界的一种抽象。抽象是对实际的人、物、事和概念进行人为处理,抽取所关心的本质特性,忽略非本质的细节,并把这些特性用各种概念精确地加以描述,这些概念组成了某种模型。通过概念设计得到的概念模型是从现实世界的角度对所要解决的问题的描述,不依赖于具体的硬件环境和 DBMS。数据库的概念设计通常选择实体-联系模型(E-R 模型)表示,E-R 模型需要建立 E-R 图。

图 9-34 为实体-联系模型图的符号表示,提供了表示实体型、属性和联系的方法,用来描述现实世界的概念模型。实体-联系模型的概念有实体、属性、联系和约束等,其定义如表 9-5 所示。

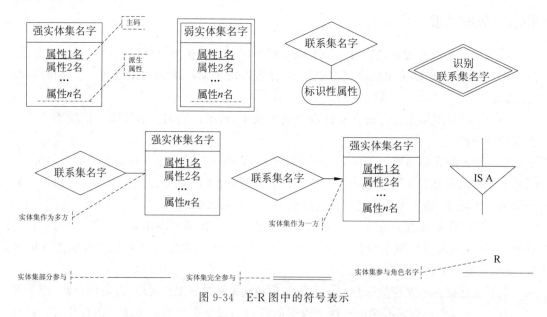

图 9-34　E-R 图中的符号表示

数据需求规格说明是建造数据库概念模式的出发点。根据商业银行的数据需求标识实体集及其属性,如表 9-6 所示。根据表 9-6 实体集的设计模式,设计如表 9-7 所示的联系集、映射基数和参与约束。进而设计出如图 9-35 所示的商业银行 E-R 图。在图 9-35 中,"雇员"实体使用了两次,其中仅有"雇员"实体名称但没有属性的那个矩形是为了避免连线之间的交叉。

表 9-5　E-R 模型概念表

概　　念	定　　义
实体	现实世界中可区别于其他对象的"事物"或"对象"
实体集	具有相同性质的属性集合
强实体集 弱实体集	一个实体集可能没有足够的属性去形成主码用矩形表示,这样的实体集为弱实体集;与此相对,有主码的实体集称作强实体集
属性	属性是实体集中每个成员所拥有的描述性性质。为某实体集设计一个属性表明数据库为该实体集中的每个实体存储相似的信息,但每个实体在每个属性上都有各自的值
域	每个属性都有一个可取值的集合,称为该属性的域
联系	多个实体间相互关联
角色	实体在联系中的作用
联系集	同类联系的集合
识别联系	弱实体集必须与另一个称为标识实体集或者属主实体集的实体集关联才有意义。将弱实体集与其标识实体集相联系的联系为识别联系
映射基数	指明一个实体通过一个联系集能同时与多少实体相关联。映射基数在描述二元联系时很有用。二元联系映射基数有"一对一""一对多""多对一"和"多对多"4 种
完全参与	实体集中的每个实体都参与到联系集的至少一个联系中
部分参与	实体集中只有部分实体参与到联系集的联系中
一般化-高层实体 特殊化-底层实体	实体集中有时包含一些子集,子集中的实体在某些方面区别于实体集中的其他实体。该实体级称为高层实体,而其中的子集称为底层实体。由底层实体到高层实体是一般化的过程,相反是特殊化的过程

表 9-6　商业银行数据库的实体集

实 体 集		属　　性
强	支行	网点名、城市和总资产
	人	姓名、电话、城市、街道和身份证号
	客户	继承人的所有属性
	雇员	除继承人的所有属性外,还有入职时间以及派生属性工作年限
	贷款账户	贷款号、贷款金额、开户日期
	账户	账号、开户日期、账户类型、账户余额
	储蓄账户	利率
	支票账户	透支额
	出纳员	出纳号、密码、身份证号
弱	还款记录	还款号、日期、摘要、币种、钞/汇、金额、余额、出纳员
	存取记录	序号、日期、摘要、币种、钞/汇、金额、余额、出纳员、备考

表 9-7　商业银行数据库的联系集及其约束

联系集	参与实体集	约束	
		映射基数约束	参与约束
借有	客户、贷款账户	多对多	客户部分参与、贷款账户完全参与
借出	贷款账户、支行	多对一	支行部分参与、贷款账户完全参与
联络	雇员、客户	多对一	雇员部分参与、客户完全参与
存有	客户、存款账户	多对多	客户部分参与、贷款账户完全参与
拥有	存款账户、支行	多对一	支行部分参与、存款账户完全参与
属于	雇员、支行	多对一	雇员完全参与、支行部分参与
存取	存款账户、存取记录	一对多	交易记录完全参与、存款账户部分参与
还贷	贷款账户、还款	一对多	还款完全参与、贷款账户部分参与
操作 1	出纳员、存取记录	一对多	存取记录完全参与、出纳员部分参与
操作 2	出纳员、还款记录	一对多	还款记录完全参与、出纳员部分参与
转还	存款记录、还款记录	一对一	还款记录与存款记录均部分参与
是	出纳员、雇员	一对一	出纳员完全参与、雇员部分参与

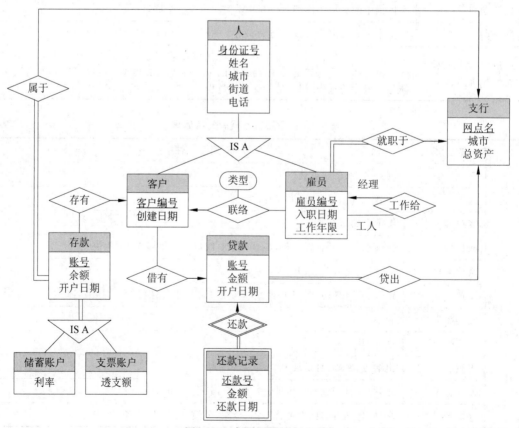

图 9-35　商业银行的 E-R 图

9.6.3 逻辑设计

逻辑设计的模型目前最主流的是关系模型。符合数据库模式的数据库可以表示为一些关系模式的集合。数据库的每个实体集和联系集都有唯一的关系模式与之对应,关系模式名即为相应的实体集或联系集名称。概念设计得到的 E-R 模型和关系数据库表示的逻辑模型都是现实世界的逻辑表示。由于两种模式采用类似的设计原则,可以将概念设计转换为逻辑设计即关系设计。逻辑设计的目的是从概念模型导出特定的 DBMS 可以处理的数据库的逻辑结构(数据库的模式和外模式)。这些模式在功能、性能、完整性和一致性约束及数据库可扩充性等方面均应满足用户提出的要求。根据软件系统的 E-R 图进行逻辑结构设计,就是以最小化冗余和方便查询为目标,将模型转换为关系模型,即二维表。

每个强实体集对应单独一个表。对于联系集,根据其映射基数决定该联系集是否对应一个单独的表。对于多对多的联系集必须单独对应一个表,如"借有"和"存有"联系集;对于一对多或者多对一的联系集,可以将其合并到"多方"实体集中,如"借出""联络""拥有""属于""存取""还贷""操作 1"和"操作 2"联系集就不对应单独的表;对于一对一的联系集,如果有一个"一方"是完全参与,则可以将其合并到这个"一方"实体集中,如"是"联系集。对于识别联系集,将其合并到弱实体集中,如"还贷"和"存取"联系集不对应单独的表。对于存款账户,为简化问题,并不区分储蓄账户和支票账户,一律认为是储蓄账户。为避免连接,按属性继承的性质,高层实体不对应单独的表,而将高层实体和底层实体合并到每一个底层实体中。

综上,关系模型表示的逻辑设计如下。

```
branch=(branch_name,city,asets);
customer=(customer_ID,customer_name,telephone, street, city, employee_ID);
account=(account_number, type, branch_name, date,balance);
employee=(employee_ID, employee_name, telephone, street, city, enter_date,
branch_name);
loan=(loan_number, amount, branch_name, date);
payment=(loan_number, payment_number, date, currency_system, paper_remit,
amount, balance, teller_id, remark, account_number);
access=(account_number, access_number, date, currency_system, paper_remit,
amount, balance, teller_id, remark, account_number_pay);
borrower=(customer_ID, loan_number,date);
depositor=(customer_ID, account_number,date);
teller=(teller_id, password, employee_ID)
```

9.6.4 物理设计

数据库物理设计是对已确定的逻辑数据库结构(即逻辑模型)研制出一个有效、可实现的物理数据库结构(即存储结构)的过程。物理设计常常包括某些操作约束,如响应时间与存储要求等。

数据库物理设计的主要任务是对数据库中的物理设备上的存放结构和存取方法进行设计。数据库物理结构依赖于给定的计算机系统,而且与具体选用的 DBMS 密切相关。

1. 物理设计的步骤

物理设计可分为 4 步,前 3 步为结构设计,最后为完整性和安全性设计。

1) 存储记录的格式设计

对数据项类型特征进行分析,对存储记录进行格式化,决定如何进行数据压缩或代码化。可使用"垂直分割方法",对含有较多属性的关系,根据其中属性的使用频率进行分割;或使用"水平分割方法",对含有较多记录的关系,按某些关系进行分割。把分割后的关系定义在相同或不同类型的物理设备上,或相同设备的不同区域上,从而使访问数据库的代价最小,提高数据库的性能。

2) 存储方法设计

物理设计中最重要的一个考虑是,把存储记录在全范围内进行物理安排,存放的方式有顺序存放、杂凑存放、索引存放及聚簇存放等。

3) 访问方法设计

访问方法设计为物理设备上的数据提供存储结构和咨询路径,这与数据库管理系统有很大关系。

4) 完整性和安全性考虑

根据逻辑设计提供的对数据库的约束条件、具体的 DBMS 的性能特征和硬件环境,设计数据库的完整性和安全性措施。

2. 物理设计的性能

根据数据库时空开销及可能的费用来衡量,则在数据库应用系统生命周期中总的开销包括规划开销、设计开销、实施和测试开销、操作开销和运行维护开销。对物理设计来说,主要考虑操作开销,即为使用户获得及时、准确的数据所需的开销和计算机资源的开销。主要考虑如下几点。

(1) 查询的响应时间。响应时间定义为从查询开始到查询结果显示之间所经历的时间。一个好的应用设计可以减少 CPU 服务时间和 I/O 服务时间。例如,如果有效地使用数据压缩技术,选择好的访问路径和合理安排记录的存储等,都可以减少服务时间。

(2) 更新事物的开销。主要包括修改索引、重写物理块或文件等方面的开销。

(3) 报告生成的开销。主要包括检索、重组、排序和结果显示方面的开销。

(4) 主存存储空间开销。包括程序和数据所占有的空间的开销,可以对缓冲区分配进行适当的控制,以减少空间开销。

(5) 辅助存储空间。可以控制索引块的大小、装载因子、指针选择项和数据冗余度等。

9.6.5 完整性设计

完整性是为保证数据库中数据的正确性和相容性,对关系模型提出的某种约束条件或规则。完整性通常包括声明式完整性约束和程序式完整性约束。

1. 声明式完整性约束

声明式完整性约束包括域约束、非空约束、主码约束、唯一性约束、检查约束、参照约束,其中的域约束、主码约束和参照约束是关系模型必须满足的完整性约束条件,完全可以在创建表时声明,也可以在改变表结构时声明。域约束是最基本的约束,表模式中的数据类型即为各个属性具体的域约束,它表示了每个属性允许的取值范围,是单个属性上的约束,如表 9-7 中的"数据类型"一栏。非空约束是对域的进一步裁剪,表示属性上的取值不允许为空,即把域中的空值剔除了,如表 9-7 中的"是否为空"一栏,标识为"N"的为非空约束。主码约束是整个表上的约束,在每个表中,标为主码的属性组取值互不相同,用它唯一地标识了表中的一个元组或者一个记录,如表 9-7 中的"是否主码"一栏,标识为"Y"的为主码。"检查约束"用于增强表中数据内容的简单的商业规则,用户使用"检查约束"保证数据规则的一致性。"检查约束"是一个表中所有元组必须满足的一个谓词条件,仅限于所定义的表,不能跨表。"唯一性约束"是除了"主码约束"之外的一些属性组合,在表中也是唯一的,必须加以标识。域约束、非空约束、主码约束、唯一性约束、检查约束是在单表中的约束。

根据数据字典、域约束、主码约束、非空约束、检查约束和数据库的逻辑模式,表模式进一步的详细信息如表 9-8 所示,表中的属性名一律用英文表示,其表示图中的属性见"说明"一列。表 9-8 中的"检查约束"是示意性的,比较简单,完全可以有更复杂的涉及单表多个属性和系统函数操作的谓词表达式。

表 9-8 表中的声明性约束

字段名称	数据类型	长度	是否为空	是否主码	检查约束	说明
branch						
branch_name	nchar(50)	50	N	Y		网点名
city	nchar(20)	20	Y	N		城市
assets	float	8	Y	N	assets>=0	总资产
customer						
customer_ID	nchar(18)	18	N	Y		身份证号
customer_name	nchar(10)	10	N	N		姓名
city	nchar(20)	20	Y	N		城市
street	nchar(20)	20	Y	N		街道
telephone_num	nchar(12)	12	Y	N		电话
employee_ID	nchar(18)	18	Y	N		经纪人
employee						
employee_ID	nchar(18)	18	N	Y		身份证号
employee_name	nchar(10)	10	Y	N		姓名
city	nchar(20)	20	Y	N		城市
street	nchar(20)	20	Y	N		街道
telephone_num	nchar(12)	12	Y	N		电话
enter_date	datetime	8	Y	N		入职日期
branch_name	nchar(50)	50	Y	N		网点名

续表

loan

字段名称	数据类型	长度	是否为空	是否主码	检查约束	说明
loan_number	nchar(20)	20	N	Y		贷款号
date	datetime	8	N	N		开户日期
amount	float	8	N	N	amount>=0	金额
branch_name	nchar(50)	50	N	N		网点名

account

字段名称	数据类型	长度	是否为空	是否主码	检查约束	说明
account_number	nchar(20)	20	N	Y		贷款号
date	datetime	8	N	N		开户日期
balance	float	8	N	N	balance>=0	余额
branch_name	nchar(50)	50	N	N		网点名
type	nchar(1)	1	N	N		账户类型

payment

字段名称	数据类型	长度	是否为空	是否主码	检查约束	说明
payment_number	nchar(20)	20	N	Y		还款号
loan_number	nchar(20)	20	N	Y		贷款号
amount	float	8	Y	N	amount>0	金额
date	datetime	8	Y	N		还款日期
currency_system	nchar(1)	1	Y	N		币制
paper_remit	bool	1	Y	N		钞/汇
balance	float	8	Y	N	balance>=0	余额
teller_id	nchar(18)	18	N	Y		出纳员
account_number	nchar(20)	20	Y	N		对方账号

access

字段名称	数据类型	长度	是否为空	是否主码	检查约束	说明
access_number	nchar(20)	20	N	Y		序号
account_number	nchar(20)	20	N	Y		账号
date	datetime	8	N	N		日期
currency_system	nchar(1)	1	N	N		币制
paper_remit	bool	1	N	N		钞/汇
amount	float	8	N	N		金额
balance	float	8	N	N	balance>=0	余额
teller_id	nchar(18)	18	N	Y		出纳员
remark	nchar(8)	8	N	N		备考
access_number_pay	nchar(20)	20	Y	N		对方账号

续表

borrower

字段名称	数据类型	长度	是否为空	是否主码	检查约束	说明
custmoer_ID	nchar(18)	18	N	Y		身份证号
loan _number	nchar(20)	20	N	Y		贷款账号
date	datetime	8	Y	N		访问日期

depositor

employee_ID	nchar(18)	18	N	Y		身份证号
account_number	nchar(20)	20	N	Y		账号
date	datetime	8	Y	N		访问日期

teller

teller_id	nchar(10)	10	N	Y		出纳编号
password	nchar(10)	10	N	N		密码
employee_ID	nchar(18)	18	N	Y		雇员号

参照完整性是定义建立参照关系与被参照关系联系的约束条件。关系数据库中通常都包含多个存在相互联系的关系,关系与关系之间的联系是通过公共属性来实现的。所谓公共属性,它是一个关系 R(称为被参照关系或目标关系)的主码,同时又是另一个关系 K(称为参照关系)的属性。如果参照关系 K 中外部属性的取值,与被参照关系 R 中某元组主属性的值相同,那么,在这两个关系间建立起参照关系的外部属性引用被参照关系的主码。商业银行软件系统的数据库参照完整性关系如图 9-36 所示,箭尾始于参照关系的外部属性,箭头指向被参照关系(就是指向被参照关系的主码)。

2. 程序式完整性约束

触发器是一种特殊的存储过程,它不能被显式地调用,而是在往表中插入记录、更改记录或者删除记录时,即当事件发生条件满足时,才被自动地激活。触发器可以用来对表实施复杂完整性约束,保持数据的一致性。

当触发器所保护的数据发生改变时,触发器会自动被激活,响应同时执行一定的操作(对其他相关表的操作),从而保证对数据的完整性约束或正确的修改。触发器可以查询其他表,同时也可以执行复杂的 SQL 语句。

触发器和引发触发器执行的命令被当作一次事务处理,因此就具备了事务的所有特征。如果发现引起触发器执行的 T-SQL 语句执行了一个非法操作,例如,关于其他表的相关性操作,发现数据丢失或需调用的数据不存在,那么就回滚到该事件执行前的 SQL Server 数据库状态。

触发器和声明式完整性约束的区别是,一般来说,使用声明式完整性约束比使用触发器效率更高,同时触发器可以完成比“CHECK 约束”更复杂的限制。与“CHECK 约束”不同,在触发器中可以引用其他的表。触发器可以发现改变前后表中数据的不一致,并根据这些

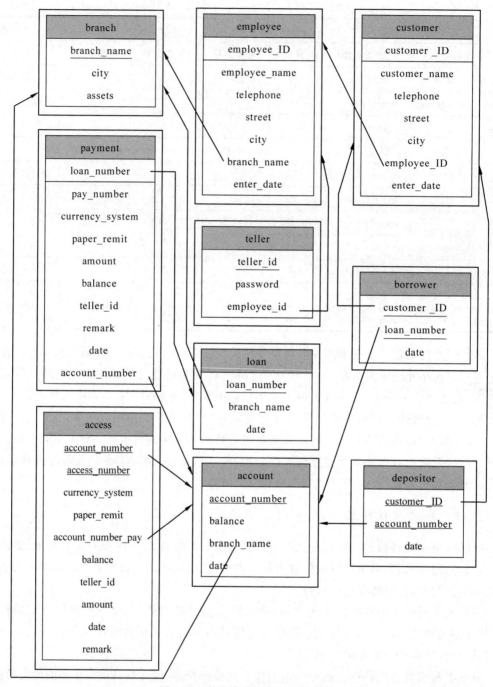

图 9-36 数据库参照完整性约束图

不同来进行相应的操作。对于一个表不同的操作可以采用不同的触发器,即使是对相同的语句也可以调用不同的触发器来完成不同的操作。

在 Microsoft SQL Server 中为每个触发器都创建了两个专用表:inserted 表和 deleted表。这是两个逻辑表,由系统来维护,在触发执行时存在,在触发结束时消失。deleted 表存放由于执行 delete 或 update 语句而要从表中删除的所有行。在执行 delete 或 update 操作时,被删除的行从激活触发器的表中被移动到 deleted 表,这两个表不会有共同的行。inserted 表存放由于执行 insert 或 update 语句而要向表中插入的所有行。在执行 insert 或 update 事物时,新的行同时添加到激活触发器的表中和 inserted 表中,inserted 表的内容是激活触发器的表中新行的拷贝。update 事务可以看作是先执行一个 delete 操作,再执行一个 insert 操作,旧的行首先被移动到 deleted 表,然后新行同时添加到激活触发器的表中和 inserted 表中。

Microsoft SQL Server 有 instead of 和 after 触发器两种形式。INSTEAD OF 触发器用来代替通常的触发动作,即当对表进行 INSERT、UPDATE 或 DELETE 操作时,系统不是直接对表执行这些操作,而是把操作内容交给触发器,让触发器检查所进行的操作是否正确。如正确才进行相应的操作。因此,INSTEAD OF 触发器的动作要早于表的约束处理。

INSTEAD OF 触发器的操作有点类似于基本完整性约束。在对数据库操纵时,有些情况下使用基本完整性约束可以达到更好的效果,而如果采用触发器,则能定义比基本完整性约束更加复杂的约束。INSTEAD OF 触发器不仅可在表上定义,还可在带有一个或多个基表的视图上定义,但在作为级联引用完整性约束目标的表上限制应用。INSTEAD OF 触发器对数据库的操作只是一个“导火线”而已,真正起作用的是触发器里面的动作,往往这种触发器会有很多分支判断语句在里面,根据不用的条件做不同的动作。

AFTER 触发器定义了对表执行了 INSERT、UPDATE 或 DELETE 语句操作之后再执行的操作。例如,对某个表中的数据进行了更新操作后,要求立即对相关的表进行指定的操作,这时就可以采用 AFTER 触发器。AFTER 触发器只能在表上指定,且动作晚于约束处理。建立数据库内一个或多个表格中操作的审计追踪,实现一个商用规则。

每一个表上只能创建一个 INSTEAD OF 触发器,但可以创建多个 AFTER 触发器。

商业银行软件系统有下面 3 个需求必须使用触发器。

(1) 假设银行处理透支时,不是将账户余额设为负值,而是将账户余额设成零,并且新建一笔贷款与之对应,其金额为透支额。这笔贷款的贷款号等于该透支的账号。

我们将该触发器定义为透支触发器,定义如下。

```
CREATE TRIGGER overdraft_trigger ON account AFTER UPDATE
AS IF update(balance)
BEGIN
DECLARE @balance_old FLOAT
DECLARE @branch_name CHAR(50)
DECLARE @account_number CHAR(20)
SET @branch_name = (SELECT branch_name FROM deleted)
SET @balance_old = (SELECT balance FROM deleted)
    SET @account_number = (SELECT account_number FROM deleted)
If @balance_old<0
        BEGIN
            SET  @balance_old = 0 -@balance_old
            INSERT INTO borrower
            SELECT * FROM depositor WHERE account_number = @account_number;
            INSERT INTO loan VALUES (@account_number,@branch_name,@balance_
```

```
        old,getdate());
        UPDATE account SET balance = 0 WHERE account_number = @account_number
    END
END
```

（2）一笔贷款的所有者中至少有一名所有者有存款且其余额大于￥10000，否则，触发器动作警告并撤销这样的贷款。

我们将该触发器定义为新贷款检查触发器，定义如下。

```
CREATE TRIGGER new_loan_constraint ON loan AFTER INSERT,UPDATE
AS IF update(amount)
BEGIN
    DECLARE @num           INT
    DECLARE @loan_number      CHAR(20)
    SET @loan_number = (SELECT loan_number FROM inserted)
    SET @num =     (    SELECT count( * )
                        FROM borrower, depositor, account
    WHERE @loan_number = borrower.loan_number     AND
        borrower.customer_ID=depositor.customer_ID AND
            depositor.account_number=account.account_number AND
            account.balance >= 10000 )
    IF @num<=0 BEGIN ROLLBACK TRANSACTION END
END
```

（3）如果某支行有新贷款加入导致贷款总额的 2 倍大于其总资产，则触发器动作不予贷款并在前台显示提示信息。

为了给前台提示信息，数据库需要一个超限信息表，当有新贷款而使贷款总额的 2 倍大于其总资产时，就用该表记录详细信息，供前台应用定时扫描数据库的该表查看有无新记录，若有则在前台显示该信息并将该记录从表中清除。触发器的任务就是当有新贷款而使贷款总额的 2 倍大于其总资产时，自动向超限信息表中添加一条记录。超限信息表模式为：beyondLimit(loan_number,user_name,time,amount,branch_name,assets)。其声明性约束如表 9-9 所示，参照完整性约束见图 9-37。

表 9-9　beyondLimit 表声明性约束

beyondLimit						
字段名称	数据类型	长度	是否为空	是否主码	检查约束	说明
loan_number	nchar(20)	10	N	Y		出纳编号
user_name	nchar(10)	10	N	N		登录用户名
time	datetime	18	N	N		插入时间
amount	float	8	N	N	＞＝0	贷款金额
branch_name	nchar(50)	50	N	N		网点名
assets	float	8	N	N	＞＝0	总资产

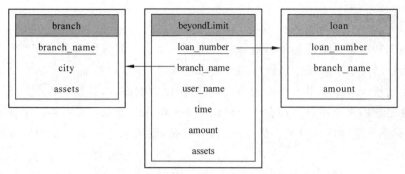

图 9-37 beyondLimit 表的参照完整性约束

假设将该触发器的命名为超限触发器,定义如下。

```
USE Branch go
CREATE TRIGGER beyondLimit ON loan AFTER INSERT,UPDATE
AS IF UPDATE(amount)
    BEGIN
        DECLARE @total         FLOAT
        DECLARE @amount        FLOAT
        DECLARE @limit         FLOAT
        DECLARE @bname         CHAR(50)
        DECLARE @loan_no       CHAR(20)
        SET @bname = (SELECT branch_name FROM inserted)
        SET @limit = (SELECT assets FROM branch WHERE branch_name = @bname)
        SET @total = (SELECT sum(amount) FROM loan WHERE branch_name = @bname)
        SET @loan_no = (SELECT loan_number FROM inserted)
        SET @amount  = (SELECT amount FROM inserted)
        IF @total * 2>@limit
            BEGIN   ROLLBACK TRANSACTION
                INSERT INTO beyondLimit VALUES  (@loan_no,
                    USER_NAME(), GETDATE(),@amount,@limit,@bname)
            END
    END
```

9.6.6 安全性设计

为保证软件与数据库系统的安全运行,防止不合法的运算或计算机系统的不稳定对系统造成损害,应对系统的软件和硬件进行合理的安全性和可靠性设计。安全措施应在系统中层层设置,包括用户标识和口令、不同操作员的权限、视图机制、操作系统安全保护和数据机密设置等。数据库信息保护使用市面流行的局域网数据库管理工具,保证了数据的安全和管理的方便。

在不影响系统功能的前提下要尽可能考虑系统安全性。进入系统时必须通过操作员密码控制方可进入系统,用户输入错误密码超过三次将被强制退出系统。对企业内部人员和用户的数据访问也要进行控制,对用户信息以及操作分类授权,用户仅能查看和操作自身的数据,企业雇员仅能看到与自己业务工作有关的信息。对资金转移和取款操作进行审计追踪。

1. 用户标识和鉴别

用户标识和鉴别是系统提供的最外层安全保护措施。其方法是由系统提供一定的方式让用户表示自己的名字和身份。每次用户要求进入系统时,由系统进行核对,通过鉴定后才提供机器使用权。对于获得上机权的用户,若要使用数据库时,数据库管理系统还要进行用户标识和鉴定。用一个用户名或者用户标识号来表明用户身份。系统内部记录着所有合法的用户标识,系统鉴别此用户是否是合法用户,若是,则可以进入下一步的核实;若不是,则不能使用系统。

为核实用户身份,常常要求用户输入口令。为保密起见,用户输入的口令不显示在屏幕上。

为记录用户标识和鉴别信息,数据库逻辑模型增加了用户实体集和登录联系集,如图 9-38 所示。将一对一的联系集登录合并到用户实体中,则用户信息表模式为:user(user_name,number,password)。其声明性约束见表 9-10,参照完整性约束见图 9-39。

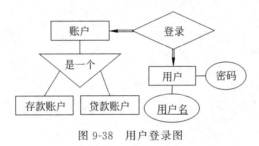

图 9-38　用户登录图

表 9-10　usert 表声明性约束

User						
字段名称	数据类型	长度	是否为空	是否主码	检查约束	说明
user_name	nchar(20)	20	N	Y		用户名
number	nchar(20)	20	N	N		存款号或贷款号
password	char(9)	9	N	N		口令

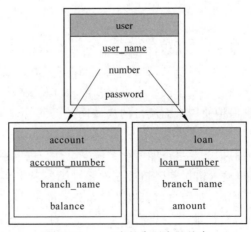

图 9-39　user 表的参照完整约束

表中的 username 和 password 分别指登录用的用户名和口令,默认值分别为 customer_ID 和 738441242。用户登录系统也可修改用户名和密码。因表中的 number 属性引用存款号或者贷款号,所以创建一个参照完整性约束触发器,以保证完整性。触发器的定义如下。

```
CREATE TRIGGER usert_integrity
  ON usert AFTER INSERT,UPDATE
  AS IF UPDATE (number)
  BEGIN
      DECLARE @flag INT
    SET @flag=0
    IF  (SELECT loan_number  FROM loan,inserted
          where loan_number = inserted.number) IS NULL
            SET @flag=@flag+1
    IF  (SELECT account_number FROM account,inserted
          where account_number = inserted.number) IS NULL
            SET @flag=@flag+1
    IF @flag = 2
        BEGIN
            ROLLBACK TRANSACTION
        PRINT 'No insertion/modification of the row'
        END
    ELSE PRINT 'The row inserted/modified'
END
```

2. 视图机制

视图具有简单性、安全性和逻辑独立性,能简化用户的操作,可以使用户以不同的方式查询同一数据,对数据库重构提供了一定程度的逻辑独立性,还可以对机密的数据提供安全保护。

简单性指看到的就是需要的。视图不仅可以简化用户对数据的理解,也可以简化他们的操作。那些被经常使用的查询可以被定义为视图,从而使得用户不必为以后的操作每次指定全部的条件。

安全性指通过视图用户只能查询和修改他们所能见到的数据。数据库中的其他数据则既看不见也取不到。数据库授权命令可以使每个用户对数据库的检索限制到特定的数据库对象上,但不能授权到数据库特定行和特定列上。通过视图,用户使用权限可以被限制在数据的不同子集上,这些子集包括基表的行的子集上、基表的列的子集上、基表的行和列的子集上、在多个基表的连接所限定的行上、基表中的数据的统计汇总上、另一视图的一个子集上或是一些视图和基表合并后的子集上。

逻辑数据独立性指视图可帮助用户屏蔽真实表结构变化带来的影响。视图可以使应用程序和数据库表在一定程度上独立。如果没有视图,应用一定是建立在表上的。有了视图之后,程序可以建立在视图之上,从而程序与数据库表被视图分割开来。视图可以在以下几个方面使程序与数据独立。

(1) 如果应用建立在数据库表上,当数据库表发生变化时,可以在表上建立视图,通过视图屏蔽表的变化,从而应用程序可以不动。

(2) 如果应用建立在数据库表上,当应用发生变化时,可以在表上建立视图,通过视图屏蔽应用的变化,从而使数据库表不动。

(3) 如果应用建立在视图上,当数据库表发生变化时,可以在表上修改视图,通过视图屏蔽表的变化,从而应用程序可以不动。

(4) 如果应用建立在视图上,当应用发生变化时,可以在表上修改视图,通过视图屏蔽应用的变化,从而数据库可以不动。

在商业银行软件系统中,出纳查询所有存款客户或者贷款客户是只能看到客户的名字、街道和城市,不能看到其他信息,为此,建立两个视图满足这种业务功能。

```
CREATE VIEW depositor_customer AS  SELECT customer_name, street, city
    FROM depositor as d, customer WHERE d.customer_ID = customer. customer_ID
CREATE VIEW borrower_customer AS  SELECT customer_name, street, city
    FROM borrower as b, customer WHERE b.customer_ID = customer. customer_ID
```

3. 存取控制

数据库安全性主要关心的是 DBMS 的存取控制机制。数据库安全最重要的一点就是确保只授权给有资格的用户访问数据库的权限,同时令所有未被授权的人员无法接近数据,这主要是通过数据库系统的存取控制机制实现。存取控制机制主要包括以下两部分。

(1) 定义用户权限,并将用户权限登录到数据字典中。用户权限是指不同的用户对于不同的数据对象允许执行的操作权限。

(2) 合法性检查,每当用户发出存取数据库的操作请求后(请求一般应包括操作类型、操作对象和操作用户等信息),DBMS 查找数据字典,根据安全规则进行合法性检查,若用户的请求操作超出了定义的权限,系统将拒绝执行此操作。

用户权限定义和合法性检查机制一起组成了 DBMS 的安全子系统。商业银行软件系统的用户权限用自主存取控制方法,在这种方法中,用户对于不同的数据对象有不同的存取权限,不同的用户对于同一对象也有不同的权限,而且用户还可以将其拥有的存取权限转授给其他用户。因此,自主存取控制很灵活。

目前的 SQL 标准也对自主存取控制提供支持,这主要是通过 SQL 的 GRANT 和 REVOKE 语句来实现。用户权限是由两个要素组成的:数据类型和操作类型。定义一个用户的存取权限就是要定义这个用户可以在哪些数据对象上进行哪些类型的操作。在数据库系统中,定义存取权限称为授权。关系数据库系统中,DBA 可以把建立、修改基本表的权限授予用户,用户获得权限后就可以建立和修改基本表、索引和视图。因此,关系数据库中存取控制的数据对象不仅有数据本身,如表和属性列,还有模式、外模式和内模式等数据字典中的内容。

在商业银行软件系统中,有出纳、管理员和网上用户三类用户,其权限见表 9-11,三类用户具有表上列出的所属权限,不具有表外的任何权限。

表 9-11 数据库存取权限控制表

表名	操作权限	授权标志			表名	操作权限	授权标志		
		管理员	出纳	网上用户			管理员	出纳	网上用户
Branch	Select	√	×	×	Borrower	Select	×	√	√
	Insert	√	×	×		Insert	×	√	×
	Delete	√	×	×		Delete	×	×	×
	Update	√	×	×		Update	×	×	×
Customer	Select	×	√	×	Depositor	Select	×	√	√
	Insert	×	√	×		Insert	×	√	×
	Delete	×	√	×		Delete	×	×	×
	Update	×	√	×		Update	×	×	×
Employee	Select	√	×	×	Teller	Select	×	×	×
	Insert	√	×	×		Insert	×	×	×
	Delete	√	×	×		Delete	×	×	×
	Update	√	×	×		Update	×	×	×
Loan	Select	×	√	√	BeyondLimit	Select	×	√	×
	Insert	×	√	×		Insert	×	√	×
	Delete	×	√	×		Delete	×	√	×
	Update	×	√	×		Update	×	√	×
Account	Select	×	√	√	User	Select	×	√	×
	Insert	×	√	×		Insert	×	√	×
	Delete	×	√	×		Delete	×	√	×
	Update	×	√	×		Update	×	√	×
Payment	Select	×	√	√	Depositor_customer	Select	×	√	×
	Insert	×	√	×		Insert	×	×	×
	Delete	×	×	×		Delete	×	×	×
	Update	×	×	×		Update	×	×	×
Access	Select	×	√	√	Borrower_customer	Select	×	√	×
	Insert	×	√	×		Insert	×	×	×
	Delete	×	×	×		Delete	×	×	×
	Update	×	×	×		Update	×	×	×

9.7 导产导研

9.7.1 技术能力题

(1) 为了方便旅客,某航空公司拟开发一个机票预订系统。旅行社把预订机票的旅客基本信息(身份证号、性别、工作单位、家庭住址、电话号码、E-mail)和旅游信息(游客身份证号、旅行时间、旅行目的地、返程时间)输入该系统。系统为旅客安排航班,发出取票通知单和账单,旅客在飞机起飞前一天凭借通知信息和账单交款出票,系统核对无误后印出机票给旅客。

① 绘制旅客预订机票的业务流程图。

② 绘制旅客预订机票的数据流程图。

③ 绘制机票预订 HC 图和所有的 IPO 图。

④ 绘制信息系统流程图。

⑤ 对机票预订系统进行数据库的概念设计、逻辑设计、物理设计、完整性设计和安全性设计。

⑥ 给出输入设计、输出设计和界面设计。

⑦ 为便于汇总和统计,请设计家庭住址的代码结构。

(2) 某医院目前住院病人主要由护士护理,这样就需要大量护士,也需要及时掌握危重病人的病情变化,以避免错过最佳抢救时机。该医院打算开发一个以计算机为中心的患者监护系统,实时接收病人的生理信号(脉搏、血压、体温、心电图),实时记录病人情况。当生理信号高于或低于预设的安全值时,立即向护士发出警告信息,当护士或者病人家属需要时,系统还能够出具病人病情报告。

① 绘制患者监护系统的业务流程图。

② 绘制患者监护系统的数据流程图。

③ 绘制患者监护系统 HC 图和所有的 IPO 图。

④ 绘制信息系统流程图。

⑤ 对患者监护系统进行数据库的概念设计、逻辑设计、物理设计、完整性设计和安全性设计。

⑥ 给出输入设计、输出设计和界面设计。

⑦ 为便于汇总和统计,设计病床的代码结构。

(3) 运费计算方案:25km 以内,2t 及以下 80 元,2~4t 为 100 元,4t 以上,每吨加收 10元;25km 以外,每吨每千米为 5 元,10 年以上老用户打 8 折。请分别运用决策树、判断表和结构化英语表达运费计算的结果。

9.7.2 拓展研究题

运用 UML 的建模工具 IBM Rational Rose,分别给出 9.7.1 第(2)题的用例图、类图、活动图、顺序图、状态图、构件图和部署图的设计结果。

第10章

软件测试与维护

例 1 在 IE 4.0 开发期间,微软为了打败 Netscape 而汇集了一流的开发人员和测试人员。测试人员让 IE 在数台计算机上持续运行一个星期,而且要保障 IE 在几秒钟以内可以访问数千个网站,在无数次的实验以后,测试人员证明了 IE 在多次运行以后依然可以保障它的运行速度。而且,为了快速完成 IE 4.0 的开发,测试人员每天都要对新版本进行测试,不仅要发现问题,而且要找到问题是哪一行代码造成的,让开发人员专心于代码的编写和修改,最终 IE 取得了很大的成功。

10.1 导学导教

10.1.1 内容导学

本章内容导学图如图 10-1 所示。

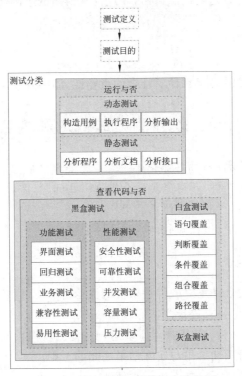

图 10-1 软件测试与维护内容导学图

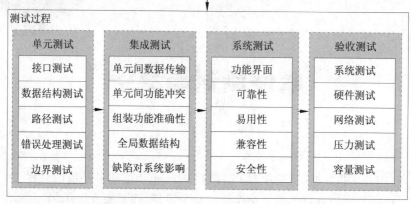

图 10-1 (续)

10.1.2 教学目标

1. 知识目标

掌握软件测试的概念、内容、特点、过程、阶段和任务,掌握测试方法、测试用例设计和相应的测试工具,了解软件的调试方法和原则。

2. 能力目标

能够在不同阶段选择合适的测试方法,设计良好的测试用例,运用恰当的测试工具进行测试。

3. 思政目标

深刻领悟软件质量尤其是可靠性对社会的重要性,能够发现迄今未发现的错误。

10.2 软件测试的概念和内容

软件测试是对软件产品质量的检测与验收,是保证软件质量和企业生存与发展的关键一环。由于软件研发的复杂性,不可避免地会出现一些问题,需要经过软件测试尽可能地及时发现并改正,以免软件运行时造成严重后果。软件经过集成、测试和调试并交付使用后,还要对软件的运行进行维护,以保障软件系统持续稳定运行。

1. 软件测试的定义

软件测试是在规定的条件下对软件进行检测性运行操作,以发现程序错误,衡量软件质量,并对其是否能满足设计要求进行评估的过程。

IEEE 对软件测试定义为:使用技术手段运行或检测软件系统的过程,目的在于检验是否满足规定的需求或搞清预期结果与实际结果之间的差别。

软件测试的定义可从以下 5 方面进一步理解。

(1) 从测试目的方面看,是对软件进行正确性、完全性和一致性的检测并修正软件错误。

(2) 从软件开发方面看,是以检查软件产品内容和功能等特性为核心。

(3) 从软件工程方面看,是软件工程过程中的一个重要阶段。

(4) 从测试性质方面看,可能具有一定"破坏性",如负用例测试,而软件需求分析、设计与编码等工作具有"建设性"且需要测试检验。

(5) 从质量保证方面看,是软件质量保障的关键措施。

2. 软件测试的主要任务

软件测试的重点是测试软件的功能、性能和可靠性等是否符合用户需求指标,其中,功能测试是软件测试的最主要任务,性能测试和可靠性测试伴随功能测试而展开。软件测试分为系统软件测试和应用软件测试。

(1) 系统软件测试的主要任务是发现 Bug,其测试报告为"Bug 测试报告"。

(2) 应用软件测试的主要任务是发现功能、性能、可靠性和接口等"不符合项",其测试报告为"软件(产品/项目)测试报告"。

软件测试的主要任务是编制测试计划、编写测试用例、准备测试数据、编写测试脚本、选择测试工具、实施测试、测试评估和文档等多项内容的正规测试。

测试方式则由单纯手工测试发展为手工与自动兼用,并向第三方专业测试公司方向发展。

3. 软件测试的目的和原则

软件测试的目的是尽可能多地找到软件中的错误,而不是证明软件的正确。Grenford J. Myers 在《软件测试技巧》一书中指出软件测试有以下 3 个目的。

(1) 测试是为了发现程序中的错误而执行程序的过程。

(2) 好的测试方案很可能使测试发现尚未发现的错误。

(3) 成功的测试是发现了尚未发现的错误的测试。

一般软件测试对象存在的缺陷/错误主要分为以下 3 种。

(1) 缺陷问题。

(2) 错误问题。

(3) 严重错误问题。

在软件测试过程中,应坚持以下 8 项原则。

(1) 认真执行测试计划。

(2) 尽早和不断地进行软件测试/评审。

(3) 优选测试工具、技术及方法。

(4) 精心设计测试用例。

(5) 交叉进行软件检测。

(6) 重点测试群集现象。

(7) 全面检查并分析测试结果。

(8) 妥善保管测试文档。

10.3 软件测试的特点及过程

1. 软件测试的特点

(1) 软件测试的成本很大。

(2) 不可进行"穷举"测试。

(3) 测试具有"破坏性"。

(4) 软件测试是整个开发过程中的一个独立阶段，并贯穿到开发各阶段（审查验收）。

2. 软件测试过程

对软件进行测试，完整测试总体过程由测试到结果分析，再到排错及可靠性分析，如图10-2所示。

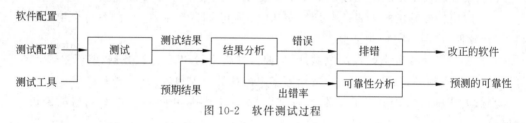

图 10-2 软件测试过程

软件测试工作的流程与软件开发及验收各阶段密切相关，主要对应的软件测试流程，如图10-3所示。

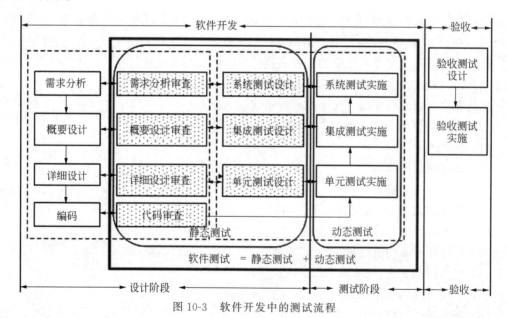

图 10-3 软件开发中的测试流程

3. 软件测试步骤

软件测试需要在明确具体测试目标的基础上，具体确定测试原则、计划、方案、技术、方法和用例等。通常具体的软件测试分为单元测试、集成测试、有效性(确认)测试和系统测试4个步骤,最后进行验收测试,如图 10-4 所示。

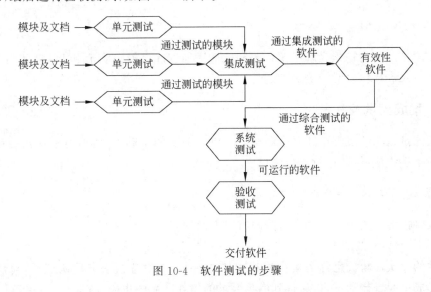

图 10-4 软件测试的步骤

10.4 软件测试阶段及任务

10.4.1 单元测试及任务

软件的单元测试也称为模块测试,是对功能独立运行的程序模块的检测。目的是发现各模块内部可能存在的各种问题,保证功能和性能等方面达到用户需求。通常单元测试主要使用白盒测试技术,而且对多个模块的测试可以并行地进行。

1. 单元测试的内容和任务

软件单元测试的主要内容包括:单元模块内和模块之间的功能测试、容错测试、边界测试、约束测试、界面测试、重要的执行路径测试、单元内的业务流程和数据流程等。

2. 单元测试技术要求及准则

单元测试主要技术要求应达到以下三点。

(1) 在被测试单元中,80%以上可执行的程序模块都被一个测试用例或异常操作所覆盖,即脚本覆盖率至少应当达到 80%。

(2) 被测单元中分支语句取真或假时,至少 80% 的分支应当执行一次,即分支覆盖率应当达到 80% 以上。

(3) 80% 被测单元中的业务流程和数据流程,至少被一个测试用例、一个异常数据、一次异常操作所覆盖,即异常处理能力达到 80% 以上。

软件的单元测试通过准则应达到以下 3 项。

(1) 单元功能、性能指标要求与设计及需求一致。

(2) 单元可靠性-接口指标要求与设计及需求一致。

（3）正确处理、输入和检测发现异常运行中的错误；并在单元发现问题修改以后，进行回归测试，之后才能进行下一阶段工作。

3. 单元测试的输入/输出

单元测试工作的输入为程序源代码和软件详细设计报告。单元测试结束的输出为程序单元测试记录和软件(后续)测试计划等。

10.4.2 集成测试及任务

集成测试也叫组装测试或联合测试。在单元测试的基础上，将所有模块按照设计要求组装成为子系统或系统，进行集成测试。

1. 集成测试的方式

一般将模块集成为系统的方式主要有以下两种。

1）一次性集成及测试

软件的一次性集成也称为集中式或整体式拼装，在对各模块分别测试后，对所有模块(一次)集成一起进行测试，最后得到满足要求的软件产品的集成方式。

2）增殖式集成及测试

增殖式集成测试有以下 3 种方式。

（1）自顶向下增殖测试。

（2）自底向上增殖测试。

（3）混合增殖式测试。

增殖式集成方式各有其优缺点。

（1）"自顶向下"的优点是可较早发现主要控制方面的问题。其缺点是需要建立桩模块(含测试功能的构件或完整的实施子系统)替代，使其模拟实际子模块的功能较难，且涉及复杂算法和底层输入/输出易出问题的模块，可能产生较多的回归测试。

（2）"自底向上"的优点是不需要桩模块，一般建立驱动模块比桩模块容易，涉及复杂算法及输入/输出模块先组装和测试，有利于尽早解决最易出问题的部分，而且这种方式可以多个模块并行测试，效率高。其缺点是"程序直到最后一个模块加上后才形成一个实体"，在组装和测试过程中，主要的控制最后才可遇到。

（3）混合增殖式测试，有以下结合组装和测试。

① 衍变的自顶向下增殖测试。

② 自底向上-自顶向下增殖测试。

③ 回归测试。

2. 集成测试的任务及要求

软件集成测试的主要内容包括：系统集成后的功能测试、业务流程测试、界面测试、重要的执行路径测试、容错测试、边界测试、约束测试及接口测试等。

集成测试的具体任务如下。

（1）各模块连接时，经过模块接口的数据丢失情况。

（2）某一模块的功能对另一个模块的功能的不利影响。

（3）各模块或子系统功能的组合，达到预期需求的集成子系统/系统功能情况。

（4）全局数据结构是否有问题。

（5）单个模块的误差累积后情况，误差会放大，这是否接受。

（6）单个模块的错误对数据库的影响。

由测试人员负责进行该阶段的具体测试工作，并对测试结果详细记录和分析，完成测试文档。集成测试工作输入集成测试计划、概要设计和测试大纲，输出集成测试 Bug 记录、集成测试分析报告。

软件集成测试的技术要求，主要有以下 6 个方面。

（1）确认模块之间无错误连接。

（2）验证被测系统满足设计要求情况。

（3）以数据处理测试用例对被测系统的输入、输出、处理进行检测，以达到设计要求。

（4）利用业务处理测试用例，对被测系统的业务处理过程进行测试，以达到设计要求。

（5）测试软件正确处理的能力和容错能力所达到的标准。

（6）测试软件对数据、接口错误、数据错误、协议错误的识别及处理符合标准。

集成测试通过的准则，包括以下 5 个方面。

（1）各单元之间无错误连接。

（2）达到软件需求的各项功能、性能、可靠性、接口等方面的指标要求。

（3）对偶发的错误输入有正确的处理能力。

（4）对测试中的异常问题有合理的提示反馈。

（5）人机界面及操作友好便捷。

3. 软件集成及任务

系统集成是将各软件构件以及子系统组装整合成为完整软件，并与软件平台和其他相关系统进行调配、整合的过程。软件产品是由多模块或对象组成的软件系统。软件集成的任务是按照软件体系结构设计的要求，将各软件构件和子系统整合为一个完整的软件系统。

10.4.3 有效性测试及内容

有效性测试也称为确认测试。有效性测试是在模拟的环境下，运用黑盒测试的方法，验证被测软件是否满足需求规格说明书列出的需求。其任务是验证软件的功能和性能及其他特性是否与用户的要求一致。对软件的功能和性能要求在软件需求规格说明书中已经明确规定，它包含的信息就是软件确认测试的基础。

1. 有效性测试内容及步骤

有效性测试的主要内容包括：系统性的初始化测试、功能测试、用户需求确认、业务处理或数据处理测试、性能测试、安全性测试、安装性测试、恢复测试、压力测试等。

有效性测试由测试人员负责，对测试过程及结果进行认真详细的记录和分析，并完成测试文档。

有效性测试工作的输入为软件测试计划、用户需求分析报告、用户操作手册和安装手册。测试结束的输出为软件测试 Bug 记录和软件测试分析报告。有效性测试阶段主要工作步骤如图 10-5 所示。

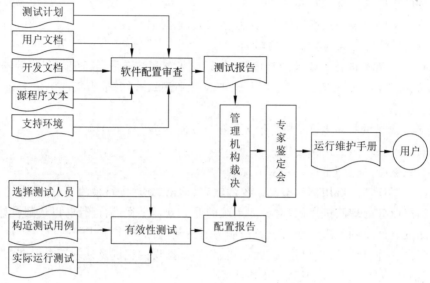

图 10-5　有效性测试的步骤

2. 有效性测试的技术要求

有效性测试的主要技术要求侧重以下 8 个方面。

(1) 用户需求确认。

(2) 以数据处理测试用例,对被测系统的输入、输出、处理进行测试,以达到需求要求。

(3) 利用业务处理测试用例,对被测系统业务处理过程进行测试,达到用户需求各项要求。

(4) 响应时间测试。

(5) 安装性测试。

(6) 安全性测试。

(7) 恢复性测试。

(8) 压力测试。

有效性测试的通过准则,体现在以下 6 个方面。

(1) 满足用户在软件需求中提出的功能、性能等各项指标要求。

(2) 软件安全性满足用户的具体需求标准。

(3) 系统的负载能力满足用户的具体指标要求。

(4) 与外界支持系统能够正常运行。

(5) 稳定性等满足用户的各项需求。

(6) 用户操作手册易读、易懂和易操作。

10.4.4　系统测试及验收

系统测试是针对整个产品系统进行的测试,目的是验证系统是否满足了需求规格的定义,找出与需求规格不符或与之矛盾的地方,从而提出更加完善的方案。

系统测试是对整个程序系统及人工过程与环境的总测试,主要目标是发现并纠正软件开发过程中所产生的错误。主要做法是对由各子系统集成的软件系统,以及配合系统运行而所需的人工过程或操作环境(如数据采集、录入操作和设置等)进行统一的综合测试。

系统测试任务包括以下 4 个方面。

(1) 功能性能等测试。

(2) 安全测试。

(3) 强度测试。

(4) 恢复测试。

系统测试的重点主要检查以下 3 个方面。

(1) 系统的整体调度功能是否正常。

(2) 系统的功能是否符合软件分析和总体设计的要求。

(3) 系统的数据组织与存储是否符合设计的要求。

系统测试主要通过与用户需求指标进行详尽对比,查找软件与指标符合要求情况。其方法一般采取黑盒测试,常用的主要方法有多任务测试、临界测试、中断测试和等价划分测试等几种方法。也可根据具体情况进行 GUI 测试、功能测试、性能测试、压力测试、负载测试、安装测试等。

10.5　软件测试策略及面向对象测试

10.5.1　软件测试策略

1. 软件测试策略的特征

软件测试策略是指软件测试的思路模式,它是采用特定测试用例技术和方法的重要依据。如遵循从单元测试到最终的功能性测试和系统性测试等。软件测试策略具体包含以下 5 个特征。

(1) 测试从模块层开始,然后扩大延伸到整个系统。

(2) 不同的测试技术适用于不同的时间点。

(3) 对于大型系统测试,由软件的开发人员和独立的测试组进行管理。

(4) 测试和调试是不同的活动,但调试必须能够适应任何的测试策略。

(5) 充分考虑测试特性,有利于测试策略更科学合理、优质高效。

2. 软件测试策略的内容

软件测试主要考虑模块、功能、性能、接口、版本、配置和工具等方面及其各个因素的影响。测试策略的主要内容包括测试目的、测试用例、测试方法、测试通过标准和特殊考虑。

例 2　在图书管理信息系统中,需要定义验证登录界面中,输入框设置是否合理的测试策略项,如表 10-1 所示。

表 10-1　验证登录界面输入框设置的测试策略项

属　　性	内　　容
测试功能点编号	10_16
测试策略项编号	10_16
测试目的	测试网上登录界面的输入框（用户名和密码），大小设置是否合理
测试阶段	系统测试
测试类型	功能测试
测试方法	手工测试
测试用例	输入允许的最长用户名和密码； 输入比允许的最长用户名和密码多一位的字符
通过标准	小于或等于允许的用户名和密码长度时，输入框能够完全显示内容； 大于允许的用户名和密码长度时，输入框不给予显示
特殊考虑	无

3. 估计测试工作量

软件测试的复杂性有如下 5 个主要原因。

（1）根本无法对程序进行完全测试。

（2）测试根本无法显示潜在的软件缺陷和故障。

（3）存在与发现的故障数量成正比。

（4）无法修复全部软件问题。

（5）软件测试的代价与测试工作量和软件缺陷故障数量密切相关，如图 10-6 所示。

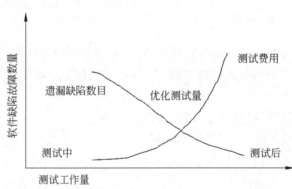

图 10-6　测试工作量和软件缺陷故障数量之间的关系

软件测试项目的工作量，可估计的计算方法：$\sum_{j=1}^{n}\sum_{i=1}^{m} i \times j$（$i$ 表示各测试功能点中的测试活动，j 表示测试项目中的测试功能点，m 表示一个测试功能点有 m 个测试活动，n 表示测试项目中有 n 个测试功能点）。

10.5.2　面向对象软件测试

面向对象的开发方法具有封装、继承、多态等特点，导致错误可能多，传统方法经验和重点不突出，重点转移。

1. 面向对象单元测试

面向对象单元测试是封装的类（包含一组不同的操作）和对象的测试。

2. 面向对象集成测试

面向对象集成测试通常需要将成员函数集成到完整类中以及类间的集成，它有两种不同策略。

（1）基于线程的测试。线程是指令的执行序列，基于线程的测试可集成针对回应系统的一个输入或事件所需的一组类，每个线程被集成并分别进行测试。

（2）基于使用的测试。先测试独立的类，并开始构造系统，然后测试下一层的依赖类（使用独立类的类），通过依赖类层次的测试序列逐步构造完整的系统。

3. 面向对象的有效性测试

面向对象的有效性测试集中在用户可见活动（事件驱动与工程）和可识别系统输出（结果），以及满足用户需求情况。

10.6 测试方法、用例及标准

10.6.1 软件基本测试方法

1. 黑盒测试

黑盒测试也称为功能测试或黑箱测试，其盒是指被测试的软件。测试人员只知道被测软件的界面和接口外部情况，不必考虑程序内部逻辑结构和特性，只根据程序的需求分析规格说明，检查其功能是否符合，这称为"黑盒"。在所有可能的输入条件和输出条件中确定测试数据，检查程序都能正确输出。

黑盒测试主要检测的错误/问题包括功能问题/被遗漏、界面错误、数据结构/外部数据库访问错误、性能错误、初始化/终止错误。测试模块之间接口适合采用黑盒测试，适当辅以白盒测试，以便能对主要的控制路径进行测试。

常用的黑盒测试技术方法有等价分类法和边界值分析法。

1）等价分类法

根据输入条件将输入数据划分为等价类，然后设计各个等价类的测试用例。

2）边界值分析法

边界值分析法主要包括测试数据、输出条件、输入边界数据、有序集测试用例、内部数据结构边界值和其他边界条件6个方面。

2. 白盒测试

白盒测试主要是对程序内部结构和执行路径的测试，也称为透明盒测试、开放盒测试、结构化测试、基于代码测试和逻辑驱动测试等。测试人员将测试软件看作一个打开的盒子，搞清软件内部逻辑结构和执行路径后,利用其结构及有关信息设计测试用例,对程序所有逻辑路径进行测试,以检测不同点检查程序的实际状态与预期状态一致性。

1) 白盒测试的原则

白盒测试主要检测如下 4 个方面。

① 模块中每一个独立的路径至少执行一次。

② 所有判断的每一个分支至少执行一次。

③ 每个循环都在边界条件和一般条件下至少执行一次。

④ 所有内部数据结构的有效性。

2) 白盒测试技术

白盒测试技术主要有以下几种。

(1) 语句覆盖。选择足够多的测试用例,使得程序中的每个可执行语句至少执行一次。

(2) 判定覆盖。判定覆盖也称为分支覆盖,不仅每个语句必须至少执行一次,且对于判定条件的每种可能的结果都必须至少执行一次,即每个判定的每个分支至少执行一次。

(3) 条件覆盖。设计若干测试用例,执行被测程序以后要使每个判断中每个条件的可能取值至少满足一次。

(4) 判定/条件覆盖。判定/条件覆盖实际上是将判定覆盖和条件覆盖结合起来的一种方法,即设计足够的测试用例,使得判定中每个条件的所有可能取值至少满足一次,同时每个判定的可能结果也至少出现一次。

(5) 组合覆盖。组合覆盖的目的是要使设计的测试用例能覆盖每一个判定的所有可能的条件取值组合。

(6) 路径覆盖。设计足够多的测试用例,使设计的测试用例能覆盖被测程序中所有可能的路径。

3) 白盒测试的步骤及优缺点

根据详细设计说明书/源程序代码,白盒测试的步骤如下。

(1) 导出程序流图。

(2) 计算环路复杂性。

(3) 确定线性独立的基本路径集。

(4) 设计测试用例。

白盒测试的优点如下。

(1) 迫使测试人员去仔细思考软件的实现。

(2) 可以检测代码中的每条分支和路径。

(3) 揭示隐藏在代码中的错误。

(4) 对代码的测试较彻底。

白盒测试的缺点是无法检测代码中遗漏的路径和数据敏感性错误,而且难以验证具体规格的正确性。

3. 灰盒测试

白盒和黑盒测试方法各有所侧重,其特点不可替代。灰盒测试则是介于白盒测试和黑盒测试之间/结合的测试。

4. 易用性测试

易用性测试目的明确,标准不易确定,涉及的范围较广,如安装易用性、功能易用性、界面易用性,特别可以对有听力、视觉、活动及认知有缺陷的客户体现的易用性。

5. 负载/压力测试

对于软件运行的最低配置或最低资源需求,可通过减少软件需要的资源(内存、存储空间、网络资源等)进行测试,而且可正常提供软件需求的资源,并不断加载软件处理的任务,来测试软件在正常配置下的能力指标。

6. 兼容性测试

兼容性测试主要检测不同软件之间或软件与硬件/数据之间的兼容性。如应用软件与操作系统、数据库、中间件、浏览器和其他支撑软件的兼容性,同一软件不同版本之间或对不同数据格式的兼容性等。

7. 回归测试

回归测试是指软件修改之后,为保证其修改的正确性,重新使用原有测试用例及条件进行的测试方法。

8. 边界值测试

一些专门针对软件需要从外界(客户、接口程序)获取数据的地方,提供数据的边界值,验证程序是否对边界值进行正确或合理的处理。

9. α 测试和 β 测试

(1) α 测试由用户在开发者的场所进行,而且在开发者对用户的"指导"下进行测试。

(2) β 测试由软件的最终用户在客户场所(如网络下载试用)进行,开发者通常不在测试现场。

10. 基于 Web 的系统测试方法

基于 Web 的系统测试方法分为功能测试、性能测试、可用性测试、客户端兼容性测试和安全性测试五个方面。

1) 功能测试
功能测试分为链接测试、数据库测试、表单测试和设计语言测试 4 个方面。

2) 性能测试
性能测试有连接速度测试、负载测试和压力测试 3 个方面。

3) 可用性测试
可用性测试有导航测试、图文测试、内容测试、整体界面测试 4 个维度。

4) 客户端兼容性测试

客户端兼容性测试有服务器端测试和浏览器端测试两个方面。

5) 安全性测试

(1) 对先注册后登录方式,检测用户名和密码的有效性、使用次数及大小写的限制等。

(2) 用户填写或提交信息时的超时限制。

(3) 测试系统日志文件对相关信息存储和可追踪性。

(4) 使用安全套接字时,检测加密正确性和信息完整性。

(5) 测试无授权时,服务器端脚本放置和编辑问题,以防安全漏洞。

10.6.2 软件测试用例设计及方法

1. 测试用例概念及意义

测试用例是为某个特殊目的及要求而编制的一组测试输入数据、执行条件和预期结果,目的是测试某个程序路径或核实是否满足某个特定需求。主要是指对一项特定的软件产品进行测试任务的描述,包括测试方案、方法、技术和策略等。

测试用例对软件测试极为关键,其意义主要体现在以下 6 个方面。

(1) 测试用例是设计和制定测试过程的基础。

(2) 测试设计、开发的类型和所需的资源主要都受控于测试用例。

(3) 测试的“深度”与测试用例的数量成正比。

(4) 基于需求的覆盖是判断测试是否完全的一个主要评测方法,并以确定、实施和/或执行的测试用例的数量为依据。

(5) 测试工作量与测试用例的数量成正比。

(6) 测试用例通常根据其所关联关系的测试类型或测试需求来分类,而且将随类型和需求进行相应地改变。最佳方案是对每个测试需求至少编制正面和负面两个测试用例。

2. 测试用例设计要点

测试用例包括基本事件、备选事件和异常事件 3 种。设计测试用例的要点,主要包括如下 5 个方面。

(1) 测试需求的测试用例,包括功能、性能、可靠性、接口、数据处理及结构等。

(2) 测试输入/输出的用例常用原则如下。

① 利用边界值分析方法。

② 根据测试需要,对重要且较复杂问题,应使用等价类划分方法补充一些测试用例。

③ 对照比较程序逻辑,检查已设计出的测试用例的逻辑覆盖程度。

④ 若程序的功能说明中含有输入条件组合,则一开始就可选用因果图法。

(3) 测试用例内容及设置。

① 测试用例内容包括:测试目标、环境、步骤、预期结果、输入数据、测试脚本等,并形成文档。具体内容还包括测试结果的评价准则、测试需求标识、测试目标状态、测试数据状态、测试用例编号、测试点、执行用例前系统应具备的状态、预期结果、输入(操作)测试数据(含组合)、辅助的脚本、程序、输出测试用例执行后得到的状态或数据等。

② 传统测试用例按功能设置后引进路径分析法,按路径设置用例。目前演变为按功能、路径混合模式设置用例。按功能测试是最简捷方法,按用例规约全面测试每一功能。对复杂操作的程序模块,其各功能的实施则相互影响、紧密相关,可演变出很多变化。这需要严密的逻辑分析,以免遗漏。

路径分析方法的最大优点是可避免漏测。其局限性是在一个非常简单的字典维护模块中就有十多条路径。一个复杂的模块有成百上千条路径,且一个子系统中有多个模块,各模块又可能相互关联或交叉。对于复杂模块,路径数量成几何级增长时无法使用。此时子系统模块间测试路径或用例还应借助传统方法,最好按功能、路径混合模式设置用例。

(4) 测试用例的评审。

在测试组内部评审时,应侧重 6 个方面。

① 测试用例是否覆盖所有需求,是否完全遵守软件需求的具体规定。

② 测试用例的内容是否正确,是否与需求目标完全一致。

③ 测试用例的内容是否完整,是否清晰并包含输入和预期输出结果。

④ 测试用例本身的描述是否清晰,是否存在二义性。

⑤ 测试用例的执行效率。

⑥ 测试用例应具有典型性及指导性,可以指导测试人员通过用例发现更多缺陷。

(5) 测试用例的管理。

测试用例的跟踪与管理主要包括以下 3 个方面。

① 根据"需求规格说明书"中对软件功能、性能、可靠性、接口等具体指标要求,按照测试计划及方案设计符合标准的测试用例。

② 测试用例是否覆盖全部需求,并进行具体分析。

③ 测试用例执行率和通过率,测试过程中需要及时反馈和调整,之后进行分析和总结。

10.6.3 软件测试标准和工具

1. 软件质量定义及测试标准

1) 软件质量的定义及特性

1970 年,Juran 和 Gryna 将软件质量(Software Quality)定义为"适于使用"。1979 年,Crosby 又将软件质量定义为"符合需求"。国标 GB/T 6583—ISO 8404 文件在《质量管理与质量保证术语》中对质量的定义是"反映实体满足明确的和隐含的需要的能力特性的总和"。国标 GB/T 18905—ISO 14598 文件在《软件工程产品评价》中,将质量定义为"实体特性的总和,满足明确或者隐含要求的能力"。

国际标准 ISO/IEC 9126—2091(GB/T 16260—1996)《信息技术软件产品评价质量特性及其使用指南》,将软件质量定义为:软件质量是与软件产品满足明确或隐含需求的能力有关的特征和特性的总和。2008 年,根据国家标准化管理委员会 2007—2008 年度国家标准修订,国家标准《软件工程软件产品质量要求与评价(SQuaRE)商业现货(COTS)软件产品的质量要求和测试说明》虽略有更新,但是其主要基本含义并无变化。

软件质量主要包括以下 4 个方面。

(1) 满足软件需要的全部特性。

（2）达到所期望的各种属性的组合的程度。

（3）达到顾客或用户觉得能满足其综合期望的程度。

（4）在使用时，软件的组合特性能够达到满足顾客预期要求的程度。

2）软件测试的主要标准

2008年，国家标准委发布了第5号（总第118号）国家标准和第6号（总第119号）国家标准。其中，第5号公告发布的标准有452项，第6号公告发布的标准有206项。在第6号公告中与软件测试有关的主要标准罗列如下。

GB/T 9385—2008《计算机软件需求规格说明规范》（代替 GB/T 9385—1988）

GB/T 9386—2008《计算机软件测试文档编制规范》（代替 GB/T 9386—1988）

GB/T 15532—2008《计算机软件测试规范》（代替 GB/T 15532—1995）

GB/T 17628—2008《信息技术开放式 EDI 参考模型》（代替 GB/T 17628—1998）

GB/T 19488.2—2008《电子政务数据元 第 2 部分：公共数据元目录》

GB/T 21671—2008《基于以太网技术的局域网系统验收测评规范》

2. 软件测试工具

国际上主要分为 Mercury 测试工具、Rational 测试工具、Segue 测试工具三类软件测试工具。

1）功能测试类

QTP 是一个出色的功能测试和回归测试工具，基于 GUI 的录制和回放测试，与VBScript 一起可控制和操纵程序界面对象，创建自动化测试用例，SilkTest 也是一个很好的功能和回归测试工具，支持 C/S 结构的 Java 应用程序和.NET 应用程序。

开源功能自动化测试工具有 Watir、Selenium、MaxQ、WebInject。

2）数据/性能测试类

LoadRunner 核心模块 VuGen(Virtual User generator)可用于创建脚本实现测试用例模拟，脚本可参数化适应不同需求，关联和错误处理能力很强。

开源性能自动化测试工具：Jmeter、OpenSTA、DBMonster、TPTEST、Web Application Load Simulator。

3）静态/动态代码分析类

越来越多的开发人员开始意识到，静态代码分析有助于提高产品质量、安全性，甚至缩短上市时间。常用的静态代码测试工具有 Klocwork、Cppcheck、CppDepend(CoderGears)、Parasoft C/C++ test、PVS Studio、Coverity（Synopsys）、Polyspace （MathWorks）、Flawfinder 和 Helix QAC (Perforce)等。

（1）Klocwork。

Klocwork 是一个静态分析和 SAST 工具，适用于 C、C++、C#、Java、JavaScript、Python 和 Kotlin，它可以识别软件的安全防范性、质量和可靠性问题，帮助强制遵守标准。Klocwork 为企业 DevOps 和 DevSecOps 而构建，可扩展到任何规模的项目，与大型复杂环境、各种开发人员工具集成，并提供控制、协作和报告。Klocwork 的差异分析引擎提供即时分析结果，同时保持准确性，并与 CI/CD 管道无缝集成以实现持续合规性自动化在每次提交时保护您的软件免受漏洞影响。

（2）Cppcheck。

Cppcheck 是另一个热门的静态代码分析工具,集开源、免费、跨平台且专用于 C 和 C++ 的优势于一身。Cppcheck 最大的特点是易用性,操作简单的特点为它吸引了一大批用户。使用 Cppcheck 时,用户无须做任何调整或修改,这也是初学者爱用 Cppcheck 的主要原因。另外,Cppcheck 的假正率较低,这也是它的另一优势。

4）测试/质量保障 QA 管理类

开源测试管理工具有 Bugfree、Bugzilla、TestLink、Mantis、Zentaopms。

5）缺陷/问题管理类

软件缺陷管理是软件开发项目中一个很重要的环节,选择一个好的软件缺陷管理工具可以有效地提高软件项目的进展。软件缺陷管理工具有很多,下面介绍 3 款比较常用的软件缺陷管理工具。

（1）Bugzilla。

Bugzilla 是 Mozilla 公司提供的一款免费的软件缺陷管理工具。Bugzilla 能够建立一个完整的缺陷跟踪体系,包括缺陷跟踪、记录、缺陷报告、处理解决情况等。

使用 Bugzilla 管理软件缺陷时,测试人员可以在 Bugzilla 中提交缺陷报告,Bugzilla 会将缺陷转给相应的开发者,开发者可以使用 Bugzilla 做一个工作表,标明要做的事情的优先级、时间安排和跟踪记录。

（2）禅道。

禅道是一款优秀的国产项目管理软件,它集产品管理、项目管理、质量管理、缺陷管理、文档管理、组织管理和事务管理于一体,是一款功能完备的项目管理软件,完美地覆盖了项目管理的核心流程。禅道分为专业和开源两个版本,专业版是收费软件,开源版是免费软件,对于日常的项目管理,开源版本已经足够使用。

（3）Jira。

Jira 是 Atlassian 公司开发的项目与实务跟踪工具,被广泛用于缺陷跟踪、客户实务、需求收集、流程审批、任务跟踪、项目跟踪和敏捷管理等工作领域。Jira 配置灵活、功能全面、部署简单、扩展丰富、易用性好,是目前比较流行的基于 Java 架构的管理工具。

Jira 软件有两个认可度很高的特色,一个是 Atlassian 公司对该开源项目免费提供缺陷跟踪服务,另一个是用户在购买 Jira 软件时源代码也会被购置进来,方便做二次开发。

10.6.4 软件测试文档

软件测试的主要标准是 GB/T 9386—2008《计算机软件测试文档编制规范》,它规定了一系列基本的计算机软件测试文档的格式和内容要求。软件测试主要文档包括:软件测试计划、测试设计说明、测试用例说明、测试规程说明、测试项传递报告、测试日志、测试事件报告、测试总结报告等。

10.7 软件调试与发布

软件调试是在软件测试完成后进行的一项重要的纠错性和确认工作。软件调试的任务是在软件测试的基础上进一步纠正和确认相关错误或问题。

10.7.1 软件调试的特点及过程

1. 软件调试的概念及特点

软件调试(Software Debug)也称软件纠错,是指使用调试工具修改或去除各种软件错误的过程,也是重现软件故障(Failure)并定位查找其根源,并最终解决软件问题的过程。调试工作由定位查找其根源以及纠错并解决软件问题并确认两部分组成。

软件调试工作的特点是在软件测试时所发现的软件错误或问题,只是潜在的一些外表现象(由表及里),有时与内在原因又无明显的必然联系。

查找软件错误的难度主要有以下7个方面原因。

(1) 现象与原因所处的位置可能相距甚远。

(2) 当纠正其他错误时,错误表象可能暂时消失,并未排除。

(3) 有的现象实际上是由一些非错误原因引起的。

(4) 有的现象可能是由于一些不容易发现的人为错误引起的。

(5) 错误是由于时序问题引起的,与处理过程无关。

(6) 现象是由于难于精确再现的输入状态引起的。

(7) 现象可能是周期出现的。在软、硬件结合的嵌入式系统中常遇到。

2. 软件调试过程及步骤

一个完整的软件调试过程主要由以下4个步骤组成。

(1) 重现问题。

(2) 定位根源。

(3) 确定解决方案。

(4) 验证方案。

软件调试具体工作主要有以下5项。

(1) 由表及里查位置。

(2) 去伪存真找内因。

(3) 选取有效方法。

(4) 排除修正错误。

(5) 确认排除结果。

10.7.2 软件调试的方法

软件调试可采用强行排错、回溯法排错、归纳法排错和演绎法排错4种方法。强行排错的主要技术和方法包括内存排错、特定语句排错和自动调试工具。用演绎法排错有列举假设、排除不正确假设、进一步排查定位和证明假设4个步骤。

10.7.3 软件调试的原则

软件调试由确定错误和修改错误两部分组成,软件调试的原则也分为两个部分。

1. 确定错误性质及位置的原则

（1）认真研究征兆信息。

（2）暂避难题求实效。

（3）借助工具辅助手段。

（4）不主观乱猜测。

2. 修改错误的原则

（1）注重群集现象。

（2）全部彻底修改。

（3）注意错误关联。

（4）回溯程序设计方法。

（5）不改变目标代码。

10.7.4　软件推广及发布

软件模块集成为完整的软件系统并调试成为正式软件产品之后，便可进行软件的推广和发布，其目的是推介软件产品及成果并转交给用户投入使用。软件推广包括用户培训、软件安装、准备资料，对于产品软件，还需要进行发布，并实施版本控制。

10.8　软件维护

10.8.1　软件维护概述

软件维护是指软件交付使用后，由于运行中存在的缺陷，或因业务需求及环境等变化，对软件进行微调的过程。目的是确保软件正常运行使用，提高用户满意度及服务信誉。

软件维护属于"售后技术服务"，是在软件运行使用阶段对软件产品进行的调试和完善。软件需要进行维护的原因有以下 3 类。

（1）改正在特定的使用条件下暴露出来的一些潜在程序错误或设计缺陷。

（2）在软件使用过程中，业务数据或处理环境等发生变化，需要修改软件以适应其变化。

（3）保证系统正常运行、改善、提高。

由上述原因产生的软件维护类型，主要包括完善性维护、适应性维护、纠错性维护和预防性维护 4 类。

软件维护的特点是时间长、工作量大、成本高、维护困难等。

10.8.2　软件维护策略及方法

James Martin 等针对 3 种典型的维护提出维护策略，以提高效率并控制维护成本。

1. 完善性维护策略及方法

在系统的使用过程中，用户往往要求扩充原有系统的功能，增加一些在软件需求规范书中没有规定的功能与性能特征,以及对处理效率和编写程序的改进。核心是针对用户的需求对软件进行完善。例如,用户觉得某处不行而进行的修改,属于完善性维护。

2. 适应性维护策略及方法

适应性维护是为了使系统适应环境的变化而进行的维护工作。关键是环境发生变化。若环境没发生改变,而对系统做出的改进不是适应性维护。

3. 纠错性维护策略及方法

诊断和修正系统中遗留的错误属于纠错性维护,它在系统运行中发生异常或故障时而进行。

10.8.3 软件维护过程及任务

软件维护的具体过程,是一整套完整的维护方案、技术、维护、审定和管理的过程。

1. 维护工作过程及任务

(1) 确认维护类型、范围和要求。

(2) 对改正性维护申请,先评价错误的严重性。

(3) 对适应性维护和完善性维护申请,先确定每项申请的优先次序。

(4) 尽管维护申请的类型不同,但都要进行同样的技术工作。

(5) 在每次软件维护任务完成后,及时进行记录,对较大维护需要进行一次评审,维护后应进行确认。

2. 提高可维护性方法

提高可维护性的方法主要包括五个方面:建立明确的软件质量目标和优先级,使用提高软件质量的技术和工具,选择便于维护的程序设计语言,采取明确的、有效的质量保证审查措施,完善维护程序的文档。

10.9 技术能力与沟通交流题

(1) 三角形问题:编写程序输入三个整数 a、b 和 c,判断三个整数是否可以构成三角形,如果可以构成三角形,输出三角形的类型。请用等价类划分法设计判断三角形程序的测试用例。

(2) 已知有如下一段程序:

```
int a, b, c;
if ( a < 1 && b > 0)  c = 5;
else if(b < -3) c = 4;
else c = 3;
```

请分别运用语句覆盖、分支覆盖、条件覆盖和路径覆盖设计测试用例。

(3) JUnit 是一个 Java 语言的单元测试框架。它由 Kent Beck 和 Erich Gamma 建立,

逐渐成为源于 Kent Beck 的 sUnit 的 xUnit 家族中最为成功的一个。JUnit 有它自己的 JUnit 扩展生态圈。多数 Java 的开发环境都已经集成了 JUnit 作为单元测试的工具。JUnit 是由 Erich Gamma 和 Kent Beck 编写的一个回归测试框架。JUnit 测试是程序员测试,即白盒测试,因为程序员知道被测试的软件如何完成功能和完成什么样的功能。JUnit 是一套框架,继承 TestCase 类后可以用 JUnit 进行自动测试。请读者在 5.3.6 节中集成开发环境 Eclipse 中安装 JUnit 插件,针对 findall 和 select 请求,设计测试用例,执行白盒测试,撰写测试报告。

(4) Visual Unit 4 简称 VU4,是可视化 C/C++ 单元测试工具。VU4 适应大型、超大型、高耦合项目,能自动解决大型项目的各种测试难题,能够高效地完成高耦合代码的测试。VU4 实现了彻底的表格驱动,测试的主要工作就是在表格中填数据。数组、链表、映射表等集合数据,也只需要在表格中填数据。对于底层输入(调用底层函数获得的输入)、局部输入(测试执行过程中对任意变量实时赋值)、局部输出(测试执行过程中对任意变量的实时判断),只需单击鼠标就可加入表格。编写测试代码、编写桩代码、编写模拟对象等工作从此成为历史。测试用例设计器帮程序员快速完成 MC/DC 覆盖。测试输出完整描述程序行为(什么输入执行哪些代码产生了什么输出),程序行为一目了然,支持测试驱动开发。对比输入/输出与已执行代码,可快速找出错误原因。此外,VU4 提供已测、未测、错误、欠缺等统计数据,提供复杂度和测试价值统计,还能自动生成 HTML 格式的测试报告。请读者自行安装 VU4,针对 5.3.5 节的两层体系结构样例项目,设计测试用例,执行白盒测试,提供自动生成 HTML 格式的测试报告。

(5) Apache JMeter 是一个专门为运行和服务器装载测试而设计的、100% 的纯 Java 桌面运行程序。原先它是为 Web/HTTP 测试而设计的,但是它已经扩展以支持各种各样的测试模块。它可以用来测试静止资料库或者活动资料库中的服务器的运行情况,可以用来模拟对服务器或者网络系统加以重负荷以测试它的抵抗力,或者用来分析不同负荷类型下的所有运行情况。它也提供了一个可替换的界面用来定制数据显示、测试同步及测试的创建和执行。请读者安装 Apache JMeter,针对 5.3.6 节中的 findall 请求,设计测试用例,执行压力测试,撰写测试报告。

参 考 文 献

[1]　贾铁军,李学相,王学军.软件工程与实践[M].3版.北京:清华大学出版社,2019.

[2]　张海藩,牟永敏.软件工程导论[M].6版.北京:清华大学出版社,2013.

[3]　吕云翔.实用软件工程(附微课视频)[M].2版.北京:人民邮电出版社,2020.

[4]　毛新军,董威.软件工程:从理论到实践[M].北京:高等教育出版社,2022.

[5]　齐治昌,谭庆平,宁洪.软件工程[M].4版.北京:高等教育出版社,2023.

[6]　郑人杰,马素霞,等.软件工程概论[M].3版.北京:机械工业出版社,2022.

[7]　吕云翔,等.软件工程理论与实践[M].2版.北京:机械工业出版社,2022.

[8]　李洪波,等.企业级典型Web信息系统项目实战[M].北京:清华大学出版社,2015.

[9]　李洪波,等.企业级典型Web实时监控系统软件开发[M].北京:清华大学出版社,2013.

[10]　李洪波,等.企业级Web信息系统典型项目实战[M].北京:清华大学出版社,2012.

[11]　李洪波,王庆军.云计算技术及应用——以水务云平台为例[M].北京:清华大学出版社,2022.

图 书 资 源 支 持

感谢您一直以来对清华版图书的支持和爱护。为了配合本书的使用,本书提供配套的资源,有需求的读者请扫描下方的"书圈"微信公众号二维码,在图书专区下载,也可以拨打电话或发送电子邮件咨询。

如果您在使用本书的过程中遇到了什么问题,或者有相关图书出版计划,也请您发邮件告诉我们,以便我们更好地为您服务。

我们的联系方式:

清华大学出版社计算机与信息分社网站:https://www.shuimushuhui.com/

地　　址:北京市海淀区双清路学研大厦 A 座 714

邮　　编:100084

电　　话:010-83470236　010-83470237

客服邮箱:2301891038@qq.com

QQ:2301891038(请写明您的单位和姓名)

资源下载:关注公众号"书圈"下载配套资源。

资源下载、样书申请

书 圈

图书案例

清华计算机学堂

观看课程直播